面向"十三五"高等职业教育专业核心课程规划教材·信息大类

电路与电工技能

主　编　胡　婕

副主编　任国灿　毛琳波　兰建花

西安交通大学出版社
XI'AN JIAOTONG UNIVERSITY PRESS

内容简介

　　本教材是按照项目化教学组织方式进行编写的,且经过了多轮的教学实施和实践。主要内容包括:安全用电及触电急救、万用表的装配、照明电路的设计与安装、三相交流电动机的控制接线与测量、变压器测试与分析、电机控制线路设计与装接和延时开关的制作与调试这七个项目。内容涵盖简单直流电路、复杂直流电路、单相交流电路、磁路、电场知识、安全用电常识与触电急救、三相交流电路,三相异步电动机及其简单控制。每个项目分为若干个工作任务,每个任务与生产和生活实际相结合,任务设计从简单到复杂、从单一到综合,为项目工作任务的完成做了必要的知识与技能铺垫,符合学生认知规律。

图书在版编目(CIP)数据

电路与电工技能/胡婕主编.—西安:西安
交通大学出版社,2016.4(2024.8重印)
　ISBN 978-7-5605-8424-9

　Ⅰ.①电… Ⅱ.①胡… Ⅲ.①电路 ②电工技术
Ⅳ.①TM

　中国版本图书馆 CIP 数据核字(2016)第 066828 号

书　　名	电路与电工技能
主　　编	胡　婕
责任编辑	李　佳

出版发行	西安交通大学出版社
	(西安市兴庆南路1号　邮政编码710048)
网　　址	http://www.xjtupress.com
电　　话	(029)82668357　82667874(市场营销中心)
	(029)82668315(总编办)
传　　真	(029)82668280
印　　刷	西安五星印刷有限公司

开　　本	787mm×1092mm　1/16　印张 16.625　字数 402千字
版次印次	2016年8月第1版　2024年8月第2次印刷
书　　号	ISBN 978-7-5605-8424-9
定　　价	43.90元

如发现印装质量问题,请与本社市场营销中心联系。
订购热线:(029)82665248　(029)82667874
投稿热线:(029)82668818
QQ:19773706
电子信箱:lg_book@163.com

前　言

本书是根据高职高专人才培养的目标，并结合项目化、理实一体化、任务驱动等教学方法的改革，以工学结合、项目引领、"做中学，学中做，学做一体，边学边做"一体化为原则编写的。以工作任务引领的方式将相关知识点融入到完成工作任务所必备的工作项目中，使学生掌握必要的基本理论知识，并使学生的实践能力、职业技能、分析问题和解决问题的能力不断提高。为学生学习后续专业课程，提高综合职业能力打好基础。

本书共七个项目：安全用电及触电急救、万用表的装配、照明电路的设计与安装、三相交流电动机的控制接线与测量、变压器测试与分析、电机控制线路设计与装接和延时开关的制作与调试。内容涵盖简单直流电路、复杂直流电路、单相交流电路、磁路、电场知识、安全用电常识与触电急救、三相交流电路，三相异步电动机及其简单控制。每个项目分为若干个工作任务，每个任务与生产和生活实际相结合，任务设计从简单到复杂、从单一到综合，为项目工作任务的完成做了必要的知识与技能铺垫，符合学生认知规律。

本书注重项目的实用性和可操作性，特色如下：

1. 在编写过程中重视项目的选取和典型任务的确定。既充分考虑基础课是专业课铺垫的特点，又考虑技能的通用性、针对性和实用性。在考虑高职学生的认知规律的同时，把工作任务具体化，产生具体的学习项目，增强了学习的实用性、针对性和科学性。所选取的工作任务能使学生的知识、技能、素养全面发展，使学生形成自主性、研究性学习的能力。

2. 编写体例新颖，充分体现项目教学、任务引领、理实一体的课程思想。本书以项目来组织内容，下设若干任务，以任务为单位组织教学，并以电工仪器仪表、电气设备为载体，按电工工艺要求展开教学，让学生在掌握电工技能的同时，在技能实训过程中加深对专业知识、技能的理解和应用，培养学生的综合职业能力，为学生的终身学习打下良好基础。

3. 理论与实践相结合，倡导通过仿真实验、实验与技能训练进行研究性学习，培养学生理论联系实际的哲学思想和创新能力。

本书由胡婕主编，任国灿、兰建花、毛琳波参编，其中胡婕编写了项目一和项目二，任国灿编写了项目三、兰建花编写了项目四和项目五、毛琳波编写了项目六和项目七。本书在编写过程中，参阅了多种同类教材和专著，在此向这些编著者致以诚挚的谢意。

由于编者水平所限，书中难免存在不足之处，恳请广大读者和同仁批评指正。

编　者

2016.2

目　　录

1

项目一　安全用电及触电急救

任务一　安全用电与节约用电常识

电能有力地推动了人类社会的发展,给人类创造了巨大的财富,改善了人类的生活。但是如果不注意安全用电和安全防护,给人类带来光明、带来欢乐、带来财富的"福星"就可能变成恶魔。无数电气事故告诫人们:在用电的同时一定要注意安全。作为从事电类工作的人员,更必须懂得安全用电常识,树立安全用电的观念、避免触电事故的发生,以保护人身和设备的安全。随着国家电力工业的飞跃发展,工农业生产和人民群众的日常生活对用电的需求量也越来越大,但电力供应的缺口仍然很大。作为从事电类工作的人员,养成节约用电的习惯,推广节约用电的经验和方法,是义不容辞的责任。本任务学习安全用电和节约用电的常识。

一、安全用电常识

1. 触电的基本知识

1)触电

触电是指人体触及或接近带电导体,发生电流对人体造成伤害的现象。触电时,电流对人体造成的伤害有电击和电伤两种类型。

(1)电击。电击是指电流通过人体内部,影响心脏、呼吸系统和神经系统的正常功能,造成人体内部组织的损坏,甚至危及生命的现象,是最危险的触电类型。由于电击时电流从身体内部流过,大部分触电者外伤并不明显,多数只留下几个放电斑点,这是电击的一大特征。

(2)电伤。电伤是指人体外部受伤,如电弧灼伤、与带电体接触后的电斑痕以及在大电流下熔化而飞溅的金属微粒对皮肤的烧伤等。电伤的危险虽不像触电那样严重,但也不容忽视。

2)触电程度与哪些因素有关

电流对人体伤害的严重程度与通过人体电流的大小、频率、持续时间,通过人体的路径及人体电阻的大小等多种因素有关。

(1)电流大小。通过人体的电流越大,对人体的伤害越严重。

对于工频交流电,按照通过人体电流的大小和人体所呈现的不同状态,大致分为下列三种:

① 感知电流:能引起人感觉的最小电流。实验表明,一般成年男性的平均感知电流约为 1.1 mA,成年女性约为 0.7 mA。

②摆脱电流:人体触电后能自主摆脱电源的最大电流。实验表明,一般成年男性的平均摆脱电流约为 16 mA,成年女性约为 10 mA。

③致命电流:能在较短时间内危及生命的最小电流。实验表明,一般当通过人体的电流达到 30~50 mA 时,中枢神经就会受到伤害,使人感觉麻痹,呼吸困难。如果通过人体的工频电流超过 100 mA,在极短的时间内会导致人失去知觉而死亡。

（2）电流的频率。一般认为 40～60 Hz 的交流电对人体危险性最高。随着频率的增加,电流的危险性将降低。高频电流不仅对人体伤害小,还可以治疗疾病。

（3）电压的高低。人体接触电压越高,流过人体的电流越大,对人体的伤害越严重。

（4）通电时间的长短。若人体长时间通电,会使人体电阻降低。此时,通过人体的电流增加,触电危险性增加。技术上常用触电电流与触电时间的乘积(电击能量)来衡量电流对人体的伤害程度。当电击能量超过 150 mA·s 时,触电者会有生命危险。

（5）电流路径。电流通过头部可使人昏迷,通过脊髓可能导致瘫痪,通过心脏会造成心跳停止及血液循环中断,通过呼吸系统会造成窒息。因此,从左手到胸部是最危险的电流路径,从手到手、从手到脚也是很危险的电流路径,从脚到脚是危险性较小的电流路径。

（6）人体电阻。人体电阻包括内部组织电阻(称为体电阻)和皮肤电阻两部分。皮肤电阻主要由角质层决定,角质层越厚,电阻就越大。人体电阻一般为 1500～2000 Ω(通常取为 800～1000 Ω)。

影响人体电阻的因素很多。除皮肤厚薄外,皮肤潮湿、多汗、有损伤、带有导电性粉尘等都会降低人体电阻。

3）触电的方式

（1）直接接触触电。

①单相触电。单相触电是指人体在地面或其他接地体上,人体某一部分接触到一相带电体的触电事故,如图 1-1 所示。对于高压带电体,人体虽未直接接触,但如果安全距离不够,高压对人体放电,造成单相接地引起的触电,也属于单相触电。在触电事故中,大部分属于单相触电。

②双相触电。双相触电是指人体的两处分别同时接触到两相带电电源的触电方式,如图 1-2 所示。人体两端的电压为线电压,强大的电流会通过人体的心脑,造成的后果非常严重,这是最危险的一种触电方式。

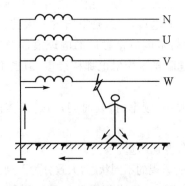

图 1-1 单相触电

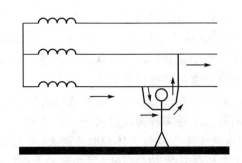

图 1-2 双相触电

（2）间接接触触电。

①跨步电压触电。当带电体接地时有电流向大地流散,在以接地点为圆心,半径 20 m 的圆内形成分布电位。人站在接地点周围,两脚之间(以 0.8 m 计算)的电位差称为跨步电压 U_K,由此引起的触电事故称为跨步电压触电,如图 1-3、图 1-4 所示。高压故障接地处或有大电流流过的接地装置附近都可能出现较高的跨步电压。离接地点越近,两脚距离越大,跨步

电压值就越大。一般 20 m 以外不会有危险。

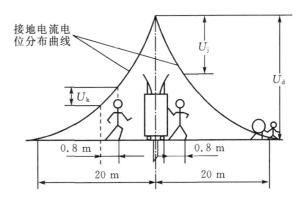

图 1-3　跨步电压　　　　　　　　　　图 1-4　跨步电压触电

②接触电压触电。接触电压是指人站在发生接地短路故障设备的旁边,人手触及设备外壳,手与脚两点之间的电位差。由于接触电压引起的人体触电称为接触电压触电。

③感应电压触电。由于带电设备的电磁感应和静电感应作用,使附近的停电设备上感应出一定的电位,其数值的大小取决于带电设备电压的高低、停电设备与带电设备的距离、几何形状等因素。这种因感应电压引起的触电称为感应电压触电。感应电压的出现往往是由于电气工作者缺乏防患意识。感应电压触电具有相当大的危害性。在电力系统中,感应电压触电事故屡有发生,甚至造成了伤亡事故。

④剩余电荷触电。电气设备的相间绝缘和对地绝缘都存在着电容效应,由于电容器具有储存电荷的性能。因此,在刚断开电源的停电设备上,都会保留一定量的电荷,称之为剩余电荷。如果此时有人触及停电设备,就可能发生剩余电荷触电。

⑤静电触电。静电是一种自然现象,随着科学技术的发展,在生产实践中静电已被人们广泛利用。但是,静电能引起爆炸、火灾,也会对人体造成电击伤害。由于静电引起的触电称为静电触电。

4)触电原因

一般产生触电事故有以下几种原因:

(1)缺乏用电常识,触及带电的导线。

(2)没有遵守操作规程,人体直接与带电体部分接触。

(3)由于用电设备管理不当,使绝缘损坏,发生漏电,人体碰触漏电设备外壳。

(4)高压线路落地,造成跨步电压,对人体产生伤害。

(5)检修中,安全组织措施和安全技术措施不完善,接线错误,造成触电事故。

(6)其他偶然因素,如人体受雷击等。

2. 预防触电

电气设备种类繁多,国家各有关部门根据各行业、各工种,甚至对某类电器设备专门制定了具体的安全规程,如《工厂企业电工安全规程》等。对电工来说,最重要的是如何按各类安全规程要求保证电路设备的正常运行,具体要求可参照有关规程。下面介绍几条与日常生活息息相关的安全防范措施。

1）要有必要的安全知识

（1）电气设备应防潮。所有的电气设备都应防止因雨雪的侵袭而受潮。若电气设备受潮，其绝缘电阻便会下降或接地电阻增大，造成金属外壳带电。这也是人体触电最常见的原因之一。

（2）在一个插座上不可引接过多或功率过大的用电器具。

（3）不可用金属线（如铅丝）绑扎电源线。

（4）不可用潮湿的手触及开关、插座和灯座等电气装置，更不可用湿布去抹电气装置和用电器具。

（5）在搬运可移动电气设备（如电焊机、电炉、电风扇等）时，必须先切断电源。

（6）安全电压的应用。我国安全电压额定值的等级有 42 V、36 V、24 V、12 V 和 6 V 这五个等级。在潮湿的环境中使用移动电器时，应采用额定电压为 36 V 以下的低压电源，或采用 1∶1 隔离变压器。

（7）在雷雨天气，不可走近高压电杆、铁塔和避雷针接地装置的周围，至少要相距 10 m 远，以防雷电入地时周围存在跨步电压而造成触电伤害。

2）安装保护设备

（1）使用自动空气开关。自动空气开关是一种具备短路、过载、欠压和失压等多种保护功能的开关。如果自动开关与漏电装置组装在一起，则称为漏电自动开关，同时具备漏电保护功能。

（2）接熔断器。为防止负载短路或过流，单相电气设备的开关必须通过熔断器接到相线上，如图 1-5 所示。

3）创造不导电环境

（1）绝缘。为了避免因带电体互相接触或带电体与人体接触而发生短路、触电等事故，必须将带电体绝缘。常见的绝缘材料有瓷、玻璃、云母、橡胶、木材、胶木、塑料、布、纸和矿物油等。常见的低压基本绝缘安全用具有绝缘手套、装有绝缘柄的工具和低压试电笔等，它们的绝缘程度足可以抵抗电气设备运行电压，并且能够直接接触电源。绝缘靴、绝缘垫和绝缘台等属于低压辅助安全绝缘工具，它们不能够直接接触电源。

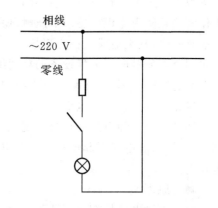

图 1-5　单相电气设备的接线

（2）屏护。当电气设备不便于绝缘或绝缘不足以保证安全时，应采取屏护措施。屏护是采用遮栏、护罩、护盖、隔板等把带电体同外界隔绝开来。例如，开关电器的可动部分一般不能包以绝缘，而需要屏护。除防止触电的作用外，有的屏护装置还起到防止电弧伤人、防止弧光短路和便于检修工作的作用。屏护装置不能与带电体相接触，所用的材料应有足够的机械强度和良好的防火性能。

（3）间距。间距是保持一定间隔距离以防止无意或过分接近带电体而发生触电事故。凡易于接近的带电体，应保持在手臂触及范围之外。在正常工作中需使用较长工具时，间隔距离应适当加大。

3. 电气防火常识

各种电气设备的绝缘物质大多属于易燃物质。运行中导体通过电流要发热,开关切断电流时会产生电弧,短路、接地或设备损坏等也可能产生电弧及电火花,这都可能将周围易燃物引燃,造成火灾或爆炸。

1)电气设备造成火灾和爆炸的主要原因

电气设备选型与安装不当,如在有爆炸危险的场所选用非防爆电机、电器,在存有汽油的室中安装普通照明灯,在有火灾与爆炸危险的场所使用明火,在可能发生火灾的设备或场所中用汽油擦洗设备等,都会引起火灾或爆炸。

设备故障引发火灾,如设备的绝缘老化、磨损等造成电气设备短路;设备过负荷电流过大引发火灾,如电气设备规格选择过小、容量小于负荷的实际容量、导线截面积选得过小、负荷突然增大和乱拉电线等。

2)电气防火常识

电气火灾通常是因为电气设备的绝缘老化、接头松动和过载短路等因素导致局部过热而引起的,尤其是在易燃、易爆场所,存在此类问题的电气线路潜在危害更大。为防止电气火灾事故的发生,必须采取防火措施。

(1)经常检查电气设备的运行情况:检查接头是否松动,有无电火花产生,电气设备的过载、短路保护装置性能是否可靠,设备绝缘是否良好。

(2)合理选用电气设备:有易燃、易爆品的场所,安装使用电气设备时,应选用防爆电器,绝缘导线必须密封于钢管内,应按爆炸危险场所选用、安装电气设备。

(3)保持安全的安装位置:保持必要的安全检查间距是电气防火的重要措施之一。为防止电气火花和危险高温引起火灾,凡能产生火花和危险高温的电气设备周围不应堆放易燃、易爆物品。

(4)保持电气设备正常运行:电气设备运行时产生的火花和危险高温是引起电气火灾的主要原因。为控制过量的工作火花和危险高温,保证电气设备的正常运行,应由经培训考核合格的人员操作、使用和维护保养设备。

(5)通风:在易燃易爆危险场所运行的电气设备,应有良好的通风,以降低爆炸性气体的混合的浓度,其通风系统应符合有关要求。

(6)接地:在易燃、易爆危险场所的接地比一般场所要求高,不论其电压高低,正常不带电装置均应按有关规定可靠接地。

3)电气火灾的扑救

发生电气火灾时首先应立即切断电源,防止火灾扑救过程中引发触电事故。切断电源时需采用绝缘工具或专用工具;切断电源的地点不能影响后续的灭火工作;前端电线的相线和零线不能在同一位置剪断,防止短路;同时还应防止剪断电线后的接地短路事故或触电者的高空坠落事故。

电气火灾的扑救通常采用二氧化碳灭火器和干粉灭火器等消防器材。

4. 防雷技术

1)雷电的形成与活动规律

闪电和雷鸣是大气层中强烈的放电现象。在云块的形成过程中,由于摩擦和其他原因,有些云块可能积累正电荷,另一些云块又可能积累负电荷,随着云块间正负电荷的积累,云块间的电场越来越强,电压也越来越高。当这个电压高达一定值或带异种电荷的云块接近到一定距离时,将会使其间的空气击穿,发生强烈放电。云块间的空气被击穿时电离发出耀眼强光,形成闪电;空气被击穿时受高热而急剧膨胀,发出爆炸般的轰鸣,形成雷声。

人们在长期的生产实践和科学实验中总结出了雷电活动的规律。在我国,雷电发生的总趋势是南方比北方多,山区比平原多,陆地比海洋多,热而潮湿的地方比冷而干燥的地方多,夏季比其他季节多。具体地说,下列物体或地点容易受到雷击,应注意安全。

(1)空旷地区的孤立物体、高于 20 m 的建筑物,如宝塔、水塔、烟囱、天线、旗杆、尖形屋顶和输电线路杆塔等。

(2)烟囱冒出的热气(含有大量导电质点、游离态分子)、排出导电尘埃的厂房、排废气的管道和地下水出口。

(3)金属结构的屋面,砖木结构的建筑物。

(4)特别潮湿的建筑物,露天放置的金属物。

(5)山谷风口处,在山顶行走的人畜。

以上这些是容易受雷击的物体或地方,在雷雨天气时应特别注意。

2)常用防雷装置

(1)避雷针。避雷针及避雷线是防止直接雷击的有效装置,它们的作用是将雷电吸引到金属针(线)上并安全泄入大地从而保护附近的建筑物、线路和设备。为保证安全用电,在室外的变电设备、构架和建筑物等应安装独立的避雷针,这些独立避雷针除有单独的接地设备装置外,还应与被保护物体之间保持一定的空间距离。

(2)避雷器。防止雷电的感应电压入侵电气设备和线路的主要方法是采用避雷器。所有电气设备的绝缘都具有一定的耐压能力,一般均不低于工频线电压的 3.5～7 倍。如果施加的过电压超过这个范围,将发生闪路爬弧或击穿绝缘,使电气设备损坏。如果在电气设备上并联一种保护设备,且令保护设备的放电电压低于电气设备绝缘的耐压值,当过电压侵袭时,首先使保护设备过电从而保护电气设备绝缘。

3)防雷电常识

(1)为防止感应雷和雷电侵入波沿架空线进入室内,应将进户线最后一根支承物上的绝缘子铁脚可靠接地。

(2)雷雨天气时,人们应遵守以下注意事项:

①关好室内门窗,以防球形雷飘入;不要站在窗前或阳台上、有烟囱的灶前;离开电力线、电话线和无线电天线 1.5 m 以外。

②不要洗澡、洗头,不要待在厨房、浴室等潮湿的场所。

③不要使用家用电器,应将电器的电源插头拔下。

④不要停留在山顶、湖泊、河边、沼泽地和游泳池等易受雷击的地方;最好不用带金属柄的雨伞。

⑤不能站在孤立的大树、电杆、烟囱和高墙下,不要乘坐敞篷车和骑自行车。避雨应选择有屏蔽作用的建筑或物体,如汽车、电车和混凝土房屋等。

(3)如果有人遭到雷击,应不失时机地进行人工呼吸和胸外心脏挤压抢救,并及时送往医院。

二、节约用电常识

节约用电是指在满足生产、生活所必需的用电条件下,减少电能的消耗,提高用户的电能利用率和减少供电网络的电能损耗。供电网络的电能损耗包括供电线路上的电能损耗、变压器的电能损耗和管理不善在供电系统中造成的跑、冒、滴以及漏等现象。

1. 节约用电的意义

节约用电对发展我国国民经济有着重要的意义。

(1)节约电能,也就是节约发电所需的一次能源(电能是由一次能源转换而成的二次能源),从而使全国的能源得到节约,可以减轻能源和交通运输的紧张程度。

(2)节约电能,也就意味着相应地节省国家对发供用电设备需要投入的基建投资。

(3)节约电能,必须依靠科学与技术的进步,在不断采用新技术、新材料、新工艺和新设备的情况下,节电同时必定会促进工农业生产水平的发展与提高。

(4)节约电能,要靠加强用电的科学管理,从而改善经营管理工作,提高企业的管理水平。

(5)节约电能,能够减少不必要的电能损失,为企业减少电费支出,降低成本,提高经济效益,从而使有限的电力发挥更大的社会经济效益,提高电能利用率,更为有效地利用好电力资源。

2. 节约用电的措施

1)民用和办公用电节能

(1)选择节能型的家电产品。比如空调、电冰箱等。以空调为例,随着空调的迅速普及,每年因空调产生的用电负荷正逐年猛增。当前,空调能耗已占全国居民耗电量的15%左右,中国也成为空调产品生产和使用大国。由于空调用电时间集中,大大加重了高峰用电负荷。在夏季用电高峰期,空调用电负荷甚至高达城镇总体用电负荷的40%左右。此外,空调耗电量大,受气候影响大,使用集中,这又直接导致用电高峰时段电网压力大、电力供应严重不足,成为夏季电力紧张的一个主要原因。

(2)夏季空调温度调高节电。空调本来是人们消暑纳凉的奢侈品。但是,在我国城市中,许多商厦、办公楼宇沿用美国的习惯,在夏天过度使用空调,使得室内温度在 22 ℃以下,大多数上班族要西装革履,甚至要穿上冬季才穿的羊绒衫,浪费惊人。因此,2006 年,《国务院关于加强节能工作的决定》颁布,规定所有公共建筑内的单位,包括国家机关、社会团体、企事业组织和个体工商户,除特定用途外,夏季室内空调温度设置不低于 26 ℃,冬季室内空调温度设置不高于 20 ℃,以节约能源。

(3)照明使用节能灯节能。采用节能灯节电效益大,我国照明用电占高峰时总用电量的10%左右。通过降低照明用电来解决电力紧张问题是一项投入少、见效快、操作易且影响大的节电措施。建造火力发电厂每增加 1 kW 装机容量至少得花 6000 元,而推广节能灯节省1 kW电力的灯具费则不到 1000 元。因此,家庭照明节约用电,应该尽量多使用节能灯。

(4)适当调整电视机亮度节能。调整电视机亮度既延长电视机寿命,又节能。控制电视机屏幕的亮度,是节电的一个途径。以 21 英寸的彩色电视机为例,其屏幕最亮时功耗为 85 W,最暗时功耗仅为 55 W。

(5)避免家电待机能耗节电。一般来说,带遥控器的家电都有待机功耗。电视机和 DVD 等家用电器是我国家庭的常用电器之一,它们的待机状态有两种:一种是冷待机,即将电源完全切断,电器与电源隔离,此种状况下,完全不消耗电力;另外一种状态是热待机,即只关闭主机,电器仍与电源相连。据测定,电器设备在热待机状态下耗电一般为其开机功率的 10% 左右,约 5 W 至 15 W 不等。

(6)科学用电脑节电。电脑在不少家庭和办公室中已成为必不可少的办公用具,然而,稍不留意,电脑也会造成电能的巨大浪费。减少电脑或电脑显示器能源消耗的最好方法就是不用时关闭。如果电脑有"睡眠"模式,确保启用它,在不用时电脑进入低能耗模式,可以将能源使用量降低到一半以下。电脑在"睡眠"状态下有 10 W 的能耗,必要时可以缩短显示器自动进入"睡眠"模式前的时间,以降低能源消耗。不用电脑时即便关了机,只要插头没拔,电脑仍会有 5 W 的能耗。因此,不用电脑时请记得拔掉插头。

2)企业节约用电的主要途径

企业节约用电的主要途径有改造或更新用电设备,推广节能新产品,提高设备运行效率。正在运行的设备(如电动机、变压器)和生产机械(如风机、水泵)是电能的直接消耗对象,它们的运行性能优劣,直接影响到电能消耗的多少。因此,对设备进行节电技术改造是开展节约用电工作的重要措施。

(1)采用高效率、低消耗的生产新工艺替代低效率、高消耗的老工艺,降低产品电耗,大力推广节电新技术。新技术和新工艺的应用会促使劳动生产率的提高,以及改善产品的质量和降低电能的消耗。

(2)提高电气设备的经济运行水平。设备实行经济运行的目的是降低电能的消耗,使运行成本减少到最低限度。

(3)加强单位产品电耗定额的管理和考核,加强照明管理,节约非生产用电,积极开展企业电能平衡工作。

(4)提高电路的功率因素。工矿企业在合理使用变压器、电动机等设备的基础上,还可装设无功补偿设备,以提高电路的功率因数。企业内部的无功补偿设备应装在负载侧,如在负载侧装设电容器、同步补偿器等,可减小电网中的无功电流,从而降低线路损耗。

(5)加强电网的经济调试,努力减少线损,整顿和改造电网。

(6)应用余热发电,提高余热发电机组的运行率。

总之,节约用电应不断地提高认识、更新观念,增强全民的节电意识,积极筹集节电基金,拓展节电资金渠道,加强并不断完善用电定额管理,组织节电教育和技术培训等。

任务二　触电急救常识

发生触电事故时,电流对人体的损伤主要是电热所致的灼伤和强烈的肌肉痉挛,这会影响到呼吸中枢及心脏,引起呼吸抑制或心搏骤停,严重电击伤可致残,甚至直接危及生命。

　　一旦发生触电事故,对触电者进行紧急救护的关键是在现场采取积极和正确的措施,以减轻触电者的伤情,争取时间尽最大努力抢救生命,使因触电而呈假死状态的人员获救;反之任何拖延和操作失误都有可能带来不可弥补的后果,作为从事电类工作的人员必须掌握触电急救技术。

一、使触电者尽快脱离电源

　　要迅速将触电者脱离电源,电源电流对人体的作用时间愈长,对生命的威胁愈大。所以,触电急救是首先要使触电者迅速脱离电源。可根据具体情况,选用以下几种方法。在救护中,救护人员既要救人也要注意保护自己安全。

　　如图1-6、图1-7所示,脱离低压电源的常用方法可用"拉""切""挑""拽"和"垫"五个字来概括。

绝缘棒

图1-6　拉闸断电　　　　　　　　　　图1-7　将触电者身上电线挑开

　　(1)"拉"是指就近拉开电源开关,拔出插销或瓷插熔断器。

　　(2)"切"是指用带有绝缘柄或干燥木柄切断电源。切断时应注意防止带电导线断落碰触周围人体。对多芯绞合导线也应分相切断,以防短路伤害人。

　　(3)"挑"是指救护人用干燥的木棒、竹竿等挑开触电者身上的导线。

　　(4)"拽"是指救护人员戴上手套或在手上包缠干燥的衣服、围巾、帽子等绝缘物品拖拽触电者,使之脱离电源。如果触电者的衣裤是干燥的,又没有紧缠在身上,救护人员可直接用一只手抓住触电者不贴身的衣裤,将触电者拉脱电源。但要注意拖拽时切勿触及触电者的体肤。救护人员亦可站在干燥的木板、木桌椅或橡胶垫等绝缘物品上,用一只手把触电者拉脱电源。

　　(5)"垫"是指如果触电人由于痉挛手指紧握导线或导线绕在身上,这时救护人可先用干燥的木板或橡胶绝缘垫塞进触电人身下使其与大地绝缘,隔断电源的通路,然后再采取其他办法把电源线路切断。

　　在使触电人脱离开电源时应注意如下事项:

　　(1)救护人不得采用金属和其他潮湿的物品作为救护工具。

　　(2)在未采取绝缘措施前,救护人不得直接接触触电者的皮肤和潮湿的衣服及鞋。

　　(3)在拉拽触电人脱离电源线路的过程中,救护人宜用单手操作。这样对救护人比较安全。

　　(4)当触电人在高处时,应采取预防措施预防触电人在解脱电源时从高处坠落摔伤或摔死。

(5)夜间发生触电事故时,在切断电源的同时会失去照明,应考虑切断电源后的临时照明问题,如使用应急灯等,以利于救护。

二、现场急救的方法

1. 对不同情况的救治

触电者脱离电源之后,应根据实际情况采取正确的救护方法,迅速进行抢救。

(1)触电者神志尚清醒,但感觉头晕、心悸、出冷汗、恶心、呕吐等,应让其静卧休息,减轻心脏负担。

(2)触电者神智有时清醒,有时昏迷。这时应一方面请医生救治,一方面让触电者静卧休息,密切注意其伤情变化,做好万一恶化的抢救准备。

(3)触电者已失去知觉,但有呼吸、心跳,应在迅速请医生的同时,解开触电者的衣领裤带,使其平卧在阴凉通风的地方;如果触电者出现痉挛,呼吸衰弱,应立即对其施行人工呼吸,并送医院救治;如果触电者出现"假死",应边送医院边抢救。

(4)触电者呼吸停止,但心跳尚在,则应对触电者施行人工呼吸;如果触电者心跳停止,呼吸尚在,则应采取胸外心脏挤压法抢救;如果触电者呼吸、心跳均已停止,则必须同时采用人工呼吸法和胸外心脏挤压法施行抢救。

2. 口对口人工呼吸法

人工呼吸法是帮助触电者恢复呼吸的有效方法,只对停止呼吸的触电者使用。在几种人工呼吸方法中,以口对口呼吸法效果最好,也最容易掌握。口对口人工呼吸法如图 1-8 所示。

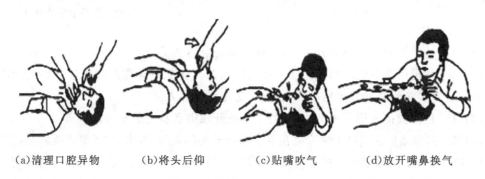

　(a)清理口腔异物　　　(b)将头后仰　　　(c)贴嘴吹气　　　(d)放开嘴鼻换气

图 1-8　口对口人工呼吸法

口对口人工呼吸法救治中应注意以下几个方面:

(1)先使触电者仰卧,解开衣领、围巾和紧身衣服等,除去口腔中的黏液、血液、食物和义齿等杂物。

(2)将触电者头部尽量后仰,鼻孔朝天,颈部伸直。救护人一只手捏紧触电者的鼻孔,另一只手掰开触电者的嘴巴,救护人深吸气后,紧贴着触电者的嘴巴大口吹气,使其胸部膨胀;之后救护人换气,放松触电者的口鼻,使触患者自动呼气。如此反复进行,吹气 2 秒,放松 3 秒,大约 5 秒钟一个循环。

(3)吹气时要捏紧触电者鼻孔,用嘴巴紧贴触电者嘴巴,不使漏气,放松时应能使触电者自动呼气。

(4)如果触电者牙关紧闭,无法撬开,可采取口对鼻吹气的方法。

(5)对体弱者和儿童吹气时用力应稍轻,不可让其胸腹过分膨胀,以免肺泡破裂。当触电者自己开始呼吸时,应立即停止人工呼吸。

口诀:清口捏鼻手抬颌,深吸缓吹口对紧;张口困难吹鼻孔,5秒一次坚持吹。

3. 胸外心脏挤压法

胸外心脏挤压法是帮助触电者恢复心跳的有效方法。当触电者心脏停止跳动时,有节奏地在胸外廓加力,对心脏进行挤压,代替心脑的收缩与扩张,达到维持血液循环的目的。胸外心脏挤压法操作要领如图 1-9 所示。

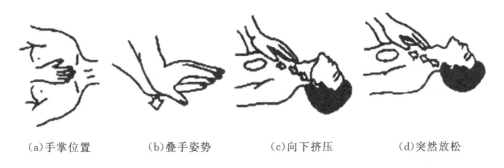

(a)手掌位置　　　　(b)叠手姿势　　　　(c)向下挤压　　　　(d)突然放松

图 1-9　胸外心脏挤压法

(1)将触电者衣服解开,使其仰卧在硬板上或平整的地面上,找到正确的挤压点。通常是救护者伸开手掌,中指尖抵住触电者颈部凹陷的下边缘,手掌的根部就是正确的挤压点,如图 1-9(a)所示。

(2)救护人跪跨在触电者腰部两侧的地上,身体前倾,两臂伸直,两手相叠(左手掌压在右手背上,如图 1-9(b)所示)。

(3)掌根均衡用力,连同身体的重量向下挤压,压出心室的血液,使血液流至触电者全身各部位,如图 1-9(c)所示。对成人压陷深度均为对 3～5 cm。对儿童用力要轻。挤压时,太快、太慢或用力过轻、过重,都不能取得好的效果。

(4)挤压后掌根突然抬起,如图 1-9(d)所示,依靠胸廓自身的弹性,使胸腔复位,血液流回心室。

重复(3)、(4)步骤,每分钟 60 次左右为宜。

总之,使用胸外心脏挤压法要注意压点正确,下压均衡,放松迅速,用力和速度适宜,要坚持,直到触电者心跳完全恢复。

口诀:掌根下压不冲击,突然放松手不离;手腕略弯压一寸,一秒一次较适宜。

如果触电者心跳和呼吸都已停止,则应同时进行人工呼吸和胸外心脏挤压法。单人抢救时,每按压 15 次后吹气 2 次,反复进行;两人同时抢救时,一人先按压 5 次,另一人再吹气 1 次,反复进行,如图 1-10 所示。

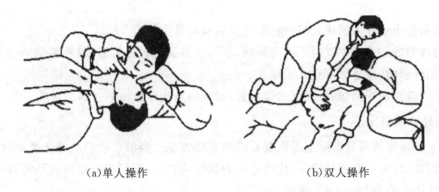

(a)单人操作　　　　　　　　　　(b)双人操作

图 1-10　呼吸和心跳都停止的抢救方法

技能实训　仿真触电急救

1. 实训目的

(1)掌握触电急救方法。

(2)能进行简单的触电急救操作。

2. 实训所需器材

触电模拟人一个及配套设备。

3. 知识准备

本技能实训使用触电模拟人来完成,如图 1-11 所示,训练前首先要掌握模拟人的使用方法。

1)模拟人放置

先把模拟人平躺仰卧在操作台上,将计算机显示器连接电源线,再将外电源线与人体进行连接。

2)模拟人工作方式设定

完成连线过程后,打开电源总开关,选择工作方式。

图 1-11　触电模拟人

工作方式有三种:训练、单人、双人。选择好工作方式后,选择工作频率。工作频率有两种:100次/分、120 次/分。选择好频率后,自动设定操作时间。

3)单人操作步骤

(1)把模拟人放平,头往后仰 70°~90°,形成气道放开的状态,正确人工吹气 2 次(显示器上正确吹气次数显示为 2)。

(2)进行单人正确胸外挤压 30 次(显示器上挤压次数显示为 30)。

(3)进行单人正确人工吹气 2 次(显示器上正确吹气次数显示为 4,包括步骤(1)中的 2 次吹气)。

(4)重复步骤(2)、(3),进行四次循环。

(5)显示器上正确按压次数显示为 150,正确吹气次数显示为 12,即单人操作成功,随之自动奏响音乐,颈动脉连续搏动,心脏自动发出恢复跳动的声音,瞳孔由原来的散开状态自动缩小,说明人被救活。

4)双人操作步骤

(1)基本上与单人操作步骤相同。

(2)两人动作必须协调配合,一人按压,一人吹气,以5∶1的比例进行;做口对口人工呼吸者,负责开放气道,观察瞳孔,触摸颈动脉搏动。

(3)两人分别站在(或跪在)模拟人的左侧和右侧,便于交替进行人工呼吸和心脏挤压。

4.训练步骤

1)使触电者脱离电源的模拟

(1)在模拟的低压触电现场让一学生模拟被触电的各种情况,施救者选择正确的绝缘工具,使用安全快捷的方法使触电者脱离电源。

(2)将已脱离电源的触电者按急救要求放置在体操垫上,学习如何判断触电者的触电程度。

2)模拟触电急救(利用触电急救模拟人来完成)

(1)要求学生在操作台上练习口对口人工呼吸法和胸外心脏挤压法的动作和节奏。

(2)让学生用触电急救模拟人进行触电急救练习,根据打印输出的训练结果检查学生急救手法的力度和节奏是否符合要求(若采用的模拟人无打印输出,可由指导教师计时,并观察学生的手法以判断其正确性),直至学生掌握该方法为止。

(3)填写触电急救技能实训报告。

5.注意事项

(1)进行口对口人工呼吸时,必须垫上消毒纱布或面巾,一人一片,防止交叉感染。

(2)操作时双手应清洁,女生应擦除口红及唇膏,以防弄脏模拟人的面皮及胸皮,不允许用圆珠笔或其他颜色笔在模拟人上涂划。

(3)进行挤压操作时,一定要按工作频率挤压,不可乱按,以免程序紊乱。如果程序出现紊乱,应立刻关掉总电源开关,并重新开启,以防影响设备使用寿命。

6.分析思考

(1)课堂讨论日常生活中还有哪些不良习惯会增大触电的可能性和危险性。

(2)课堂讨论救护大人和救护小孩的救护要点是否一样。

项目小结

(1)触电对人体的伤害主要有两种:电击和电伤。电流对人体伤害的严重程度与通过人体电流的大小、频率、持续时间,以及通过人体的路径及人体电阻的大小等多种因素有关。对人体各部分组织均不造成伤害的电压值称为安全电压。我国安全电压额定值的等级有42 V、36 V、24 V、12 V和6 V这五个等级,供不同场合选用。

(2)人体的触电方式有单相触电、双相触电、跨步电压触电等几种。防止触电事故的发生应综合采取一系列安全措施,应遵守安全操作规程。同时还应注意防雷、防火。

(3)合理使用电能,采取有效措施提高电能的利用率。每位公民都应养成节约用电的良好习惯。

(4)触电事故发生后,在向附近医院告急求救的同时,应积极采取救护措施,首先使触电者迅速脱离电源,然后检查触电者的情况,根据具体情况对触电者实施人工呼吸和胸外心脏挤压法进行抢救。

思考与练习

1-1　常见的触电类型有哪几种?试比较其危害程度。

1-2　电流对人体的伤害与哪些因素有关?

1-3　触电方式有哪些?

1-4　简述常见触电原因。

1-5　解释安全电压的含义。

1-6　简述雷电活动的规律及如何防雷?

1-7　节约用电的意义是什么?

1-8　节约用电的新技术有哪些?

1-9　简述民用和办公用电的节能措施。

1-10　简述企业节约用电的措施。

1-11　当发现有人触电时,应该怎样使触电者尽快脱离电源?

1-12　触电者脱离电源后,如何进行正确的救护?

1-13　发现有人触电时怎么办?

项目二 万用表的装配

任务一 建立电路模型

一、电路和电路模型

1. 电路

电路是电流流通的路径,是为实现一定的目的而将各种元器件(或电器设备)按一定方式连接起来的整体。人们在日常生活、生产和科研中广泛地使用着各种电路,如照明电路、各类机床的控制电路、输变电电路等。从这些电路可以看出,电路是由电源、导线和开关等中间环节,以及用电装置(即负载)构成的电信号的通路。

(1)电源。电源是产生并提供电能的设备,如各种发电机、蓄电池、稳压电源和信号源等,其作用是将化学能、光能及机械能等非电能量转换为电能。

(2)负载。负载是使用电能的设备,如日光灯、白炽灯、电动机和扬声器等,其作用是将电能转化为其他形式的能量。

(3)中间环节。中间环节是传输、分配和控制电能或信号的部分,如连接导线、控制电器、保护电器、放大器和测量仪表等,其作用是将电源和负载连接起来形成闭合电路,并对整个电路实行控制、保护及测量。

电路的作用主要可分为两大类。一是进行电能的传输和转换,如电力系统电路,发电机组将其他形式的能量转换成电能,经变压器、输电线传输到各用电部门后,用电部门再把电能转换成光能、热能和机械能等其他形式的能加以利用。如图 2-1(a)所示是一种简单的实际电路。当开关闭合时干电池向电路提供电能,电路中有电流通过,灯泡发光。灯泡是耗能元件,它把电能转化为光能和热能。

电路的另一种作用是实现信号的传递和处理,如电视机或收音机把电信号经过调频、滤波和放大等环节的处理,使其成为人们所需要的其他信号。如图 2-1(b)所示,话筒把语音信号转换为相应的电信号,经放大器进行放大处理后传递给扬声器,以驱动扬声器发音,实现声—电—声的放大、传输和转换作用。

注意:在任何一种电路中,能量的传输和转换及信号的传递和处理都同时存在。但在电力技术(也称"强电")中,能量的传输和转换是重点;而在电子技术(也称"弱电")中,信息的传递和处理是重点。

2. 电路模型

实际电路在分析元件的接法、功能与作用时是很有用的,但由于实际电路的几何形态差异很大,且实际电路元件的电磁性质较为复杂,使得人们直接对实际电路进行定量分析和计算非

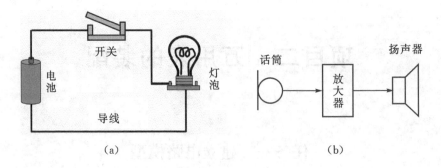

（a）

（b）

图 2-1　电路示意图

常困难。

　　为了使电路的分析与计算大大简化，常把实际元件在一定条件下，进行近似化、理想化处理，得到理想元件，并用规定的符号去表示，常用电气元件的规定符号如表 2-1 所示。由理想元件组成的电路称为实际电路的电路模型，如图 2-1（a）所示为电灯的实际电路。在图 2-1（a）中，若把灯泡看成是电阻元件，用 R 表示，把干电池看成是电阻元件 R_S 和电压源 U_S 串联（考虑到干电池内部自身消耗的电能），连接导线看成为理想导线（其电阻为零），则灯泡的实际电路就可以用电路模型来表示，如图 2-2 所示。

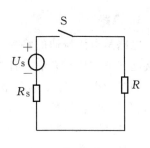

图 2-2　电路模型

表 2-1　常用电气元件规定符号表

元件名称	符号	元件名称	符号
固定电阻		电容	
可调电阻		灯	
电池		线圈	
开关		铁芯线圈	
电流表	Ⓐ	相连接的交叉导线	
电压表	Ⓥ	不相连接的交叉导线	
理想电压源	− ＋	接地	或
理想电流源		熔断器	

　　基本电路元件是抽象了的理想元件，如电阻、电容和电感等。但实际的元件在电路中发生

的作用是相当复杂的,如日光灯电路,不能简单地把日光灯整套设备用电阻代替。日光灯的辅助器件——镇流器,不仅具有电感的性质,还具有电阻和电容的性质。但由于镇流器的电阻很小,电容所起作用也很小,所以在一般情况下可以忽略其次要因素,突出其主要作用,即将镇流器用理想元件电感来表示,再与表示日光灯管灯丝的电阻串联,但在分析要求较高的情况下,又要将镇流器用电感、电阻和电容三种元件组合来代替。

如何建立一个实际电路的模型是较复杂的问题,本书主要分析研究已经建立起来的电路模型。

二、电路中的物理量及其测试

在电路问题中,分析和研究的物理量很多,它们可以帮助我们分析电路的基本特征和基本规律,其中最基本的物理量有电流、电压、电位和电动势。只有深刻掌握好这些基本物理量的定义、符号、计算公式、单位及换算关系,才能更好地为将来的实践提供指导性服务。

1. 电流

按照原子物理理论,导电体中含有正、负电子,电介质中含有正、负离子,统称带电质点(电荷)。在常态下,这些电荷或带电质点在内部做无规则的热运动,不能形成电流。若给导体或电介质两端加上电源 u_s,即施加电场力,如图 2-3 所示,则电荷或带电质点进行有规则的定向运动,从而形成电流 i。

衡量电流大小、强弱的物理量称为电流,用字母 i 或 I 表示。电流的数值是指:在电场作用下,单位时间里通过导体某一截面 C 的电荷量,如图 2-3 所示。若在 Δt 时间内通过横截面 C 的电荷量为 Δq,则

$$i(t) = \frac{\Delta q}{\Delta t} \tag{2.1}$$

在极限情况下有

$$i(t) = \lim_{\Delta t \to 0} \frac{\Delta q}{\Delta t} = \frac{\mathrm{d}q}{\mathrm{d}t} \tag{2.2}$$

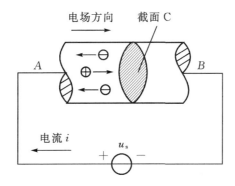

图 2-3　电流示意图

在一般情况下,电流 i 是随时间而变化的,是时间 t 的函数。当电流的大小和方向都不随时间变化时,$\mathrm{d}q/\mathrm{d}t$ 为定值,这种电流称为直流电流,简称直流(DC)。直流电流常用英文大写字母 I 表示。对于直流,式(2.2)可写成

$$I = \frac{q}{t} \tag{2.3}$$

式(2.3)中，q 为时间 t 内通过导体横截面的电荷量。

大小和方向随着时间周期性变化的电流称为交流电流，简称交流（AC），常用英文小写字母 i 表示。

按国际单位规定，电流的主单位是安［培］，符号为 A。在电力系统中电流都比较大，常以千安（kA）作为电流的计量单位，而在电子线路中电流都比较小，常以毫安（mA）、微安（μA）作为电流的计量单位，它们之间的换算关系是

$$1\ kA = 10^3\ A \quad 1\ A = 10^3\ mA \quad 1\ mA = 10^3\ \mu A$$

正电荷运动的方向规定为电流的方向，这一方向称为真实方向。在简单电路中，电流的真实方向是显而易见的，即从电源的正极流出，再从电源的负极流入。在一些复杂的电路中，电流的实际方向很难预先判断出来。有时，电流的实际方向还会不断改变。因此，很难在电路中标明电流的实际方向。为此，在分析与计算电路时，常可任意规定某一方向作为电流的参考方向或正方向，并用箭头表示在电路图上。规定了参考方向以后，电流就是一个代数量了，若电流的实际方向与参考方向一致（如图 2-4(a)所示），则电流为正值；若两者相反（如图 2-4(b)所示），则电流为负值。这样，就可以利用电流的参考方向和正、负值来判断电流的实际方向。应当注意，在未规定参考方向的情况下，电流的正、负号是没有意义的。

电流的参考方向除用箭头在电路图上表示外，还可用双下标表示，如对某一电流，用 i_{AB} 表示其参考方向为由 A 指向 B（如图 2-4(c)所示），用 i_{BA} 表示其参考方向为由 B 指向 A（如图 2-4(d)所示）。显然，两者相差一个负号，即

$$i_{AB} = - i_{BA}$$

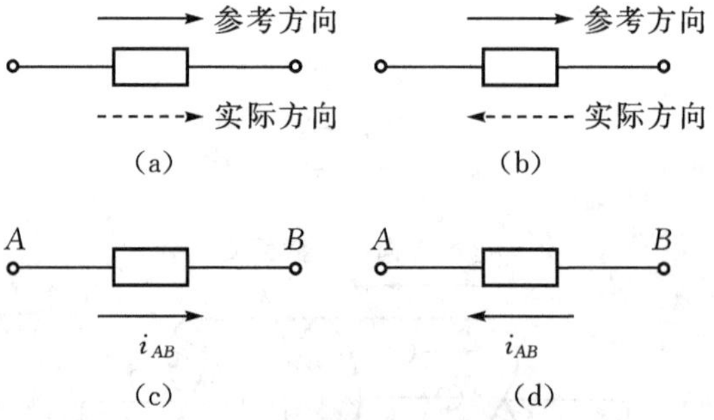

（图 2-4 电流的参考方向 图示：(a) 参考方向、实际方向；(b) 参考方向、实际方向；(c) i_{AB}；(d) i_{AB}）

图 2-4　电流的参考方向

【例 2-1】　如图 2-5 所示，电流的参考方向已标出，并已知 $I_1 = -5\ A$，$I_2 = 3\ A$，试指出电流的实际方向。

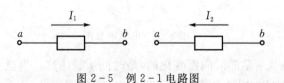

图 2-5　例 2-1 电路图

【解】　$I_1 = -5\ A < 0$，则 I_1 的实际方向与参考方向相反，应由 b 指向 a。

$I_2 = 3\,A > 0$，则 I_2 的实际方向与参考方向相同，应由 b 指向 a。

2. 电压

电荷移动需要力，推动电荷在电源外部移动的这种力称为电场力。电场力将单位正电荷沿外电路中的一点推向另一点所做的功称为电压，做功越多，电压就越大。由此可见，电路中的电压表明了电场力推动电荷做功的能力，即电能。

在直流电路中，电压为一恒定值，用 U 表示，即

$$U = \frac{W}{q} \tag{2.4}$$

式(2.4)中，W 为电场力所做的功，单位为 J(焦)；q 为电荷量。

在变动电流电路中，电压为一变值，用 u 表示，即

$$u = \frac{\mathrm{d}W}{\mathrm{d}q} \tag{2.5}$$

在国际单位制中，电压的单位是伏特(Volt)，简称伏，用符号 V 表示，即电场力将 1 库仑(C)正电荷由 A 点移至 B 点所做的功为 1 焦(J)时，A、B 两点间的电压为 1 V。有时也需用千伏(kV)、毫伏(mV)或微伏(μV)作为电压的单位，它们之间的换算关系是

$$1\,kV = 10^3\,V \quad 1\,V = 10^3\,mV \quad 1\,mV = 10^3\,\mu V$$

电压是衡量电场力做功能力的物理量。两点之间电压数值愈大，电场力做功的能力也愈大。规定电压的实际方向从高电位(＋)指向低电位(－)。与电流一样，在电路分析中，也需要为电压指定参考方向，通常用以下三种方式表示：

(1)采用正(＋)、负(－)极性表示，称为参考极性，如图 2-6(a)所示。这时，从正极性端指向负极性端的方向就是电压参考方向。

(2)采用实线箭头表示，如图 2-6(b)所示。

(3)采用双下标表示，如 u_{AB} 表示电压参考方向由 A 指向 B。

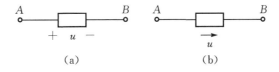

图 2-6　电压的参考方向

电压的参考方向指定之后，电压就是代数量。当电压的实际方向与参考方向一致时，电压为正值；当电压的实际方向与参考方向相反时，电压为负值。

分析电路时，首先应该规定各电流、电压的参考方向，然后根据所规定的参考方向列写方程。不论电流、电压是直流还是交流，它们均是根据参考方向写出的。参考方向可以任意规定，不会影响计算结果，因为参考方向相反时，解出的电流、电压值也要改变正、负号，最后得到的实际结果仍然相同。

若电压与电流的参考方向一致，称为关联参考方向，否则，称为非关联参考方向。如图 2-7所示，在图 2-7(a)、图 2-7(b)中，电压与电流为关联参考方向；在图 2-7(c)中，电压与电流为非关联参考方向。

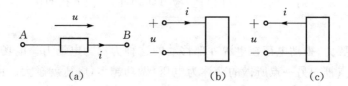

图 2-7　关联参考方向与非关联参考方向

【例 2-2】　如图 2-8 所示，电压的参考方向已标出，并已知 $U_1=1\text{ V}$，$U_2=-3\text{ V}$，试指出电压的实际方向。

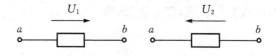

图 2-8　例 2-2 电路图

【解】　$U_1=1\text{ V}>0$，则 U_1 的实际方向与参考方向相同，应由 a 指向 b。

$U_2=-3\text{ V}<0$，则 U_2 的实际方向与参考方向相反，应由 a 指向 b。

3. 电位

电流可与水流相比。例如，水总是从高水位流向低水位。与此相似，在电源外部，电流可以说是从高电位流向低电位。从这一观点出发，电路中每一点都有一定的电位。电路中某点的电位高低是一个相对值，它与所选取的参考点（即零电位点）有关。电路中某点的电位是这一点与参考点之间的电压，或者说，电路某两点的电压等于这两点之间的电位差。即

$$U_{AB}=V_A-V_B \qquad (2.6)$$

式(2.6)中，V_A、V_B 分别代表 A、B 点的电位。电位的单位是电压的单位，即 V(伏)。

【例 2-3】　在如图 2-9 所示的电路中，已知 $U_1=5\text{ V}$，$U_2=3\text{ V}$，求 $U=?$

【解】　$U=U_{AC}=U_{AB}+U_{BC}=U_1-U_2=5-3=2\text{ V}$

4. 电动势

电源是将其他形式的能转化为电能的装置。例如，干电池将化学能转化为电能，具体地说，它是利用化学反应的力量将正电荷移动到电源正极、负电荷移动到电源负极，使电荷的电势能增加，从而使电源两端产生电压。

电源将其他形式的能转化为电能的能力越强，移动单位电荷时所做的功就越大，电源提供的电压也就越大。电动势是表征电源提供电能能力大小的物理量，电动势在数值上等于电源未接入电路时两端的电压。

电源把单位正电荷从电源"一"极搬运到"＋"极，外力(非静电力)克服电场力所做的功，称为电源的电动势，用符号 E 表示。

电动势的单位和电压的单位相同，为伏特(V)。电动势的方向规定为电源力推动正电荷

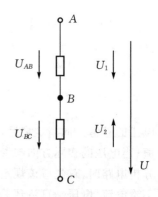

图 2-9　例 2-3 电路图

运动的方向,即从电源的负极经过电源内部指向电源的正极,也就是电位升高的方向。电动势的方向与电压的实际方向是相反的,如图 2-10 所示。

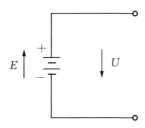

图 2-10　电动势与电压

电动势描述的是,在电源内部(内电路)电源力克服电场力把正电荷从低电位的负极推到高电位的正极所做的功,是其他形式能量转化为电能的过程。

电压描述的是,在电源外部的负载电路中(外电路)电场力推动正电荷从高电位移到低电位,同时克服负载中的阻力所做的功,是电能转化为其他形式能量的过程。

因此,在闭合电路中,由于电流的流动才能实现能量的传输和转换。形成持续的电流必须有两个条件:一是要有电源,二是要有一条能够使电荷移动的闭合路径。

【例 2-4】　在如图 2-11 所示的电路中,已知 U_{AB} 和 U_2,求 $E=?$

【解】　因为
$$U_{AB} = U_1 - U_2 = E - U_2$$
所以
$$E = U_{AB} + U_2$$

【例 2-5】　如图 2-12 所示电路图中,$E_1=3$ V,$E_2=1.5$ V,以 B 点为参考点。

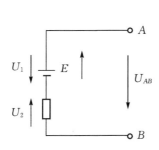
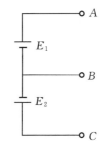

图 2-11　例 2-4 电路图　　　　图 2-12　例 2-5 电路图

(1)求 A、B、C 各点的电位值;

(2)求 A、B、C 任意两点间的电压 U_{AB}、U_{BC}、U_{AC}、U_{BA}、U_{CB}、U_{CA}。

【解】　因为 B 点为参考点,所以 $U_B=0$。

(1)由于 E_1 开路,所以
$$U_{AB} = E_1 = 3 \text{ V}$$
根据 $U_{AB}=U_A-U_B$,则
$$U_A = U_{AB} + U_B = 3+0 = 3 \text{ V}$$
同理,由于 E_2 开路,所以
$$U_{CB} = E_2 = 1.5 \text{ V}$$

根据 $U_{CB}=U_C-U_B$，则

$$U_C = U_{CB} + U_B = 1.5 + 0 = 1.5 \text{ V}$$

（2）
$$U_{AB} = U_A - U_B = 3 - 0 = 3 \text{ V}$$

$$U_{BA} = U_B - U_A = 0 - 3 = -3 \text{ V} = -U_{AB}$$

同理：

$$U_{BC} = U_B - U_C = 0 - 1.5 = -1.5 \text{ V}$$

$$U_{CB} = U_C - U_B = 1.5 - 0 = 1.5 \text{ V} = -U_{BC}$$

$$U_{AC} = U_A - U_C = 3 - 1.5 = 1.5 \text{ V}$$

$$U_{CA} = U_C - U_A = 1.5 - 3 = -1.5 \text{ V} = -U_{AC}$$

同学们如果有兴趣的话，可尝试分别选 A、C 点作为零参考点计算出结果。通过计算，你能找出什么规律来吗？

5. 电功与电功率

1）电做的功（简称电功）

电流通过灯泡发光和发热使电能转换为光能和热能；电流通过电动机，使电动机带动其他机器运转而做功，此时，电能转换为机械能。电能转换为其他形式能量的过程，是通过电流做功来实现的，电流做功的多少，就是能量转换的度量。电功用字母 W 表示，单位为 J（焦）。电流在一段电路上所做的功等于这段电路两端的电压 U、电路中的电流 I 和通电时间 t 三者的乘积，即

$$W = UIt \tag{2.7}$$

式（2.7）中，W、U、I、t 的单位分别为 J、V、A、s，即

$$1 \text{ J} = 1 \text{ V} \cdot \text{A} \cdot \text{s}$$

2）电功率

单位时间内电流所做的功叫电功率，用 p 表示。电功率是表示电流做功快慢程度的物理量，通常所谓用电设备容量，都是指其电功率的大小，它表示该用电设备做功的能力。设在极短时间 $\mathrm{d}t$ 内元件吸收（或释放）的电能为 $\mathrm{d}W$，则

$$p = \frac{\mathrm{d}W}{\mathrm{d}t} \tag{2.8}$$

国际单位制中，功率的单位为瓦特（W），简称瓦。常用的单位还有千瓦（kW），毫瓦（mW），其中 $1 \text{ kW} = 1 \times 10^3 \text{ W}$，$1 \text{ mW} = 1 \times 10^{-3} \text{ W}$。

由于电压 $u = \dfrac{\mathrm{d}W}{\mathrm{d}q}$，电流 $i = \dfrac{\mathrm{d}q}{\mathrm{d}t}$，所以电功率可进一步推导为

$$p = \frac{\mathrm{d}W}{\mathrm{d}t} = \frac{\mathrm{d}W}{\mathrm{d}q} \times \frac{\mathrm{d}q}{\mathrm{d}t} = ui \tag{2.9}$$

可见电功率与电压和电流密切相关。由于在电路中电压、电流都是参考方向，求功率时应当注意：若电压和电流的参考方向为关联参考方向，用公式 $p=ui$，当 $p>0$ 时，元件吸收功率，是负载；当 $p<0$ 时，元件发出功率，起电源作用。若电压和电流的参考方向为非关联参考方向，用公式 $p=ui$，当 $p>0$ 时，元件实际释放功率，起电源作用；当 $p<0$ 时，元件实际吸收功率，是负载。

3)电流热效应

电流通过导体时,导体的温度会升高。这是因为导体吸收的电能转换为热能的缘故,这种现象叫做电流的热效应。电流通过导体时所产生的热量与电流的平方、导体本身的电阻及电流通过的时间成正比,这一结论称为焦耳-楞次定律,其数学表达式为

$$Q = I^2 Rt \tag{2.10}$$

式(2.10)中,Q 的单位为 J(焦)。

(1)电流热效应的应用。电流的热效应在日常生活中和生产上应用很广,常见的白炽灯、电焊机、电烙铁、电饭锅及其他电热器都是使用电流热效应的应用实例。

(2)电流热效应的危害。对于不是以发热为目的的电力设备,电流通过导体发出的热量,会造成能量的损耗,严重时可能导致设备的损坏。

4)负载的额定值

电气设备安全工作时所允许的最大电流、最大电压和最大功率分别称为它们的额定电流、额定电压和额定功率。电气设备在额定功率下的工作状态称为额定工作状态,也称为满载;低于额定功率的工作状态称为轻载;高于额定功率的工作状态称为过载或超载。

当实际电压等于额定电压时,实际功率才等于额定功率,用电设备才能安全可靠、经济、合理地运行。由于过载很容易烧坏电器,所以一般不允许出现过载。一般元器件和设备的额定值常标在铭牌上或写在其说明书中,在使用时应充分考虑额定数据。额定电压、额定电流和额定功率分别用 U_N、I_N 和 P_N 表示。

例如,一台直流发电机的铭牌上标有 40 kW 230 V 174 A,这些数值就是它的额定值。但实际值不一定等于额定值。在实际使用时,这台发电机在一定电压下并不总是发出 40 kW 的功率和 174 A 的电流。发电机发出多大功率和电流,完全决定于负载的需要。对电动机也是这样,电动机的实际功率和电流也决定于它所带的机械负载的大小,通常电动机也不一定处于额定工作状态。但是实际值一般不应超过额定值。又如一把电烙铁,标有 220 V 45 W,这是电烙铁的额定值,在使用时不能把它接到 380 V 的电源上。

【例 2-6】　有一盏 220 V 60 W 的电灯,将其接在 220 V 的直流电源上,试求通过电灯的电流和电灯电阻。如果每晚使用 3 h(小时)电灯,问一个月消耗电能多少?

【解】
$$I = P/U = 60/220 = 0.273 \ A$$
$$R = U/I = 220/0.273 = 806 \ \Omega$$

电阻也可用公式 $R = P/I^2$ 或 $R = U^2/P$ 计算。

一个月消耗的电能,即所做的功为

$$W = Pt = 60 \times 3 \times 30 = 0.06 \ kW \times 90 \ h = 5.4 \ kW \cdot h$$

可见,功的单位是 kW·h,俗称度。常用的电度表就是测量电能的仪表。

【例 2-7】　有一额定值为 5 W、500 Ω 的线绕电阻,其额定电流为多少? 试求,在使用时电压不得超过多大的数值?

【解】　根据功率和电阻可以求出额定电流,即

$$I = \sqrt{\frac{P}{R}} = \sqrt{\frac{5}{500}} = 0.1 \ A$$

在使用时电压不得超过的数值为

$$U = IR = 0.1 \times 500 = 50 \ V$$

因此,在选用电阻时不能只提出电阻值的大小,还要考虑电流有多大,而后提出功率。

【例2-8】 试求图2-13中元件吸收或释放的功率,并判断是电源还是负载。

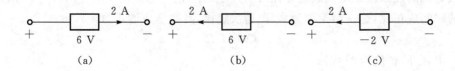

图2-13 例2-8电路图

【解】 图2-13(a)中电流和电压为关联参考方向,元件吸收的功率为

$$P = UI = 6 \times 2 = 12 \text{ W}$$

说明该元件消耗的功率为12 W,视为负载。

图2-13(b)中电流和电压为非关联参考方向,元件吸收的功率为

$$P = -UI = -6 \times 2 = -12 \text{ W}$$

说明该元件发出的功率为12 W,视为电源。

图2-13(c)中电流和电压为非关联参考方向,元件吸收的功率为

$$P = -UI = -(-2) \times 2 = 4 \text{ W}$$

说明该元件消耗的功率为4 W,视为负载。

【例2-9】 试求如图2-14所示电路中各元件吸收或释放的功率,并计算电路吸收总功率。

【解】 如图2-14所示的电路中,电路电流I为

$$I = \frac{U_S}{R_L} = \frac{10}{5} = 2 \text{ A}$$

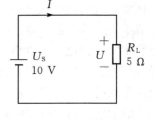

图2-14 例2-9电路图

电源两端电压与电流参考方向为非关联参考方向,则电源吸收功率为

$$P_S = -U_S I = -10 \times 2 = -20 \text{ W} < 0$$

U_S吸收负功率,即释放20 W功率,是电源。

电阻两端电压与电流参考方向为关联参考方向,则电阻吸收功率为

$$P_L = UI = 10 \times 2 = 20 \text{ W} > 0$$

R_L吸收200 W功率,是负载。

电路吸收总功率为

$$P = P_S + P_L = (-20) + 20 = 0 \text{ W}$$

可见,电路中功率是平衡的,即电路中电源发出的功率一定等于电路中负载所消耗的功率,电路总吸收功率为零。

技能实训1 电路基本参数的测量

1. 实训目的

(1)通过实际电路分析,了解电路的组成和作用。

（2）观察了解电流表、电压表的结构,练习使用电流表、电压表测量直流电路电流、电压和功率。

（3）掌握简单电路的搭接技能,培养初步的实验操作技能,学会用实验数据探究电路规律。

2. 实训所需器材

（1）ZH－12 型通用电学实验台。

（2）电流表:1 块/组。

（3）电压表:1 块/组。

（4）电阻:若干/组。

3. 知识准备

电压、电流和功率是表征电信号能量大小的三个基本参数,它们都可以直接用直读仪表（指针式或数字式）来测量。测量直流量通常采用磁电系仪表,测量交流量主要采用电磁系仪表,比较精密的测量可以使用电动系仪表。

用直流电流表和电压表分别测量各元件的电流及电压,在测量时应注意:

（1）指针式直流电流表的使用方法。

①调零。直流电流表水平放置,当指针不在零刻度时,可以用螺钉旋具轻轻调仪表的指针机械调零螺钉,使指针指在零刻度位置。

②量程的选择。测量前要预先计算被测电流的数值,选择合适的量程,在未知电流大小时,应将量程放置在最高档位,以免损坏仪表。测量时如指针偏转角太小,为了提高读数的准确性,再改用小量程进行测量。

③表头连接。测量时要把直流电流表串联到被测电路中,使电流从电流表的"＋"接线端钮流入,从"－"接线端钮流出,不要接错。

④读数。根据仪表指针最后停留的位置,按指示刻度读出相对应的电流值。读数时要注意,眼、指针、镜影针三点为一线,这样读数的误差最小。

（2）直流电压表的使用方法。直流电压表使用方法与直流电流表的使用方法基本相同,不同之处在于表头的连接方法,测量时应把直流电压表并联到被测量元件或被测电路的两端,"＋"接线端钮接在被测电路的高电位端,"－"接线端钮接被测电路的低电位端。

测量电流时电流表内阻 R_A 应远小于负载电阻,否则仪表的串入将改变被测支路的电流值;测量电压时电压表内阻 R_V 应远大于负载电阻。用这种方法测量电压、电流的误差主要取决于仪表的准确度及仪表内阻。其误差范围通常为 $0.1\% \sim 2.5\%$。

直流功率 $P=UI$,即 P 为电压 U 和电流 I 的乘积,所以可采用电压表与电流表间接测量,接线如图 2－15(a)、图 2－15(b)所示,接法不同,电路基本参数的测量和计算结果也有所差别。由于电流表内阻上的压降很小,所以一般情况下采用如图 2－15(a)所示的接法。在低压大电流的特殊场合,如果电流表的压降比较大,可以采用如图 2－15(b)所示的接法。

4. 实验内容与步骤

（1）分别取不同的电阻值,按如图 2－15(a)所示搭接好电路,保证接线正确无误后接通电源,电源电压保持不变,读取电压表、电流表测量数据填入表 2－2 中。

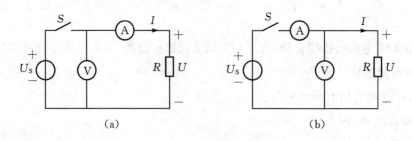

图 2-15　电路基本参数测量接线图

表 2-2

U_s 值不变	R 值变化	电流表读数 I	电压表读数 U	分析 U、I、R 大小关联变化趋势
$U_s=$	$R_1=$			
	$R_2=$			
	$R_3=$			

直流电路功率 $P=$

结论：

（2）电阻值不变，按如图 2-15（a）所示搭接好电路，保证接线正确无误后接通电源，分别取不同的电源电压值，读取电压表、电流表测量数据填入表 2-3 中。

表 2-3

R 值不变	U_s 值变化	电流表读数 I	电压表读数 U	分析 U、I、R 大小关联变化趋势
$R=$	$U_{s1}=$			
	$U_{s2}=$			
	$U_{s3}=$			

直流电路功率 $P=$

结论：

5．分析思考

（1）与已知的电流、电压或计算的电流、电压进行比较，分析产生误差的原因。

（2）使用直流电流表测量电流时，有哪些注意事项。

（3）使用直流电压表测量电压时，有哪些注意事项。

6．评分

（1）操作是否符合规范（40%）。

（2）结果是否正确（30%）。

（3）分析是否正确（30%）。

三、电路的基本定律与工作状态

1. 欧姆定律

由技能实训1的实训结果可以得到：流过电阻的电流与电阻两端的电压成正比，这就是欧姆定律。欧姆定律是电路的基本定律之一。

当电压、电流的参考方向为关联参考方向时，欧姆定律的一般表达式为

$$U = RI \tag{2.11}$$

当电压、电流的参考方向为非关联参考方向时，欧姆定律的一般表达式为

$$U = -RI \tag{2.12}$$

欧姆定律反映了线性电阻元件上电压与电流的约束关系。式中的比例系数 R 称为电阻。式(2.11)、式(2.12)一方面表示电阻是一个消耗电能的理想电路元件，另一方面也代表这个电阻元件的电阻值。

电阻的单位是欧[姆]，用符号"Ω"表示；对大电阻，常以 $k\Omega$、$M\Omega$ 为单位；它们之间的换算关系是 $1\ M\Omega = 10^3\ k\Omega = 10^6\ \Omega$。

欧姆实验指出：对于均匀截面的金属导体，它的电阻与导体的长度成正比，与截面积成反比，还与材料的导电能力有关。它们之间的关系可写为

$$R = \rho \frac{l}{s} \tag{2.13}$$

式(2.13)中，l 是导体有效长度，单位为 m；s 是导体有效横截面积，单位为 m^2；ρ 是导体的电阻率，单位为 $\Omega \cdot m$，也可用 $\Omega \cdot mm^2/m$。

另外，导电材料的电阻值随环境温度的变化而变化。一般电工手册中会列出常用电工材料在 20 ℃时的电阻率和温度系数，需要时可查阅。

电阻的倒数称为电导，用符号"G"表示，其单位是西[门子]，西[门子]用符号"S"表示。则电导为

$$G = \frac{1}{R} \tag{2.14}$$

在技能实训1中，可测量电阻两端的电压值和流过电阻的电流值，绘出一根通过坐标原点的直线，如图 2-16 所示。因此，遵循欧姆定律的电阻称为线性电阻，它是一个表示该段电路性质而与电压和电流无关的常数。图 2-16 中的直线常常被称为线性电阻的伏安特性曲线。

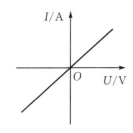

图 2-16　线性电阻的伏安特性曲线

实际上，绝对的线性电阻是没有的，如果能基本上遵循欧姆定律，就可以认为电阻是线性的。

如果电阻不是一个常数，而是随着电压或电流变化的，那么，这种电阻就称为非线性电阻。非线性电阻电压与电流的关系不遵循欧姆定律，一般不能用数字式表示，而是用电压与电流的关系曲线 $U = f(I)$ 或 $I = f(U)$ 来表示。

非线性电阻元件在生产上应用很广。如图 2-17 和图 2-18 所示的曲线分别为白炽灯丝和半导体二极管的伏安特性曲线，图 2-19 为非线性电阻的符号。

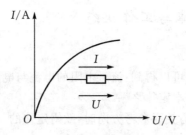

图 2-17　白炽灯丝的伏安特性曲线

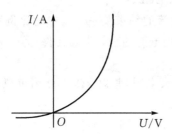

图 2-18　半导体二极管的伏安特性曲线　　　　图 2-19　非线性电阻的符号

【例 2-10】　已知 $R=3\ \Omega$，应用欧姆定律求如图 2-20 所示电路的电流 I。

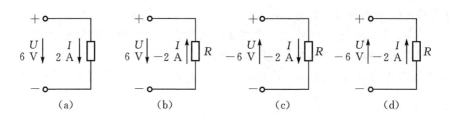

图 2-20　例 2-10 电路图

【解】　在图 2-20(a)中，$I=\dfrac{U}{R}=\dfrac{6}{3}=2\ \mathrm{A}$

在图 2-20(b)中，$I=-\dfrac{U}{R}=-\dfrac{6}{3}=-2\ \mathrm{A}$

在图 2-20(c)中，$I=-\dfrac{U}{R}=-\dfrac{-6}{3}=2\ \mathrm{A}$

在图 2-20(d)中，$I=\dfrac{U}{R}=\dfrac{-6}{3}=-2\ \mathrm{A}$

【例 2-11】　已知 $U_{ab}=-12\ \mathrm{V}$，计算图 2-21 中的电阻 R 的值。

【解】　因为　　　　　　　$U_{ab}=U_{an}+U_{nm}+U_{mb}=-E_1+U_{nm}+E_2$

所以　　　　$U_{nm}=U_{ab}+E_1-E_2=-12+5-3=-10\ \mathrm{V}$

　　　　　　　　　$R=U_{nm}/I=-10/-2=5\ \Omega$

2. 电路的工作状态

电路有三种工作状态：通路、断路和短路。现以最简单的直流电路为例，如图 2-22 所示，分别讨论这三种工作状态及它们在电流、电压方面的特征。

在图 2-22 中，E、U 和 R_0 分别为电源的电动势、端电压和内阻，R 为负载电阻，开关是控制元件，导线将电源、负载和开关连成回路。

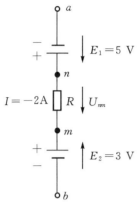

图 2-21　例 2-11 电路图

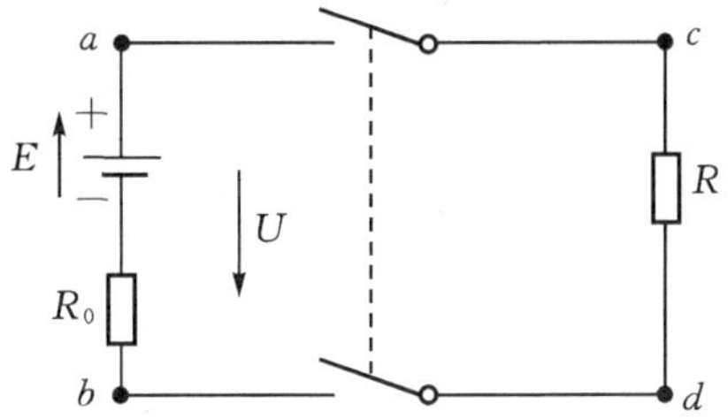

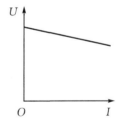

图 2-22　直流电路

1）通路

将图 2-22 中的开关合上，接通电源与负载，这就是电路的通路工作状态。此时电路中的电流为

$$I = \frac{E}{R_0 + R} \tag{2.15}$$

通常电源的电动势 E 和内阻 R_0 是一定的，由式（2.15）可知，负载电阻 R 愈小，则电流 I 愈大。

负载电阻两端的电压为 $U = IR$，将此式代入式（2.15）中，则得

$$U = E - IR_0 \tag{2.16}$$

由式（2.16）可知，电源端电压小于电动势，两者之差为电流通过电源内阻所产生的电压降 IR_0。电流愈大，则电源端电压下降得愈多。表示电源端电压 U 与输出电流 I 之间关系的曲线，称为电源的外特性曲线，如图 2-23 所示，其斜率与电源内阻有关。电源内阻 R_0 一般很小。当 $R_0 \ll R$ 时，可得

$$U \approx E$$

上式表明当电流（负载）变动时，电源的端电压 U 变动不大。

2）断路（开路）

在图 2-22 所示的电路中，当开关断开时，电路则处于断

图 2-23　电源的外特性曲线

路状态，断路时外电路的电阻对电源来说等于无穷大，因此电路中电流为零。这时电源的端电压 U 称为断路电压或开路电压 U_0，其大小等于电源电动势 E，此时电源不输出电能。

综上所述，电路断路时的特征可用下列各式表示：

$$I = 0$$
$$U = U_0 = E$$

3)短路

如图 2－22 所示的电路中,当电源的两端 a 和 b 由于某种原因而连在一起时,电源则被短路,如图 2－24 所示。电源短路时,外电路的电阻可视为零,电流有捷径可通,不再流过负载。此时电流回路中仅有很小的电源内阻 R_0,所以这时的电流很大,将之称为短路电流 I_s。短路电流可能使电源遭受机械的和发热的损伤或毁坏。短路时电源所产生的电能全被内阻所消耗。

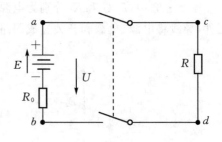

图 2－24 电路短路的示意图

电源短路时由于外电路的电阻为零,所以电源的端电压 U 也为零。这时电源的电动势 E 全部降在内阻上。电源短路时的特征可用下列各式表示:

$$U = 0$$
$$I = I_s = E/R_0$$

短路通常是一种严重事故,应该尽力预防。短路可能发生在负载端或线路的任何处,产生短路的原因往往是由于绝缘损坏或接线不慎,因此需要经常检查电气设备和线路的绝缘情况。此外,为了防止短路事故所引起的后果,通常在电路中接入熔断器或低压断路器,以便在发生短路时,能迅速将故障电路自动切断。但是,有时由于某种需要可以将电路中的某一段短路(常称为短接)或进行某种短路实验。

任务二　识别与检测电路元件

电子元器件是组成各种电路的最小单元,任何复杂的电路都是电子元器件有机组合的结果。因此掌握电子元器件的基础知识,是学好电工技术的基础。分析电路实质上是对电路中元器件作用的分析;维修电路故障实质上是准确而快速地找出电路中哪一些元器件出了故障,然后再对该元器件进行检测、修理或更换。其中,对电子元件器的检测离不开万用表。

一、认知与使用万用表

万用表是一种多功能、多量程的便携式电测量仪表,是电工中使用最频繁的仪表。常用的万用表有指针式(模拟式)和数字式两种。一般万用表的测量种类有交直流电压、直流电流和直流电阻等。有的万用表还能测量交流电流、电容、电感及三极管的电流放大系数等。

1. 指针式万用表

1)万用表的面板构成及功能介绍

指针式万用表的型号繁多,如图 2－25 所示为常用的 MF47 型万用表面板图。它主要由面板、磁电系表头(测量机构)、测量线路和转换开关四个部分组成。

(1)面板。万用表的面板上设有多条标度尺的表盘、表头指针、转换开关的开关柄、机械调零旋钮、电阻挡零欧姆调节旋钮和表笔插孔。

(2)表头与表盘。表头是万用表进行各种不同测量的公用部分,是一只高度灵敏的磁电式直流电流表,万用表主要性能指标基本取决于表头的性能。表头灵敏度越高,内阻越大,则万用表性能越好。

表盘上的多条标度尺与各种测量项目相对应,如图2-26所示,使用时应熟悉每条标度尺上的刻度及所对应的被测量。

图2-25　MF47型万用表面板

(3)测量线路。万用表用一只表头可完成对多种电量进行多量程的测量,关键在于万用表内设置了一套测量线路,电路由各基本参量(电流、电压、电阻等)的测量电路综合而成。旋转面板上的转换开关可选择所需要的测量项目和量程。

(4)转换开关。万用表转换开关由固定触点、可动触点和开关柄组成,其作用是按测量种类及量程选择的要求,在测量线路中组成所需要的测量电路。

2)使用方法

(1)使用前的检查与调整。在使用万用表进行测量前,应进行下列检查、调整。

①外观应完好无破损,当轻轻摇晃时,指针应摆动自如。

②旋动转换开关,应切换灵活无卡阻,挡位应准确。

③水平放置万用表,转动表盘指针下面的机械调零螺丝,使指针对准标度尺左边的零刻度线。

④测量电阻前应进行欧姆调零(每换挡位一次,都应重新进行欧姆调零)。即将转换开关置于欧姆挡的适当位置,两支表笔短接,旋动欧姆调零旋钮,使指针对准欧姆标度尺右边的零刻度线。如指针始终不能指向零刻度线,则应更换电池。

⑤检查表笔插接是否正确。黑表笔应接"－"极或"﹡"插孔,红表笔应接"＋"极。

⑥检查测量结果是否有效,即应用欧姆挡,短时碰触两表笔,指针应偏转灵敏。

(2)指针式万用表的使用。如图2-26所示,MF47型万用表共有6条刻度线,上面第一条测量电阻;第二条测量交直流电流、电压;第三条测量晶体管的参数;第四条测量电容量;第五条测量电感量;第六条测量音频电平。

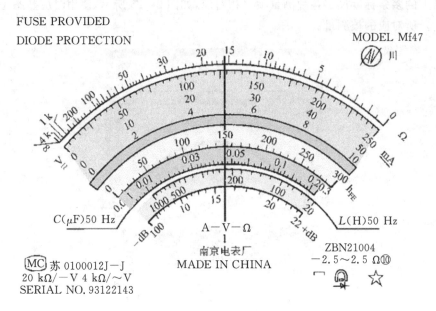

图 2-26　MF47 型万用表表盘

指针式万用表的具体使用方法如下:

①直流电流的测量。根据待测电流的大小,将转换开关旋至与直流电流相应的量程上并将红、黑表笔串接在被测电路中,电流从红表笔流入,从黑表笔流出。如测电流值为 5 A 的电流时,转换开关置于 500 mA 的量程上,红表笔插"5 A"插孔。读数用"mA"标度尺读数。

指针在标度尺上对应的数值,即为被测电流的大小。

【例 2-12】　如果表头指针稳定在如图 2-26 所示位置,请读出图中 5 mA 挡时指针指示数值。

【解】　选用最大标度值为 10 的标度,则

$$读数 = (大刻度值 + 小刻度值 + 估读值) \times 倍率$$
$$= (4 + 1 + 0.2 \times 80\%) \times (5/10)$$
$$= 2.58 \text{ mA}$$

同学们如果有兴趣的话,可尝试分别选用最大标度值为 50 的标度和最大标度值为 250 的标度时读出指针指示的数值。

②直流电压的测量。根据待测电压的大小,将转换开关旋至与待测电压大小相应的直流电压量程上。测电压时应将两只表笔并联在要测量的两点上。红表笔应接在电压高的一端,黑表笔接在电压低的一端。如测 2500 V 电压时,转换开关置于 1000 V 量程上,红表笔插 2500 V 插孔。读数用"V"标度尺读数。

【例 2-13】　如果表头指针稳定在如图 2-26 所示位置,请读出图示在 500 V 挡时指针指示数值。

【解】　选用最大标度值为 50 的标度,则

$$读数 = (大刻度值 + 小刻度值 + 估读值) \times 倍率$$
$$= (20 + 5 + 1 \times 80\%) \times (500/50) = 258 \text{ V}$$

　　同学们如果有兴趣的话,可尝试分别选用最大标度值为 10 的标度和最大标度值为 250 的标度时读出指针指示的数值。

　　③交流电压的测量。将转换开关旋至与待测的交流电压相应的量程上,交流电压无正、负极性之分,测量时不必考虑极性问题。测量交流电压时应注意,表盘上交流电压的刻度是有效值,且只适用于正弦交流电。应养成单手持笔的习惯,避免人体和高电压并联引起触电事故。读数用"V"标度尺读数。

　　④电阻的测量。测量电阻之前,选择适当的倍率挡,并在相应挡调零,即将两表笔短接,旋动欧姆调零旋钮,使表针指在 0 Ω 处,然后将两表笔分开,接入被测元件。当欧姆调零时,若指针不能调至零,可能是电池电压不足,应更换新电池。将被测电阻从工作电路上拆下保证其不带电,然后接入两表笔之间。读数用"Ω"标度尺读数,应使指针指在标度尺中心附近,此时读数比较准确。每换一次倍率挡都应重新欧姆调零。

　　【例 2 - 14】　如果表头指针稳定在如图 2 - 26 所示位置,请读出图示在 $R \times 10$ 挡时指针指示数值。

　　【解】　　　　　读数＝(大刻度值＋小刻度值＋估读值)×倍率
　　　　　　　　　　　　＝$(15 + 0 + 1 \times 80\%) \times 10$
　　　　　　　　　　　　＝158 Ω

　　3)使用注意事项

　　(1)测量前,根据被测量的种类和大小,把转换开关置于合适的位置,选择合适量程,使指针接近刻度尺满刻度的 2/3 左右。

　　(2)在测试未知量时,先将选择开关旋至最高量程位置,而后自高向低逐次转换,避免造成电路损坏和指针打弯。

　　(3)测量高压电和大电流,不能在测量时旋转转换开关,避免转换开关的触点产生电弧而损坏开关。

　　(4)测量电阻时,应先将电路电源断开,不允许带电测量电阻。测量高电阻值元件时,操作者手不能接触被测量元件的两端,也不允许用万用表的欧姆挡直接测量微安表表头、检流计、标准电池等的内阻。

　　(5)测量完毕,应将转换开关置于交流电压最高挡,防止再次使用时,因不慎损坏表头。

　　(6)被测电压高于 100 V 时需注意安全。

　　(7)万用表应在干燥、无振动、无强磁场、环境温度适宜的条件下使用。

　　(8)万用表长时间不用时,应取出电池。

2.　数字式万用表

　　数字式万用表具有测量精度高、显示直观、功能全、可靠性好、小巧轻便及便于操作等优点。

　　1)万用表的面板构成及功能介绍

　　如图 2 - 27 所示为 DT830 型数字式万用表的面板图,主要由液晶显示屏(LCD)、电源开关、量程选择开关和表笔插孔等组成。

　　(1)液晶显示屏最大显示值为 1 999,且具有自动显示极性功能。若被测电压或电流的极性为负,则显示值前将带"－"号。若输入超量程时,显示屏左端出现"1"或"－1"的提示字样。

　　(2)电源开关(POWER)可根据需要,分别置于"ON(开)"或"OFF(关)"状态。测量完毕,应将其置于"OFF"位置,以免空耗电池。数字式万用表的电池盒位于后盖的下方,采用 9 V 叠

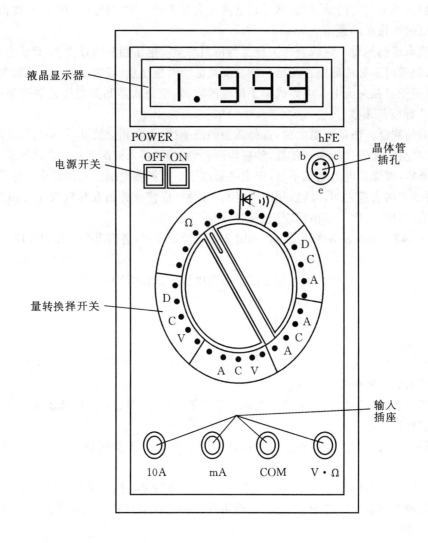

图 2-27 DT830 型数字式万用表面板图

层电池。

（3）旋转式量程选择开关位于面板中央，用以选择测试功能和量程。若用表内蜂鸣器作通断检查时，量程开关应停放在标有" ⊷))) "符号的位置。

（4）hFE 插孔用以测量三极管的 hFE 值，测量时将三极管的 b、c、e 极插入对应插孔。

（5）输入插孔是万用表通过表笔与被测量连接的部位，设有"COM""V·Ω""mA"及"10 A"四个插孔。使用时，黑表笔置于"COM"插孔，红表笔依被测量种类和大小置于"V·Ω""mA"或"10 A"插孔。在"COM"插孔与其他三个插孔之间分别标有最大（MAX）测量值，如 10 A、200 mA、交流 750 V、直流 1000 V。

2)使用方法

(1)电压测量。测量交、直流电压时,红、黑表笔分别接"V·Ω"与"COM"插孔,旋动量程选择开关至合适位置,将红、黑表笔并接于被测电路(若是直流,注意红表笔接高电位端)。此时显示屏显示出被测电压数值,若显示屏只显示最高位"1",表示溢出,应将量程调高。如果不知道被测电压的范围,则首先应将转换开关置于最大量程,然后视情况降至合适量程。

(2)电流测量。测量交、直流电流时,红、黑表笔分别接"mA"(大于 200 mA 时应接"10 A")与"COM"插孔,旋动量程选择开关至合适位置,将红、黑表笔串接于被测电路(若是直流,注意极性),显示屏所显示的数值即为被测电流的大小,若显示屏只显示最高位"1",表示溢出,应将量程调高。如果不知道被测电流的范围,则首先应将转换开关置于最大量程,然后视情况降至合适量程。

(3)电阻测量。测量电阻时,无须调零。将红、黑表笔分别插入"V·Ω"与"COM"插孔,旋动量程选择开关至合适位置,将两表笔跨接在被测电阻两端(不得带电测量),显示屏所显示数值即为被测电阻的阻值。当使用 200 MΩ 量程进行测量时,先将两表笔短路,若该数不为零,仍属正常,此计数是一个固定的偏移值,实际数值应为显示数值减去该偏移值。当输入开路时,会显示过量程状态"1"。如果被测电阻的阻值超过所用量程,也会显示过量程状态"1",必须换用高挡量程。

3)使用注意事项

(1)当显示屏出现" ┼ ─ ""BATT"或"LOW BAT"时,表明电池电压不足,应予更换新的电池。

(2)测量完毕,应关上电源;若长期不用,应将电池取出。

(3)不宜在日光及高温、高湿环境下使用与存放(工作温度为 0～40 ℃,湿度为 80%)。使用时应轻拿轻放。

技能实训 2　万用表的使用

1. 实训目的

(1)学会 MF47 型万用表的使用和标度尺的读法。

(2)能熟练使用指针式万用表和数字式万用表测量直流电压、交流电压和电阻。

2. 实训所需器材

(1)ZH-12 型通用电学实验台。

(2)指针式万用表:1 块/组。

(3)数字式万用表:1 块/组。

(4)干电池:若干/组。

3. 实验内容与步骤

(1)如果表头指针稳定在如图 2-28 所示位置,请根据表 2-4 中转换开关选定的测量项目与量程,将读取的数据填入该表中。

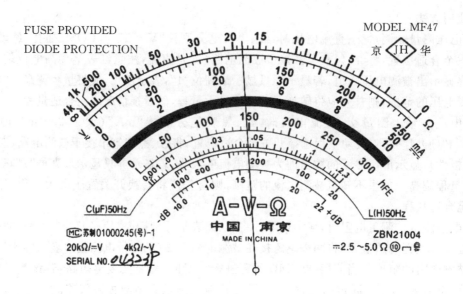

图 2 - 28   万用表读数指示

表 2 - 4   转换开关的使用和读数

测量项目和量程	$R\times1$	1 kV ~	10 V ~	500 mA	0.5 mA	$R\times100$	1 kV —
读数(带单位)							
测量项目和量程	10 V —	250 V ~	$R\times10$ k	$R\times10$	50 V —	$R\times1$ k	250 V —
读数(带单位)							

(2)直流电压的测量。用万用表直流电压挡位测量干电池和稳压电源的电压,将测量结果填入表 2 - 5 中。

表 2 - 5   直流电压测量

测量对象	干电池 1(1.5 V)	干电池 2(9 V)	稳压电源
指针式万用表的读数			
数字式万用表的读数			

(3)交流电压的测量。用万用表交流电压挡测量电工实验台上的单相电压(220 V)和三相电压(380 V),将测量结果填入表 2 - 6 中。

表 2 - 6   交流电压测量

测量对象	单相电(220 V)	三相电(380 V)
指针式万用表的读数		
数字式万用表的读数		

(4)电阻的测量。从电工实验台中取出阻值为 1.5 kΩ、750 Ω、1 kΩ、200 Ω 的电阻。用万用表电阻挡位测量各电阻的阻值,将测量结果填入表 2-7 中。

表 2-7　电阻的测量

测量对象	电阻 1	电阻 2	电阻 3	电阻 4
电阻标称值				
指针式万用表的读数				
数字式万用表的读数				

4. 注意事项

(1)测量直流电压时要注意电源的极性,表笔不能接反。

(2)测量电阻时不允许用手同时触及被测电阻的两端。

(3)测量电阻时,每换一次倍率挡都应重新调零。

(4)测量交流电压时,请注意安全,请在教师指导下测量。

(5)每次测量完毕后,应将转换开关拨到交流电压最高挡的位置。

5. 分析思考

(1)在测 200 Ω 电阻时选用 R×10 挡和 R×100 挡,哪种测法误差小。

(2)在测直流电压时误用交流电压挡,测得数据会怎样。

6. 评分

(1)操作是否符合规范(40%)。

(2)结果是否正确(30%)。

(3)分析是否正确(30%)。

二、基本电路元件的识别与检测

1. 电阻器的识别与检测

电阻器应用广泛,在电子产品、电气工程、自动化控制、传感器里都要用到电阻器。根据用途的不同,电阻器分为不同的种类和规格,以满足不同的需要。

1)认识电阻器

电阻器通常也称为电阻,是一个为电流提供通路的电子器件,它的定义为每单位电流在导体上所引起的电压,记作:电阻＝电压/电流,即 $R = U/I$。

电阻器的基本特征是消耗能量,其基本参量是电阻值 R,单位为欧〔姆〕(Ω)、千欧(kΩ)和兆欧(MΩ),它们之间的换算关系是:$1 \ \Omega = 10^{-3} \ k\Omega = 10^{-6} \ M\Omega$。电阻没有正、负极性,这与电源不同,因此它在电路中可以任意连接。电阻的文字符号为"R",电路图形符号为"—□—"。

电阻器种类繁多,通常分为三大类:固定电阻、可变电阻和电位器。在电子产品中,以固定电阻应用最多。而固定电阻以其制造材料的不同又可分为好多种类,最常见的有 RT 型碳膜电阻、RJ 型金属膜电阻、RX 型线绕电阻,还有近年来开始广泛应用的贴片电阻。其型号的命名也很有规律,R 代表电阻,T 代表碳膜,J 代表金属,X 代表线绕等,J、X 均为电阻材料拼音的第一个字母。表 2-8 即为常见电阻器的型号。

表 2 - 8　常见电阻器的型号

RT(碳膜电阻)	RTL(测量用碳膜电阻)	RXJ(精密线绕电阻)
RJ(金属膜电阻)	RX(线绕电阻)	RXYC(耐潮被釉线绕电阻)
RY(氧化膜电阻)	RXQ(酚醛涂层线绕电阻)	RR(热敏电阻)

通常用于电子产品的有色环电阻器、小型可变电阻器、电位器以及直标式电阻器,其外形如图 2 - 29 所示。

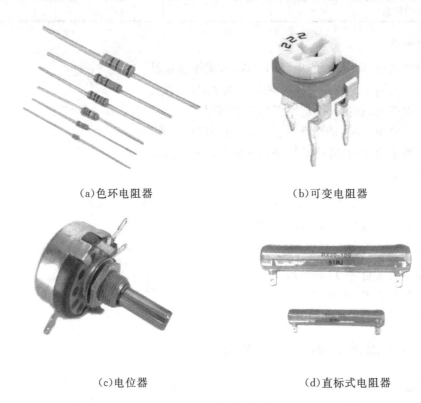

(a)色环电阻器　　　　　　　　　　　(b)可变电阻器

(c)电位器　　　　　　　　　　　(d)直标式电阻器

图 2 - 29　常用电阻器

图 2 - 29(a)为色环电阻器。色环电阻器在电子产品中应用非常广泛,其阻值固定不变,用色环表示。

图 2 - 29(b)为可变电阻器。可变电阻器用于需要变化阻值,但又不需要频繁调节的场合。它的阻值可以在一定范围内改变,通常有三个引脚,有一个一字形或者十字形的阻值调节槽,外壳印有表示阻值的标注。

图 2 - 29(c)为电位器。电位器用于需要频繁调节阻值的场合。它的阻值也可以改变,体积比可变电阻器大,结构牢固,有转轴或操纵柄,外壳印有表示阻值的标注。

图 2 - 29(d)为直标式电阻器。直标式电阻器一般是功率较大的固定电阻器,由于体积比较大,可将电阻值直接标注在电阻的表面。

除此之外,还有一些新型电阻器,如热敏电阻、光敏电阻、可熔电阻、压敏电阻等。

2)主要指标

电阻器的主要技术指标有额定功率、标称阻值、允许偏差(精度等级)、温度系数、非线性度及噪声系数等项。由于电阻器的表面积有限以及对各参数关心的程度,一般只标明阻值、精度、材料和额定功率几项;对于额定功率小于 0.5 W 的小电阻,通常只标注阻值和精度,其材料及额定功率通常由外形尺寸和颜色判断。电阻器的主要技术参数通常用文字或文字符号标出。

（1）额定功率。电阻器在电路中长时间连续工作不损坏,或不显著改变其性能所允许消耗的最大功率,称为电阻器的额定功率。电阻器的额定功率并不是电阻器在电路中工作时一定要消耗的功率,而是电阻器在电路中工作时,允许所消耗功率的限额。

电阻实质上是把吸收的电能转换成热能的能量消耗元件。不同类型的电阻有不同的额定功率系列。通常的功率系列值可以有 0.05～500 W 之间的数十种规格。选择电阻的额定功率,应该判断它在电路中的实际功率,一般额定功率是实际功率的 1.5～2 倍以上。

电阻器的额定功率系列如表 2-9 所示。

表 2-9　电阻器的额定功率系列　　　　　　　　　　　　　　　单位:W

线绕电阻器的额定功率系列	0.05、0.125、0.25、0.5、1、2、4、8、10、25、40、50、75、100、150、250、500
非线绕电阻器的额定功率系列	0.05、0.125、0.25、0.5、1、2、5、10、25、50、100

在电路图中,电阻器的额定功率标注在电阻器的图形符号上,如图 2-30 所示。

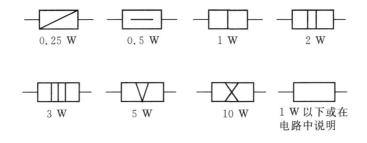

图 2-30　标有额定功率的电阻器

额定功率在 2 W 以下的小型电阻,其额定功率值通常不在电阻器上标出,观察外形尺寸即可确定;额定功率在 2 W 以上的电阻,因为体积比较大,其功率值均在电阻器上用数字标出。电阻器的额定功率主要取决于电阻器的材料、外形尺寸和散热面积。一般来说,额定功率大的电阻器,其体积也比较大。因此,可以通过比较同类的电阻器的尺寸,判断电阻器的额定功率。

（2）标称阻值及允许误差。固定电阻器阻值大小,不是按多个连续数值标定的,而是按一定规律制造的,产品出厂时给定的阻值称为标称阻值,简称标称值。在设计电路时,应该尽可能选用阻值符合标称系列的电阻。电阻器的标称阻值,用色环或文字标注在电阻的表面上。电阻的实际值对于标称阻值的最大允许偏差范围称为电阻值的允许误差,它表示产品的精度。标称阻值是产品标注的"名义"阻值。通用电阻器的标称阻值系列和允许误差等级如表 2-10 所示。

任何电阻器的标称阻值均是表 2-10 所列数值的 $10n$ 倍（n 为整数）,精密电阻的误差等级有 $\pm0.05\%$、$\pm0.2\%$、$\pm0.5\%$、$\pm1\%$、$\pm2\%$ 等,其他电阻器的允许误差分为 Ⅰ 级、Ⅱ 级、Ⅲ 级,如表 2-10 所示。

表 2 – 10　通用电阻器的标称阻值系列和允许误差等级

系列	允许误差	电阻器标称阻值系列/Ω										
E24	Ⅰ级±5%	1.0	1.1	1.2	1.3	1.5	1.6	1.8	2.0	2.4	2.7	3.0	3.3
		3.6	3.9	4.3	4.7	5.1	5.6	6.2	6.8	7.5	8.2	9.1	
E12	Ⅱ级±10%	1.0	1.2	1.5	1.8	2.2	2.7	3.3	3.9	4.7	5.6	6.8	8.2
E6	Ⅲ级±20%	1.0	1.5	2.2	3.3	4.7	6.8						

（3）温度系数。所有材料的电阻率都会随温度发生变化，电阻的阻值同样如此。在衡量电阻器的温度稳定性时，使用温度系数；一般情况下，应该采用温度系数较小的电阻；而在某些特殊情况下，则需要使用温度系数较大的热敏电阻器，这种电阻器的阻值会随着环境和工作电路的温度敏感地发生变化。它有两种类型：一种是正温度系数型，另一种是负温度系数型。热敏电阻一般在电路中用做温度补偿或测量调节元件。

金属膜、合成膜电阻具有较小的正温度系数，碳膜电阻具有负温度系数。适当控制材料及加工工艺，可以制成温度稳定性很高的电阻。

（4）非线性。通过电阻的电流与加在其两端的电压不成正比关系时，叫做电阻的非线性。电阻的非线性用电压系数表示，即在规定的范围内，电压每改变 1 V，电阻值的平均相对变化量。

一般来说，金属型电阻的线性度很好，非金属型电阻常会出现非线性。

（5）噪声。噪声是产生于电阻中的一种不规则的电压起伏。噪声包括热噪声和电流噪声两种。

热噪声是由于电子在导体中的不规则运动而引起的，它既不取决于导体的材料，也不取决于导体的形状，仅与温度和电阻的阻值有关。任何电阻都有热噪声。降低电阻的工作温度，可以减小热噪声。

电流噪声是由于电流流过导体时，导电颗粒之间以及非导电颗粒之间不断发生碰撞而产生的机械震动，并使颗粒之间的接触电阻不断发生变化的结果。当直流电压加在电阻两端时，电流将被起伏的噪声电流所调制，这样，电阻两端除了有直流压降外，还会有不规则的交变电压分量，这就是电流噪声。电流噪声与电阻的材料、结构有关，并与外加直流电压成正比。合金型电阻无电流噪声，薄膜型电阻较小，合成型电阻最大。

（6）极限电压。电阻两端电压增加到一定值时，电阻会发生电击穿而损坏，这个电压值叫做电阻的极限电压。根据电阻的额定功率，可以计算出电阻的额定电压，即

$$V = \sqrt{PR}$$

而极限电压无法根据简单的公式计算出来，它取决于电阻的外形尺寸及工艺结构。

3）标识方法

电阻器的参数标识方法有直标法、文字符号法及色环法。

（1）直标法。直标法是把电阻器的主要参数和技术性能用数字或字母直接印制在电阻器表面上的一种标注法，这种方法主要用于功率比较大的电阻器。例如，电阻器表面上印有 RXYC – 50 – T – 1K5 – 10%，其含义是耐潮被釉线绕可调电阻，额定功率为 50 W，阻值为 1.5 kΩ，允许误差为±10%。对小于 1000 Ω 的阻值只标出数值，不标单位；对 kΩ、MΩ 只标注 k、M，如图 2 – 31(a)所示。

（2）文字符号法。文字符号法是将需要标出的主要参数与技术性能用文字、数字符号两者有规律地组合起来标注在电阻器上的一种标注法。随着电子元器件的不断小型化，特别是表面安装元器件的制造工艺不断进步，使得电阻器的体积越来越小，因此其元器件表面上标注的文字符号也进行了相应的改革。一般仅用 3 位数字标注电阻器的数值，精度等级不再表示出来（一般小于±5%）。具体规定为元器件表面涂以黑色表示电阻器；电阻器的基本标注单位是欧（Ω），其数值大小用 3 位数字标注，前两位数字表示数字的有效数字，第三位数字表示数值的倍率（乘数）。例如，100 表示其阻值为 $10×10^0=10$ Ω，223 表示其阻值为 $22×10^3=22$ kΩ。

对于字母与数字组合表示的，字母符号 R、k、M 之前的数字表示电阻值的整数值，之后的数字表示电阻值的小数值，字母符号表示小数点的位置和电阻值单位。例如，3R9 表示为 3.9 Ω，8k2 表示 8.2 kΩ。精度等级为Ⅰ或Ⅱ级时标明，Ⅲ不标明。如图 2-31（b）所示。

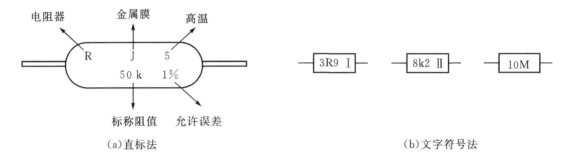

（a）直标法　　　　　　　　　　　　　　　（b）文字符号法

图 2-31　电阻器规格标注法

（3）色标法（又称色环表示法）：小功率的电阻器广泛使用色标法。一般用背景颜色区别电阻器的种类：浅色（淡绿色、淡蓝色、浅棕色）表示碳膜电阻器，红色表示金属或金属氧化膜电阻器，深绿色表示线绕电阻器。一般用色环表示电阻器阻值的数值及精度。

电阻器的色环表示法有 4 色环和 5 色环两种，其含义如图 2-32 所示。普通电阻器用 4 个色环表示其阻值和允许偏差：第一、第二环表示有效数字，第三环表示倍率（乘数），与前 3 环距离较大的第四环表示精度。精密电阻器采用 5 个色环：第一、二、三环表示有效数字，第四环表示倍率，与前四环距离较大的第五环表示精度。表 2-11 中列出了电阻器各色环颜色所表示的数字和允许误差。

（a）4 色环电阻　　　　　　　　　　　　　（b）5 色环电阻

图 2-32　4 色环和 5 色环电阻的标注含义

表 2-11　色环颜色所表示的有效数字和允许误差

颜色	有效数字	倍乘（乘数）	允许偏差/%
黑	0	10^0	
棕	1	10^1	±1
红	2	10^2	±2
橙	3	10^3	
黄	4	10^4	
绿	5	10^5	±0.5
蓝	6	10^6	±0.25
紫	7	10^7	±0.1
灰	8	10^8	
白	9	10^9	
金		10^{-1}	±5
银		10^{-2}	±10
无色			±20

例如，某一电阻器有四道色环，分别为"棕黑橙金"，则其阻值为：$10 \times 10^3 = 10$ kΩ，误差为 ±5%。又例如，某一电阻器有五道色环，分别为"橙橙红红棕"，则其阻值为：$332 \times 10^2 = 33.3$ kΩ，误差为 ±1%。

采用色环标注的电阻器，颜色醒目，标注清晰，不易褪色，从不同的角度都能看清阻值和允许偏差。目前国际上都广泛采用色环法。

4）特性方程

电阻元件是消耗电能的元件，电阻元件作为负载的电路如图 2-33 所示。在直流电路中，线性电阻元件的特性方程为

$$U = IR \qquad (2.17)$$

式（2.17）说明线性电阻两端电压与其电流成正比（线性关系），这就是电路的欧姆定律。线性电阻在直流电路和交流电路中都遵循欧姆定律，而非线性电阻不遵循欧姆定律，其两端电压与电流成非线性关系。

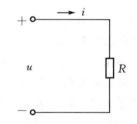

图 2-33　电阻负载电路

欧姆定律也同样适用于交流电路。交流电路中，欧姆定律的形式为

$$u = iR \qquad (2.18)$$

电阻元件在交流电路中的特性详见项目三。

5）电阻器的检测

（1）固定电阻器的检测。当电阻的参数标注因某种原因脱落或欲知道其精确阻值时，就需要用仪器对电阻的阻值进行测量。对于常用的碳膜、金属膜电阻器以及线绕电阻器的阻值，可用普通指针式万用表的电阻挡直接测量。先将万用表转换开关置于"Ω"挡，测量前，应将万用表调零。例如，将万用表置于 $R \times 10$ Ω 然后用表笔接被测固定电阻的两个引端，此时将表头指针偏转值乘10，即为被测电阻器的阻值。如果指针不动，则可以将万用表换到 $R \times 10$ kΩ 挡，并重新调零。如果指针仍不摆动，表示电阻器内部已断，不能再用。如果指示为零，可将万用表置于 $R \times 10$ Ω 挡或 $R \times 1$ Ω 挡。此时指针偏转后的值乘以 10 或 1 得到的值即为电阻器的阻值。

注意:测量时手不能接触被测电阻器的两根引线,以免人体电阻影响测量的准确性。若要测量电路中的电阻器,必须将电阻器的一端从电路中断开,以防电路中的其他元器件影响测量结果。

(2)电位器的检测。电位器可用万用表的电阻挡进行检测。先测量电位器的总阻值,即两端片之间的阻值应为标称值,然后再测量它的中心端片与电阻体的接触情况。将一只表笔接电位器的中心焊接片,另一只表笔接其余两端片中的任意一个,慢慢将其转柄从一个极端位置旋转至另一个极端位置,其阻值应从零(或标称值)连续变化到标称值(或零)。在整个旋转过程中,万用表的指针不应有跳动现象。在电位器转柄的旋转过程中,应感觉平滑,松紧适中,不应有异常响声。否则说明电位器已损坏。

6)电阻的串联、并联和混联

(1)电阻的串联。如果电路中有两个或更多电阻一个接一个地顺序相连,并且在这些电阻中通过同一电流,则这样的连接法就称为电阻的串联,如图 2-34(a)所示。两个串联电阻可用一个等效电阻 R 来代替,如图 2-34(b)所示,等效的条件是在同一电压 U 的作用之下电流 I 保持不变。

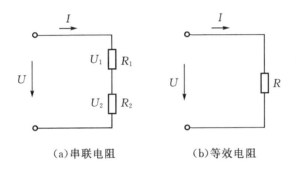

(a)串联电阻　　　　　　(b)等效电阻

图 2-34　电阻的串联

图 2-34(b)中的等效电阻 R 等于各个串联电阻之和,即

$$R = R_1 + R_2 \tag{2.19}$$

多个电阻串联,其等效电阻 R 为

$$R = R_1 + R_2 + R_3 + \cdots$$

两个串联电阻上的电压分别为

$$U_1 = \frac{R_1}{R_1 + R_2}U = \frac{R_1}{R}U \tag{2.20}$$

$$U_2 = \frac{R_2}{R_1 + R_2}U = \frac{R_2}{R}U \tag{2.21}$$

写成一般形式为

$$U_i = \frac{R_i}{R}U \tag{2.22}$$

式(2.22)是电阻串联电路的分压公式,它说明第 i 个电阻上分配到的电压取决于这个电阻与总的等效电阻的比值,这个比值称为分压比。串联的电阻越大,分配到的电压越大;串联的电阻越小,分配到的电压越小。尤其要说明的是,当其中某个电阻较其他电阻小很多时,分压比将很小,这个小电阻两端的电压也较其他电阻上的电压低很多,因此在工程估算时,这个小电阻的分压作用就可以忽略不计。

　　电阻串联的应用很多。譬如在负载的额定电压低于电源电动势的情况下,通常需要与负载串联一个电阻,以降落一部分电动势。有时为了限制负载中通过过大的电流,也可以与负载串联一个限流电阻。如果需要调节电路中的电流时,一般也可以在电路中串联一个可变电阻来进行调节。改变可变电阻的大小以得到不同的输出电压,这在电阻串联的应用中也是常见的。

　　(2)电阻的并联。如果电路中有两个或更多个电阻连接在两个公共的节点之间,则这样的连接法就称为电阻的并联。在各个并联支路(电阻)上得到同一电压,如图 2-35(a)所示。两个并联电阻也可用一个等效电阻 R 来代替,如图 2-35(b)所示。

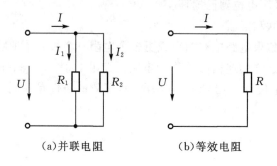

(a)并联电阻　　　　　(b)等效电阻

图 2-35　电阻的并联

图 2-35(b)中的等效电阻的倒数等于各个并联电阻的倒数之和,即

$$\frac{1}{R} = \frac{1}{R_1} + \frac{1}{R_2} \tag{2.23}$$

多个电阻并联,其等效电阻 R 为

$$\frac{1}{R} = \frac{1}{R_1} + \frac{1}{R_2} + \frac{1}{R_3} + \cdots$$

由式(2.23)可得图 2-35(b)中的等效电阻 R 为

$$R = \frac{R_1 R_2}{R_1 + R_2}$$

两个并联电阻上的电流分别为

$$I_1 = \frac{R_2}{R_1 + R_2} I \tag{2.24}$$

$$I_2 = \frac{R_1}{R_1 + R_2} I \tag{2.25}$$

并联电阻用电导表示,在分析计算多支路并联电路时可以简便些。

　　由式(2.24)和式(2.25)可见,并联电阻上电流的分配与电阻的大小成反比。并联的电阻越小,分配到的电流越大;并联的电阻越大,分配到的电流越小。

　　有时为了某种需要,可将电路中的某一段与一个电阻或可变电阻器并联,以起到分流或调节电流的作用。通常负载(如电灯、电动机等)都是并联运行的。因为电源的端电压几乎是不变的,所以负载两端的电压也几乎是不变的。因此当负载增加(如并联的负载数目增加)时,负载所取用的总电流和总功率都增加,即电源输出的功率和电流都相应增加。就是说,电源输出的功率和电流取决于负载的大小。

　　(3)电阻的混联。在实际应用中,电路里包含的电阻常常不是单纯的串联或并联,而是既有串联又有并联,电阻的这种连接方式,叫做电阻的混联。如图 2 - 36 所示为电阻的混联电路,R_1 和 R_2 先串联,然后与 R_3 并联,最后与 R_4 串联。

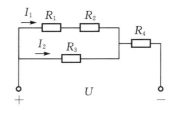

图 2 - 36　电阻的混联电路

求电阻混联电路的等效电路的步骤如下:

①先把电阻的混联分解成若干个串联和并联,按照串、并联电路的特点进行计算,分别求出它们的等效电阻。

②用已求出的等效电阻去取代电路中的串、并联电阻,得到电阻混联电路的等效电路。

③如果所求得的等效电路中仍然包含着电阻的串联或并联,可继续用上面的方法来化简,以求得最简单的等效电路。

④利用已化简的等效电路,根据欧姆定律算出通过电路的总电流,再算出各支路上的电流、各电阻两端的电压等。

【例 2 - 15】　如图 2 - 37(a)所示的电路,求 A、B 两点间的等效电阻 R_{AB}。

【解】　将电路图中间无电阻导线缩为一个点后,可看出左侧两个 2 Ω 电阻为并联关系,上面两个 4 Ω 电阻为并联关系,将并联后的等效电阻替换图 2 - 37(a),结果如图 2 - 37(b)所示。图 2 - 37(b)中右侧两个 2 Ω 电阻串联后与中间 4 Ω 电阻并联等效为一个 2 Ω 电阻,如图 2 - 37(c)所示,求得 R_{AB} 为

$$R_{AB} = \frac{(2+1)\times 3}{(2+1)+3} = 1.5 \ \Omega$$

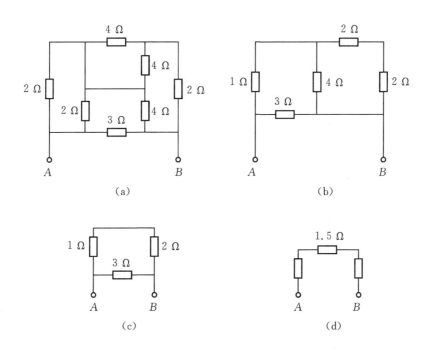

(a)　　　　　　　　　　(b)

(c)　　　　　　　　　　(d)

图 2 - 37　例 2 - 15 电路图

求解简单电路,关键是判断哪些电阻串联,哪些电阻并联。一般情况下,通过观察可以进行判断。当电阻串、并联的关系不易看出时,可以在不改变元件间连接关系的条件下将电路画

成比较容易判断的串、并联的形式,这时无电阻的导线最好缩成一点,并且尽量避免相互交叉。重画时可以先标出各节点代号,再将各元件连在相应的节点间。

2. 电容器的识别与检测

1)认识电容器

电容器是储存电荷的容器,是电工、电子技术中的一个重要元件。两个导电体中间用绝缘材料隔开,就形成一个电容器。如图 2-38 所示是由两块中间绝缘导电板构成的平板电容器。

电容器中间的绝缘材料称为介质,电容器常用的介质有空气、云母片、涤纶薄膜、陶瓷等,两块导电板称为极板。当电容器两个极板上加上直流电压后,极板上就会有电荷储存,其储存电荷能力的大小称为电容量,用字母 C 表示。电容量的大小取决于电容器本身的形状、极板的尺寸、极板间的距离和介质品种。

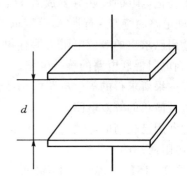

图 2-38　平板电容器

平板电容器的电容量计算公式为

$$C = \varepsilon \frac{S}{d} \tag{2.26}$$

式(2.26)中,ε 为绝缘材料的介电常数(不同种类的绝缘材料其介电常数是不同的);S 为极板的有效面积;d 为两极板间的距离。

电容器两端加上直流电压 U 时,两极板上就会储存有等量电荷 q,电荷与电容量、电压的关系为

$$q = CU \tag{2.27}$$

实验证明对某一确定的电容量的电容器来说,任意极板所带电荷量与两极板间电压的比值是一个常数。采用这一比值可以表示电容器加上单位电压时储存电荷的多少,也就是电容器的电容量。电容量 C 的单位为法拉(F),常用单位还有微法(μF)、纳法(nF)、皮法(pF),它们之间的关系为 1 μF$=10^{-6}$ F,1 nF$=10^{-9}$ F,1 pF$=10^{-12}$ F。电路图形符号分别为无极性电容" —||— "和有极性电容"—+||— "。

各种介质的电容器如图 2-39 所示。

2)主要指标

电容器最主要的指标有 3 项,即标称容量、允许误差和额定工作电压。这 3 项指标一般都标注在电容器的外壳上,可作为正确使用电容器的依据。成品电容器上所标注的电容量称为标称容量,而标称容量往往有误差,但是只要该误差是在国家标准规定的允许范围内,这个误差就称为允许误差。电容器的额定工作电压习惯称为"耐压",是指电容器在电路中能够长期可靠工作而介质性能不变的最大直流电压。

3)标识方法

电容器的标称容量标识方法如下:

(1)直标法。它是指在产品的表面上直接标注出产品的主要参数和技术指标的方法。例

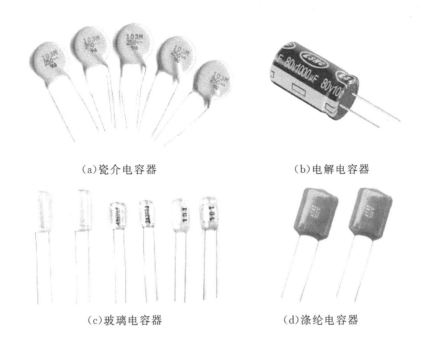

(a)瓷介电容器　　　　　　　　　(b)电解电容器

(c)玻璃电容器　　　　　　　　　(d)涤纶电容器

图 2-39　各种介质电容器

如 33 μF$\pm$5%、32 V。

　　(2)文字符号法。它是指将主要参数与技术性能用文字、数字符号有规律地组合标注在产品表面上的方法。采用文字符号法时,将容量的整数部分写在容量单位标注符号前面,小数部分放在单位符号后面。例如,3.3 pF 标注为 3p3,1000 pF 标注为 1n,6800 pF 标注为 6n8。

　　(3)数字表示法。体积较小的电容器常用数字标注法。一般用三位整数,第一位、第二位为有效数字,第三位表示有效数字后面零的个数,单位为皮法(pF),但是当第三位数字是 9 时表示 10^{-1}。例如,"243"表示容量为 24000 pF,而"339"表示容量为 33×10^{-1} pF(3.3 pF)。

　　(4)色环法。这种表示法与电阻器的色环表示法相似,颜色涂于电容器的一端或从顶端向引线排列。色码一般只有三种颜色,前两个色码表示有效数字,第三个表示倍率,单位为 pF。

　　4)特性方程

　　电容元件是储存电场能量的元件。电容元件作为负载的电路如图 2-40 所示。

　　图 2-40 中电容元件的特性方程为

$$i = C \frac{\mathrm{d}u}{\mathrm{d}t} \qquad (2.28)$$

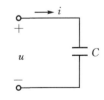

图 2-40　电容负载电路

　　式(2.28)说明流过电容元件的电流与加在电容元件两端的电压变化率成正比。当加在电容元件两端的电压增大时,电容充电,将电源的能量变为电场能量储存起来;当加在电容元件两端的电压减小时,电容放电,将原来储存的电场能量释放出来。因此电容元件不消耗能量,而是储存和释放电场能量。

　　在直流电路中,电容元件两端的电压变化率为零,流过电容元件的电流也为零。因此,电容元件在直流电路中相当于开路,电容元件两端的电压等于电源电动势。故电容元件有隔断直流的作用。

电容元件在交流电路中的特性详见项目三。

5)电容器的检测

对电容器进行性能检测,应视型号和容量的不同而采取不同的方法。

(1)电解电容器的检测。对电解电容器的性能测量,最主要的是容量和漏电流的测量。对正、负极标注脱落的电容器,还应进行极性判别。用万用表测量电解电容器的漏电流时,可用万用表电阻挡测电阻的方法来估测。万用表的黑表笔应接电容器的"+"极,红表笔接电容器的"—"极,此时表针迅速向右摆动,然后慢慢退回,待指针不动时其指示的电阻值越大表示电容器的漏电流越小;若指针根本不向右摆,说明电容器内部已断路或电解质已干涸而失去电容量。

用上述方法还可以鉴别电容器的正、负极。对失掉正、负极标注的电解电容器,可先假定某极为"+",让其与万用表的黑表笔相接,另一个电极与万用表的红表笔相接,同时观察并记住指针向右摆动的幅度;将电容器放电后,把两只表笔对调重新进行上述测量。哪一次测量中,指针最后停留的摆动幅度较小,说明该次测量对其正、负极的假设是对的。

(2)中、小容量电容器的检测。这类电容器的特点是无正、负极之分,绝缘电阻很大,因而其漏电流很小。若用万用表的电阻挡直接测量其绝缘电阻,则指针摆动范围极小不易观察,用此法主要是检查电容器的断路情况。

对于 $0.01~\mu F$ 以上的电容器,必须根据容量的大小,分别选择万用表的合适量程,才能正确加以判断。如测 $300~\mu F$ 以上的电容器可选择"$R \times 10~k$"或"$R \times 1~k$"挡;测 $0.47 \sim 10~\mu F$ 的电容器可用"$R \times 1~k$"挡;测 $0.01 \sim 0.47~\mu F$ 的电容器可用"$R \times 10~k$"挡等。具体方法是:用两表笔分别接触电容器的两根引线(注意双手不能同时接触电容器的两极),若指针不动,将表笔对调再测,仍不动说明电容器断路。

对于 $0.01~\mu F$ 以下的电容器不能用万用表的欧姆挡来判断其是否断路,只能用其他仪表(如 Q 表)进行鉴别。

(3)可变电容器的检测。可变电容器的漏电或碰片短路,也可用万用表的欧姆挡($R \times 1~k$挡)来检查。将万用表的两只表笔分别与可变电容器的定片和动片引出端相连,同时将电容器来回旋转几下,阻值读数应该极大且无变化。如果读数为零或某一较小的数值,说明可变电容器已发生碰片短路或漏电严重。

6)电容器的串、并联

在实际工作中,经常会遇到电容器的电容量大小不合适,或电容器的额定耐压不够高等情况。为此,就需要将若干个电容器适当地加以串联、并联以满足要求。

(1)电容器的串联。如图 2-41 所示电路为两个电容器串联的电路,其等效电容为

$$\frac{1}{C} = \frac{1}{C_1} + \frac{1}{C_2} \tag{2.29}$$

当有几个电容串联时,其等效电容的倒数等于各串联电容的倒数之和。

(2)电容器的并联。如图 2-42 所示电路为两个电容器并联的电路,其等效电容为

$$C = C_1 + C_2 \tag{2.30}$$

当有几个电容并联时,其等效电容等于各并联电容之和。

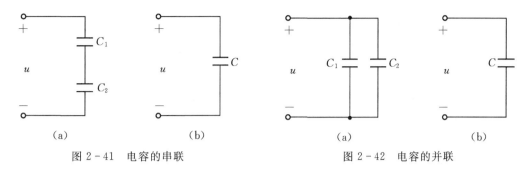

（a）　　　　　　　　（b）　　　　　　　　　　　（a）　　　　　　　　（b）

图 2 - 41　电容的串联　　　　　　　　图 2 - 42　电容的并联

3. 电感线圈的识别与检测

电感线圈是利用电磁感应原理制成的元件,在电路中起阻流、变压及传送信号的作用。电感器的应用范围很广泛,它在调谐、振荡、耦合、匹配、滤波、陷波、延迟、补偿及偏转聚焦等电路中都是必不可少的。由于其用途、工作频率、功率及工作环境不同,对电感器的基本参数和结构就有不同的要求,导致电感器类型和结构的多样化。

1)认识电感线圈

电感线圈一般简称为电感。随着流过电感线圈的电流的变化,线圈内部会感应出某个方向的电压以反映通过线圈的电流变化。电感两端的电压与通过电感的电流有以下关系:

$$U = L \frac{\Delta I}{\Delta t}$$

式中,L 是电感值,电感的基本单位是亨(H)。一般情况下,电路中的电感值很小,可用 mH(毫亨)、μH(微亨)表示。其转换关系为:1 H$=10^3$ mH$=10^6$ μH。

电感线圈的文字符号为"L",图形符号为" "。

各种类型的电感线圈如图 2 - 43 所示。

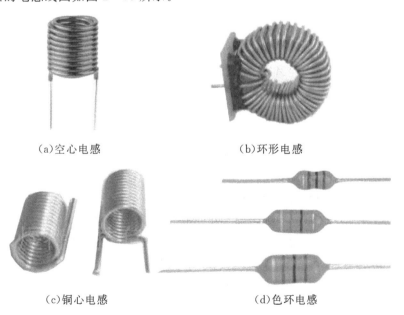

（a)空心电感　　　　　　　　　　(b)环形电感

（c)铜心电感　　　　　　　　　　(d)色环电感

图 2 - 43　各种类型的电感线圈

2)主要指标

电感线圈的主要参数是电感量和额定电流。

(1)电感量 L 也称为自感系数,是表示电感元件自感应能力的一种物理量。当通过一个线圈的磁通发生变化时,线圈中便会产生电势,这就是电磁感应现象,所产生的电势称感应电势,电势大小正比于磁通变化的速度和线圈匝数。当线圈中通过变化的电流时,线圈产生的磁通也要变化,磁通经过线圈,线圈两端便产生感应电势,这便是自感现象。自感电势的方向总是阻止电流变化的,这种电磁惯性的大小就用电感量 L 来表示。L 的大小与线圈匝数、尺寸和导磁材料均有关。

(2)额定电流是指电感线圈在正常工作时,所允许通过的最大电流。额定电流一般用字母表示,并直接印在电感线圈上,各字母的含义如表 2 - 12 所示。使用中电感线圈的实际工作电流必须小于电感线圈的额定电流,否则电感线圈将会严重发热甚至烧毁。

表 2 - 12 电感线圈额定电流代号的意义

字母代号	A	B	C	D	E
额定电流	5 mA	150 mA	300 mA	700 mA	1.6 A

3)标识方法

电感线圈的标称容量标识方法如下:

(1)直标法:电感量由数字和单位组成,直接标在外壳上。

(2)色环法:这种表示法与电阻器的色环表示法相似,色环一般有四种颜色,前两环颜色为有效数字,第三环颜色为倍率,第四种颜色是误差位,单位为 μH。

4)特性方程

电感元件是储存磁场能量的元件。电感元件作为负载的电路如图 2 - 44 所示。

图 2 - 44 中电感元件的特性方程为

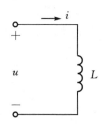

$$u = L \frac{\mathrm{d}i}{\mathrm{d}t} \qquad (2.31)$$

式(2.31)说明电感元件两端的电压与流过电感元件的电流变化率成正比。电感元件也不消耗能量,而是储存和释放磁场能量。

图 2 - 44 电感负载电路

在直流电路中,流过电感元件的电流变化率为零,电感元件两端的电压也为零。因此,电感元件在直流电路中相当于短路。

电感元件在交流电路中的特性详见项目三。

5)电感线圈的检测

(1)通断测量。用万用表测量电感线圈是最简单的方法,即检测电感线圈是否有断路、短路、绝缘不良等情况。检测时,首先将万用表选在"R×1 k"挡,两表笔不分正负与电感线圈的两引脚相接。若表针指示电阻值为无穷大,则说明电感器为断路;若电阻值接近于零,则说明电感器正常;如表针指示不稳定,说明该电感线圈内部接触不良;除圈数很少的电感器外,如果电阻值为零,说明电感线圈已经处于短路。

(2)电感量的测量。取一个电压为 10 V 的交流电源作为电源,万用表选在 10 V 电压挡,对于刻有电感刻度线的万用表,可以从刻度上直接读出电感量。无电感刻度的万用表,有的把电感刻度印在说明书上,如 MF47 型万用表,可参照说明书读出电感量的具体数值。若需要对电感量进行准确的测量,则必须使用万用电桥、高频 Q 表或数字式电感、电容表。

6)电感的串并联

若干电感线圈连接成一个电路时,它们的总电感与若干电阻串并联后的总阻值相似。当电感线圈之间的磁场无相互作用时,可用下面的公式进行计算:

电感串联时,总电感 L 为

$$L = L_1 + L_2 + L_3 + \cdots + L_n \tag{2.32}$$

电感并联时,总电感 L 为

$$L = \frac{1}{\dfrac{1}{L_1} + \dfrac{1}{L_2} + \dfrac{1}{L_3} + \cdots + \dfrac{1}{L_n}} \tag{2.33}$$

两个电感并联时,总电感 L 为

$$L = \frac{L_1 \times L_2}{L_1 + L_2} \tag{2.34}$$

如果电感线圈的磁场之间存在耦合,那么总电感 L 的表达式会稍微复杂一些。本书在这里就不进行阐述,有兴趣的同学可查阅相关资料。

技能实训 3　基本电路元件的识别与检测

1. 实训目的

(1)熟悉电阻器、电容器、电感线圈等常用电路元件的标志识别。

(2)进一步熟练使用指针式万用表,练习使用万用表进行电路元件的简单测试。

2. 实训所需器材

(1)指针式万用表:1 块/组。

(2)电阻器、电容器、电感线圈等常用电路元件若干。

3. 实验内容与步骤

(1)电阻器的识别。根据表 2-13 中的电阻的阻值,写出相应的色环颜色并填入表 2-13 中;根据表 2-13 中的电阻色环颜色,读出电阻的阻值并填入表 2-13 中。

表 2-13　色环电阻的识读

环数	电阻的阻值	第 1 环	第 2 环	第 3 环	第 4 环	第 5 环
四环	22(1±20%) kΩ					
	470(1±5%) Ω					
		棕	黑	金	金	
五环	3920(1±1%)Ω					
	176(1±2%)Ω					
		绿	棕	金	金	棕

(2)用指针式万用表的电阻挡,测量 5 只电阻的阻值,并记录于表 2-14 中。

表 2－14　电阻的测量

标称值	万用表量程的选择	测量阻值	误差	原因分析	元件合格与否

（3）电容器的识别。分别给出直标法、数字表示法、色环法电容器，每种 2 个，进行识别，将识别结果填入表 2－15 中。

表 2－15　电容器的识读

标注法	序号	电容量	耐压值	偏差
直标法	电容器 1			
	电容器 2			
数字标注法	电容器 3			
	电容器 4			
色环法	电容器 5			
	电容器 6			

（4）电容器质量的检测。用万用表对给定的电容器进行漏电和容量的检测，将检测结果填入表 2－16 中。

表 2－16　固定电容器的漏电和电容量判别

电容器	电容器漏电判别			电容器容量判别		
	万用表指针偏转的最大值	万用表指针复位的位置	质量分析	万用表指针有偏转情况	万用表指针不偏转	质量分析
电容器 1						
电容器 2						
电容器 3						

（5）电感线圈的识别。分别给出直标法、色环法电感线圈，每种 2 个，进行识别，将识别结果填入表 2－17 中。

表 2－17　电感线圈的识读

标注法	序号	电感量	偏差
直标法	电感线圈 1		
	电感线圈 2		
色环法	电感线圈 3		
	电感线圈 4		

4. 分析思考

(1)在本次实训中出现了哪些问题？你是如何解决的？

(2)完成本实训任务有何体会？

5. 评分

(1)操作是否符合规范(40%)。

(2)结果是否正确(30%)。

(3)分析是否正确(30%)。

任务三　分析电路

一、基尔霍夫定律

电路有简单电路和复杂电路之分。简单电路指只要运用欧姆定律和电阻串、并联电路的特点及其计算公式，就能对它们进行分析和计算的电路，如万用表的测量电路；而复杂电路是指不能单纯用欧姆定律或电阻串、并联的方法化简的电路，如图 2-45 所示。

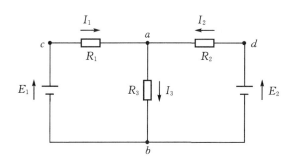

图 2-45　电路支路、节点和回路

基尔霍夫定律是分析复杂电路的最基本的定律之一，它概括了电路中电流和电压遵循的基本规律。它既适用于直流电路，也适用于交流电路，对于含有电子元器件的非线性电路也适用。此定律是由德国物理学家基尔霍夫在 1845 年提出的，它包含两个定律，即基尔霍夫电流定律和基尔霍夫电压定律。

1. 电路结构术语

(1)支路：由一个或多个元件串联组成的一条没有分支的电路。如图 2-45 所示的电路中，有 acb、ab、adb 三条支路。支路中各处电流相等，称为支路电流，如支路电流 I_1、I_2、I_3。

(2)节点：三条或三条以上支路的连接点。如图 2-45 所示电路中，有两个节点，分别是节点 a 和节点 b，而 c 点和 d 点不是节点。

(3)回路：由一条或多条支路所组成的闭合电路。如图 2-45 所示电路中有三个回路，$acba$、$abda$、$acbda$ 回路。

(4)网孔：电路中没有其他支路通过的回路，如同一张渔网张开的网眼。如图 2-45 所示电路中，回路 $acba$ 和 $abda$ 就是网孔，而回路 $acbda$ 不是网孔，中间有支路 ab 通过。

2. 基尔霍夫电流定律(KCL)

基尔霍夫电流定律(KCL)是有关节点电流的定律,确定了任一节点上各支路电流之间的关系。由于电流的连续性,在电路任何点(包括节点在内)的截面上,单位时间内流入的电荷必须等于流出的电荷。基尔霍夫电流定律的内容是:在任一瞬间,对电路中任一节点,流入节点电流总和等于流出节点电流总和。如果规定流出节点的电流为正,流入节点的电流为负,基尔霍夫电流定律也可以这样描述:在任一瞬间,流经任一节点各支路电流的代数和恒等于零,即

$$\sum I_i = 0 \tag{2.35}$$

式(2.35)中 I_i 是连接该节点的各支路电流。对于图 2-45 所示电路中的节点 a,流入节点的电流是 I_1 和 I_2,流出节点的电流是 I_3,则节点 a 的电流方程为

$$I_1 + I_2 = I_3 \quad 或 \quad I_1 + I_2 - I_3 = 0$$

基尔霍夫电流定律不仅适用于电路中的任何节点,也适用于电路中任一假设的闭合面。如图 2-46 所示的晶体管,假设做一个闭合面,即图中虚线所示,这个闭合面称为广义节点,根据 KCL,晶体管三个电极电流之间的关系为

$$I_b + I_c = I_e$$

应用广义节点对闭合面外部电流进行求解,就无须考虑闭合面内部电路的结构,可以简化计算。

【**例 2-16**】 两个电气系统若用两根导线连接,如图 2-47(a)所示,电流 I_1 和 I_2 的关系如何? 若用一根导线连接,如图 2-47(b)所示,电流 I 是否为零?

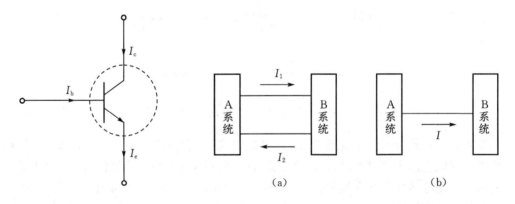

图 2-46　广义节点　　　　　　　图 2-47　两个电气系统连接图

【**解**】 将 A 电气系统视为一个广义节点。对图 2-47(a),$I_1 = I_2$;对图 2-47(b),$I = 0$。

3. 基尔霍夫电压定律(KVL)

基尔霍夫电压定律是用来确定构成回路中的各段电压间关系的。对于如图 2-48 所示的电路,如果从回路 $adbca$ 中任意一点出发,以顺时针方向或逆时针方向沿回路循行一周,则在这个方向上的电位升之和应该等于电位降之和,回到原来的出发点时,该点的电位是不会发生变化的。即此电路中任意一点的瞬时电位具有单值性。

以如图 2-48 所示的回路 $adbca$(即为如图 2-45 所示电路的一个回路)为例,图中电源电动势、电流和各段电压的正方向均已标出。按照虚线所示方向循行一周,根据电压的正方向可列出

$$U_1 + U_4 = U_2 + U_3$$

或将上式改写为

$$U_1 - U_2 - U_3 + U_4 = 0$$

即
$$\sum U = 0 \tag{2.36}$$

在任一瞬间，沿任一回路循行方向（顺时针方向或逆时针方向），回路中各段电压的代数和恒等于零。如果规定电位升取正号，则电位降就取负号。

如图 2-48 所示的 $adbca$ 回路是由电源电动势和电阻构成的，式（2.36）可改写为

$$E_1 - E_2 - I_1 R_1 + I_2 R_2 = 0$$

或
$$E_1 - E_2 = I_1 R_1 - I_2 R_2$$

即
$$\sum E = \sum (IR) \tag{2.37}$$

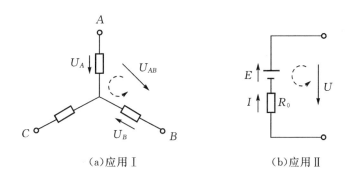

图 2-48　回路

式（2.37）为基尔霍夫电压定律在电阻电路中的另一种表达式，就是在任一回路循行方向上，回路中电动势的代数和等于电阻上电压降的代数和。在这里，凡是电动势的正方向与所选回路循行方向一致者，则取正号，相反则取负号。凡是电流的正方向与回路循行方向一致者，则该电流在电阻上所产生的电压降取正号，相反则取负号。

式（2.37）所表示的基尔霍夫电压定律不仅应用于闭合回路，也可以把它推广用于回路的部分电路。以如图 2-49 所示的两个电路为例，根据基尔霍夫电压定律列出这两个电路中各段电压关系的表达式。

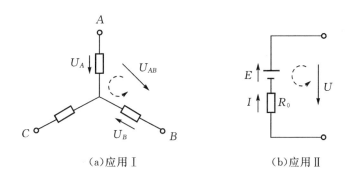

（a）应用 Ⅰ　　　　　　　　　（b）应用 Ⅱ

图 2-49　基尔霍夫电压定律的推广应用

对如图 2-49（a）所示电路（各支路的元件是任意的）可列出

$$\sum U = U_{AB} - U_A + U_B = 0$$

或 $$U_{AB}=U_A-U_B \tag{2.38}$$

对如图 2-49(b)所示电路可列出

$$U=E-IR_0 \tag{2.39}$$

这也就是一段有源(有电源)电路的欧姆定律的表达式。

在列电路的电压与电流关系方程时,不论是应用基尔霍夫定律或欧姆定律,首先都要在电路图上标出电流、电压或电动势的正方向。因为所列方程中各项前的正负号是由它们的正方向决定的,如果正方向选得相反,则会相差一个负号。

【例 2-17】 如图 2-50 所示电路,求电阻 R_2 上的电流 I_2 和电压 U_2。

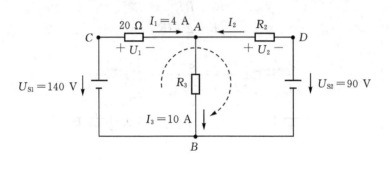

图 2-50 例 2-17 电路图

【解】 对节点 A,应用 KCL 得

$$I_1+I_2=I_3$$

所以

$$I_2=I_3-I_1=10-4=6 \text{ A}$$

对电路 $ADBC$,选顺时针绕行方向,如图 2-50 所示,应用 KVL 得

$$-U_{S1}+U_1+U_2+U_{S2}=0$$

$$U_2=U_{S1}-U_1-U_{S2}=140-4\times20-90=-30 \text{ V}$$

由于 R_2 电阻上电压、电流取非关联参考方向,所以电压为负值。

【例 2-18】 如图 2-51 所示电路中,已知 $U_1=$ 10 V,$E_1=4$ V,$E_2=2$ V,$R_1=4$ Ω,$R_2=2$ Ω,$R_3=5$ Ω,1、2 两点间处于开路状态,试计算开路电压 U_2。

【解】 对左回路应用基尔霍夫电压定律列出

$$E_1=I(R_1+R_2)+U_1$$

得 $$I=\frac{E_1-U_1}{R_1+R_2}=\frac{4-10}{4+2}=-1 \text{ A}$$

再对右回路列出 $E_1-E_2=IR_1+U_2$

得

$$U_2=E_1-E_2-IR_1=4-2-(-1)\times4=6 \text{ V}$$

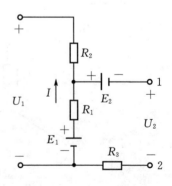

图 2-51 例 2-18 电路图

技能实训 4　探究基尔霍夫定律

1．实训目的

(1)进一步学习测量电流、电压的方法。

(2)通过验证基尔霍夫定律的正确性,加深对基尔霍夫定律内容的理解和掌握。

(3)逐步了解误差分析方法。

2．实训所需器材

(1)ZH-12 型通用电学实验台。

(2)电阻 510 Ω:2 块/组。

(3)电阻 1 kΩ:1 块/组。

(4)导线:若干/组。

(5)万用表:1 块/组。

3．实验内容与步骤

(1)在实验线路板上,按如图 2-52 所示连接电路。

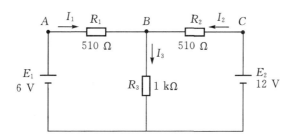

图 2-52　探究基尔霍夫定律

(2)分别将两路直流稳压电源接入电路,令 $E_1=6$ V,$E_2=12$ V。

(3)根据图 2-52 中的电路参数,计算出待测的电流 I_1、I_2、I_3 和待测的电压 U_{AB}、U_{BC}、U_{AC} 填入表 2-18 中,以便实验测量时,可正确地选择万用表的量程。

表 2-18　基尔霍夫定律的测量数据

被测值	I_1/mA	I_2/mA	I_3/mA	U_{AB}/V	U_{BC}/V	U_{AC}/V
计算值						
测量值						
相对误差						

(4)用万用表分别测量 I_1、I_2、I_3,将结果填入表 2-18 中。

(5)用万用表分别测量 U_{AB}、U_{BC}、U_{AC},将结果填入表 2-18 中。

4．分析思考

(1)分析实训电路中各段电压的关系。

(2)分析实训电路中各段电流的关系。

（3）指针式万用表在什么情况下可能出现指针反偏？应如何处理？在记录数据时应注意什么？若用数字式万用表进行测量时，则会有什么显示？

5.评分

（1）操作是否符合规范（40％）。

（2）结果是否正确（30％）。

（3）分析是否正确（30％）。

二、电路中电位的计算

在分析电路时，通常要用到电位这个概念。掌握电路中电位的计算，对分析复杂直流电路尤为重要。

在一个较复杂的电路中计算电位时可以根据其定义来计算，该方法可归纳为以下几点：

（1）选好参考点，即零电位点。

（2）选择待求电位点到零电位最为简捷的绕行路径，用欧姆定律计算电路电流和各电阻上的电压。

（3）列出待定路径上各元器件电压代数和的方程，即可求出该点的电位。

【例2-19】 如图2-53(a)所示为某电子产品线路板上的部分电子电路（假设10 V电源支路无电流），求A点的电位。

【解】 解法1

（1）图2-53(a)中标注的"＋12 V""－4 V"都是相对参考点而言的，即电路中零电位参考点（"0"点）已确定，可将图2-53(a)画成如图2-53(b)所示的形式。

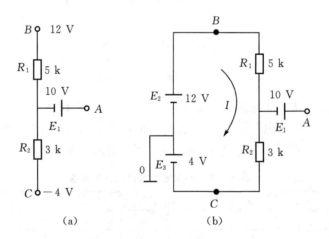

（a）　　　　　　　　　　（b）

图2-53　例2-18电路图

（2）选择待求电位点到零电位点最简捷的绕行路径为 $A \rightarrow B \rightarrow 0$。电阻 R_1 处于 E_2、R_1、R_2 和 E_3 组成的电路中。电阻 R_1 流过的电流 I 为

$$I = \frac{E_2 + E_3}{R_1 + R_2} = \frac{12 + 4}{5 \times 10^3 + 3 \times 10^3} = 2 \times 10^{-3} \text{ A}$$

电流方向如图2-53(b)中箭头所示，电阻 R_1 两端电压为

$$U_{R_1} = IR_1 = 5 \times 10^3 \times 2 \times 10^{-3} = 10 \text{ V}$$

则电流流进端电位高于电流流出端电位。

（3）列出选定路径上各元件电压代数和的方程式，即

$$U_A = E_1 - U_{R_1} + E_2 = 10 - 10 + 12 = 12 \text{ V}$$

解法 2

选定顺时针绕行方向"$A \rightarrow C \rightarrow 0$"

$$I = \frac{U_B - U_C}{5 \times 10^3 + 3 \times 10^3} = \frac{12 - (-4)}{8 \times 10^3} = 2 \times 10^{-3} \text{ A}$$

此时 A 点的电位为

$$U_A = U_{A0} = 10 + 2 \times 10^{-3} \times 3 \times 10^3 - 4 = 12 \text{ V}$$

三、支路电流法

支路电流法是在计算复杂电路的各种方法中一种最基本、最直观、手工求解最常用的方法。它通过应用基尔霍夫电流定律和基尔霍夫电压定律分别对节点和回路列出所需要的方程组，然后解出各未知支路电流，再进一步对电路其他参数进行分析。对于电阻电路的分析，运用基尔霍夫定律和欧姆定律即可满足要求。

支路电流法的解题步骤如下：

（1）确定电路中节点个数 n 和支路条数 b，则未知电流数（支路数）为 b。

（2）以支路电流为变量，假设电流参考方向，应用基尔霍夫电流定律列出 $n-1$ 个独立的节点电流方程。

（3）选定回路绕行方向，应用基尔霍夫电压定律列出 $b-(n-1)$ 个独立的回路电压方程（注意：对网孔列方程亦可）。

（4）代入数据，解联立方程组，求解出各支路电流，确定各支路电流的实际方向。若支路电流计算结果为正值，则表明其方向与假设的参考方向相同；若计算结果为负值，则表明其方向与假设的参考方向相反。

（5）根据题意由支路电流求出相关物理量。

【例 2-20】　如图 2-54 所示的电路中，$E_1 = E_2 = 17$ V，$R_1 = 2 \ \Omega$，$R_2 = 1 \ \Omega$，$R_3 = 5 \ \Omega$，求各支路电流。

【解】　（1）标出各支路电流参考方向和独立回路的绕行方向，应用基尔霍夫第一定律列出节点电流方程为

$$I_1 + I_2 = I_3$$

（2）应用基尔霍夫电压定律列出节点电压方程。

对回路①有　$E_1 = I_1 R_1 + I_3 R_3$

对回路②有　$E_2 = I_2 R_2 + I_3 R_3$

整理得联立方程

$$\begin{cases} I_1 + I_2 = I_3 \\ E_1 = I_1 R_1 + I_3 R_3 \\ E_2 = I_2 R_2 + I_3 R_3 \end{cases}$$

（3）解联立方程得出

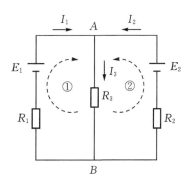

图 2-54　例 2-20 电路图

$$\begin{cases} I_1 = 1 \text{ A} \\ I_2 = 2 \text{ A} \\ I_3 = 3 \text{ A} \end{cases}$$

计算得出 I_1、I_2、I_3 电流值都大于零,表明电流方向和假设方向相同。

四、网孔电流法

用支路电流法分析电路时,在支路较多的情况下,联立方程中的方程个数就较多,求解很麻烦,如何能减少联立方程中方程的数目呢?

在如图 2-55 所示的电路中总共有 3 条支路,因此需要 3 个独立的方程来求解。如果设想在电路中的每个网孔里,有一个假想的网孔电流沿着网孔的边界流动,如图 2-55 中的虚线所示,并以网孔电流作为求解对象,未知量可减少到 2 个,则方程组的数目就会相应地减少到 2 个,而支路电流可以通过网孔电流求得。

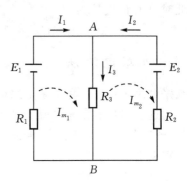

图 2-55 网孔电流法电路图

以假想的网孔电流为未知量,将各网孔的回路电压方程联立求解的方法称为网孔电流法。解题步骤如下:

(1)假定网孔电流方向,并以此方向作为网孔的绕行方向(若有 m 个网孔就有 m 个网孔电流),通常取顺时针方向。

(2)根据基尔霍夫定律列出网孔回路电压方程。本网孔电流在本回路所有电阻上的电压为正;相邻网孔电流在公共电阻上与本网孔电流方向相同时,电压为正;否则,电压为负。方程中电动势符号的判断方法与基尔霍夫回路电压方程相同。

(3)联立方程组,求解得出网孔电流值。

(4)根据网孔电流与支路电流的关系式,求得各支路电流或其他相关物理量。

【例 2-21】 用网孔电流法求如图 2-55 所示电路中各支路电流,其中 $E_1 = E_2 = 17$ V,$R_1 = 2 \ \Omega$,$R_2 = 1 \ \Omega$,$R_3 = 5 \ \Omega$。

【解】 设电路中两网孔的电流分别为 I_{m_1}、I_{m_2},方向为顺时针方向。通过 R_1、R_2、R_3 的电流分别为 I_1、I_2、I_3,方向如图 2-55 所示。根据 KVL 列出两网孔的回路电压方程为

$$I_{m_1}(R_1 + R_3) - I_{m_2} R_3 = E_1$$
$$- I_{m_1} R_3 + I_{m_2}(R_3 + R_2) = - E_2$$

代入数据可得

$$7 I_{m_1} - 5 I_{m_2} = 17$$
$$- 5 I_{m_1} + 6 I_{m_2} = - 17$$

解得

$$I_{m_1} = 1 \text{ A}$$
$$I_{m_2} = - 2 \text{ A}$$

各支路电流

$$I_1 = I_{m_1} = 1 \text{ A}$$

$$I_2 = -I_{m_2} = 2 \text{ A}$$
$$I_3 = I_{m_1} - I_{m_2} = 3 \text{ A}$$

五、节点电压法

如图 2-56 所示的电路中,有 4 条支路、3 个独立回路(即网孔)、2 个节点数(A 和 B)。求解此类支路多、节点少的复杂直流电路宜采用节点电压法。

电路中任意两个节点之间的电压,称为节点电压。以节点电压为未知量,列出各节点的电流方程,求出节点电压后,再应用基尔霍夫定律或欧姆定律求出各支路电流或电压的方法称为节点电压法。

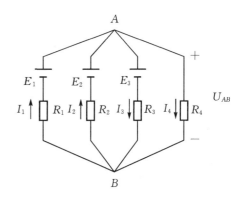

图 2-56　节点电压法电路图

以图 2-56 为例推导公式:以 B 点为参考点,根据基尔霍夫定律或欧姆定律可得到各个支路电流为

$$
\begin{cases}
U_{AB} = E_1 - R_1 I_1, \text{即 } I_1 = \dfrac{E_1 - U_{AB}}{R_1} \\[2mm]
U_{AB} = E_2 - R_2 I_2, \text{即 } I_2 = \dfrac{E_2 - U_{AB}}{R_2} \\[2mm]
U_{AB} = E_3 + R_3 I_3, \text{即 } I_3 = \dfrac{-E_3 + U_{AB}}{R_3} \\[2mm]
U_{AB} = R_4 I_4, \text{即 } I_4 = \dfrac{U_{AB}}{R_4}
\end{cases}
$$

根据基尔霍夫电流定律可知,节点 A 有

$$I_1 + I_2 - I_3 - I_4 = 0$$

则

$$\frac{E_1 - U_{AB}}{R_1} + \frac{E_2 - U_{AB}}{R_2} - \frac{-E_3 + U_{AB}}{R_3} - \frac{U_{AB}}{R_4} = 0$$

整理得

$$U_{AB} = \frac{\dfrac{E_1}{R_1} + \dfrac{E_2}{R_2} + \dfrac{E_3}{R_3}}{\dfrac{1}{R_1} + \dfrac{1}{R_2} + \dfrac{1}{R_3} + \dfrac{1}{R_4}} = \frac{\sum \dfrac{E}{R}}{\sum \dfrac{1}{R}} \qquad (2.40)$$

式(2.40)就是与图 2-56 所对应的节点电压计算公式。在该式中,分母的各项总为正值;而分子的各项是根据电动势 E 和节点电压 U_{AB} 的参考方向来确定其正负号,当 E 与 U 的正方向相同时取负号,相反时取正号。凡是只有两个节点的电路,可直接利用式(2.40)求出节点电压。

【例 2-22】　用节点电压法求例 2-20 电路中各支路电流。

【解】　如图 2-55 所示电路中只有两个节点 A 和 B。以 B 点为参考点,A 点的节点电压为

$$U_{AB} = \frac{\dfrac{E_1}{R_1} + \dfrac{E_2}{R_2}}{\dfrac{1}{R_1} + \dfrac{1}{R_2} + \dfrac{1}{R_3}} = \frac{\dfrac{17}{2} + \dfrac{17}{1}}{\dfrac{1}{2} + \dfrac{1}{1} + \dfrac{1}{5}} = 15 \text{ V}$$

由此可计算出各支路电流分别为

$$I_1 = \frac{E_1 - U_{AB}}{R_1} = \frac{17 - 15}{2} = 1 \text{ A}$$

$$I_2 = \frac{E_2 - U_{AB}}{R_2} = \frac{17 - 15}{1} = 2 \text{ A}$$

$$I_3 = \frac{U_{AB}}{R_3} = \frac{15}{5} = 3 \text{ A}$$

六、电压源与电流源的等效变换

电源是电流流动的原动力,实际电路中电源以两种形式存在:独立电源和受控源。所谓独立电源是指不受外电路的控制而独立存在的电源;所谓受控源是指它们的电压或电流受到电路中其他部分的电压或电流控制的电源。任何一个实际电源(不论是独立电源还是受控源)在进行电路分析时,都可以用一个电压源或与之等效的电流源来表示。

1. 电压源

1)实际电压源

实际电源的端电压都是随着输出电流的增大而降低,因为电源有内阻;可以把一个实际电源等效成一个恒定电动势 E 和内阻 R_0 串联的电压源模型,如图 2-57(a)所示。电压源以输出电压的形式向负载供电,输出电压(端电压)的大小为

$$U = E - IR_0$$

可见,电源内阻 R_0 越小,端电压的变化就越小,端电压越接近恒定值。电压源可分为直流电压源和交流电压源两种。常见的电压源有干电池、蓄电池、发电机等。需要注意的是电压源不能短路。

如图 2-57(b)所示,实际电压源的特性为:

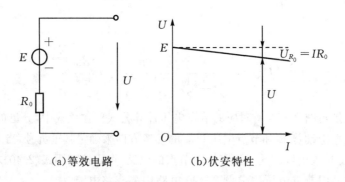

(a)等效电路　　　　(b)伏安特性

图 2-57　实际电压源

(1)开路时,$U = E$(最大),$I = 0$。

(2)短路时,$I = E/R_0$(最大),$U = 0$。

(3)工作时,I 越大 U 越小。

2)理想电压源

如果电压源内阻 R_0 为零，则端电压为恒定值，即 $U=E$，此时端电压与输出电流无关。把这样的电压源称为理想电压源或恒压源，如图 2-58 所示。

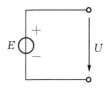

图 2-58　理想电压源

理想电压源有以下特性：

(1)不论外加负载如何变化，其端电压不变，即 $U=E$，即电压大小与通过其电流的大小、方向无关。

(2) U 是由电源本身决定的；而流过电压源的电流 I 与外电路有关，它由负载电阻及电压 U 来确定。

理想电压源是不存在的，对于实际电压源，R_0 越小，则越接近理想电压源。

3)电压源的串联

当两个或两个以上的电压源串联使用时，可以用一个等效电压源来代替。等效电压源的电动势等于各个电压源电动势的代数和，即

$$E = E_1 + E_2 + \cdots + E_n \tag{2.41}$$

式(2.41)中任一电压源电动势的方向与等效电动势 E 的方向相同时取正，相反则取负。

电压源串联时的等效内阻等于各电压源的内阻之和，即

$$R = R_{01} + R_{02} + \cdots + R_{0n} \tag{2.42}$$

2. 电流源

1)实际电流源

实际使用的稳流电源、光电池等可视为电流源，电流源以输出电流的形式向负载供电。把一个实际电流源等效成一个恒定电流源 I_S 和内阻 R_0 并联的电流源模型，如图 2-59(a)所示。输出端电压 U 与输出电流 I 的关系为

$$I = I_S - U/R_0 = I_S - I_0$$

上式说明：电源输出的电流 I_S 在内阻上分流为 I_0，在负载 R_L 上分流为 I。

从上式中可以看出，电源内阻 R_0 越大、输出电流的变化越小，也就越接近恒定值。需要注意的是电流源不能开路。

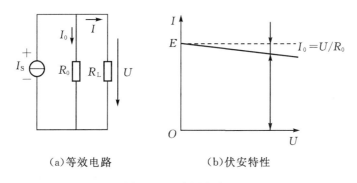

（a)等效电路　　　（b)伏安特性

图 2-59　实际电流源

如图 2-59(b)所示，实际电流源的特性为：

(1)开路时，$U = I_S R_0$ （最大），$I=0$。

（2）短路时，$I=I_S$（最大），$U=0$。

（3）工作时，U 越大则 I 越小。

2）理想电流源

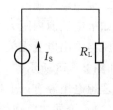

如果电流源内阻 R_0 为无穷大，则其输出的电流为恒定值，即 $I=I_S$。此时输出电流与端电压无关，把这样的电流源称为理想电流源或恒流源，如图 2-60 所示。理想电流源有以下特性：

（1）不论负载如何变化，它向外电路输出的电流不变，$I=I_S$，即 I_S 与电流源两端电压无关。

图 2-60　理想电流源

（2）I_S 由电源本身决定，电流源两端电压 U 与外电路有关，它由负载电阻 R_L 及电流 I_S 来确定。

实际上，输出电流完全不随负载的变化而变化的理想电流源并不存在，对于实际电流源，R_0 越大，则越接近理想电流源。

3）电流源的并联

当两个或两个以上的电流源并联使用时，可以用一个等效电流源来代替。等效电流源的电流等于各个电流源电流的代数和，即

$$I_S = I_{S1} + I_{S2} + \cdots + I_{Sn} \tag{2.43}$$

式（2.43）中，任一电流源的电流方向与等效电流源的电流方向相同时取正，相反则取负。

当多个电流源并联时，等效电流源内阻 R_0 的倒数等于各并联电流源内阻（R_{01}，R_{02}，$\cdots$，R_{0n}）的倒数之和，即

$$\frac{1}{R_0} = \frac{1}{R_{01}} + \frac{1}{R_{02}} + \cdots + \frac{1}{R_{0n}} \tag{2.44}$$

大家对电流源往往不如对电压源那么容易接受，或许是因为发电机、电池等实际电源内阻通常远比负载电阻小，较近似于电压源之故。但是在电子线路中有许多内阻远比负载电阻大的情况，例如，晶体管恒流源，以及电唱机晶体唱头等都近似于电流源。

3. 电压源与电流源的等效变换

电压源与电流源的伏安特性曲线是相同的。因此，电压源和电流源两者间可以等效变换。如图 2-61(a) 所示是一个实际电压源向负载 R_L 供电的电路，如图 2-61(b) 所示是一个实际电流源向负载 R_L 供电的电路。如果这两个实际电源是等效的，则电流 I 和电压 U 应保持不变。

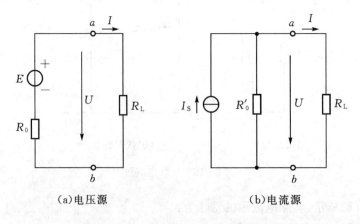

（a）电压源　　　　　　　　　（b）电流源

图 2-61　电压源与电流源的等效变换

从图 2-61(a)电路可得

$$U = E - IR_0$$

将上式两边除以 R_0 再移项,得

$$I = E/R_0 - U/R_0 \tag{2.45}$$

从图 2-61(b)电路可得

$$I = I_{\mathrm{S}} - U/R_0' \tag{2.46}$$

因此,只要满足条件

$$I_{\mathrm{S}} = E/R_0 \quad R_0 = R_0' \tag{2.47}$$

则式(2.45)和式(2.46)就完全相同,也就是说图 2-61(a)和图 2-61(b)所示的两个实际电源的外部伏安特性曲线完全相同,因而对外接负载是等效的。式(2.47)就是电压源和电流源等效互换的条件。因此在进行等效变换时,内阻 R_0 的阻值保持不变,电压源向电流源等效变换的表达式为 $I_{\mathrm{S}} = E/R_0$;电流源向电压源等效变换的表达式为 $E = I_{\mathrm{S}} R_0$。

可见一个内阻不为 0 或 ∞ 的实际电源,既可以用电压源表示,又可以用等效的电流源表示。对外电路而言没有什么不同。所谓的"电压源"或"电流源"不过是同一实际电源的两种不同表示法而已。实际上,内阻较大的电源用电流源表示,内阻较小的电源用电压源表示比较方便。

电压源和电流源在等效变换时还需注意:

(1)电压源是电动势为 E 的理想电压源与内阻 R_0 相串联,电流源是电流为 I_{S} 的理想电流源与内阻 R_0' 相并联。它们是同一电源的两种不同的电路模型。

(2)变换时两种电路模型的极性必须一致,即电流源流出电流的一端与电压源的正极性端相对应。

(3)这种等效变换,是对外电路而言,在电源内部是不等效的。以空载为例,对电压源来说,其内部电流为零,内阻上的损耗亦为零;对电流源来说,其内部电流为 I_{S},内阻上的损耗为 $I_{\mathrm{S}}^2 R_0'$。

(4)理想电压源和理想电流源不能进行这种等效变换。因为理想电压源的短路电流 I_{S} 为无穷大,理想电流源的开路电压 U_0 为无穷大,都不能得到有限的数值。

(5)这种变换关系中,R_0 不限于内阻,而可扩展至任一电阻。凡是电动势为 E 的理想电压源与某电阻 R 串联的有源支路,都可以变换成电流为 I_{S} 的理想电流源与电阻 R 并联的有源支路,反之亦然。其相互变换的关系是

$$I_{\mathrm{S}} = E/R \tag{2.48}$$

在一些电路中,利用电压源与电流源的等效变换关系,可使计算大为简化。

【例 2-23】　如图 2-62 所示电路中,已知电压源电压 $E_1 = 12\ \mathrm{V}$,$E_2 = 24\ \mathrm{V}$,$R_1 = R_2 = 20\ \Omega$,$R_3 = 50\ \Omega$,试用电压源与电流源等效变换的方法求出通过电阻 R_3 的电流 I_3。

【解】　由图 2-62 可得

$$I_3 = \frac{-E}{R + R_3} = \frac{-6}{10 + 50} = -0.1\ \mathrm{A}$$

上式负号表示 I_3 的实际方向与本题给出的参考方向相反。从此例题可以看出反复进行电压源与电流源的等效变换来求解电路有时是很方便的。

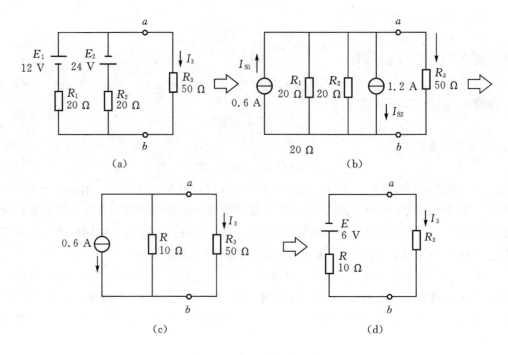

图 2-62 例 2-23 题电路图

七、叠加原理

叠加原理是研究线性电路基本性质的一个原理。它定义为:在线性电路中,有多个独立电源(电压源或电流源)共同作用时,所有独立电源共同作用时所产生的响应(电压或电流),等于这些独立电源分别单独作用时所产生的响应(电压或电流)的代数和。

当某一独立电源单独作用,就是除了该独立电源外,其他电源都除去,也就是将电压源做短路处理,电流源做开路处理。但是如果电源有内阻,则应在原处保留内阻。

下面以如图 2-63 所示的电路来进一步说明叠加原理。在图 2-63(a)中,电压源(U_S,R_0)与恒流源 I_S 共同作用在电阻 R 上,产生电流 I。这个电流分别是由电压源(U_S,R_0)单独作用时在 R 上产生的电流 I',如图 2-63(b)所示,由恒流源 I_S 单独作用在 R 上产生电流 I'',如图 2-63(c)所示,两个电流的代数和,即 $I = I' + I''$。

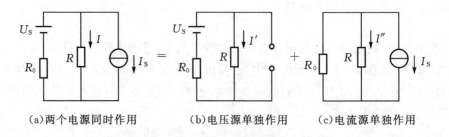

(a)两个电源同时作用　　(b)电压源单独作用　　(c)电流源单独作用

图 2-63 叠加原理举例

（1）用叠加原理分析电路的解题步骤：

①分别画出各电源单独作用时的分电路。

②分析各个分电路，分别求出各电源单独作用时各支路电流（或电压），并将其标注在电路图中。

③将各支路电流（或电压）叠加，这些电流（或电压）的代数和就是各电源共同作用时在各支路中产生的电流（或电压）。计算时要注意各个电流（或电压）分量的参考方向，当电流（或电压）分量的参考方向与原支路电流（或电压）的参考方向相同时取正，相反时取负。

（2）用叠加原理分析电路的注意事项：

①叠加原理只适用于线性电路，对非线性电路不适用。

②叠加时可将电路中各个电压、电流分量相叠加，但功率和能量不可叠加。

③叠加的方式是任意的，可以一次使一个独立源单独作用，也可以一次使几个独立源同时作用，方式的选择取决于对分析计算问题的简便与否。

【例 $2-24$】　如图 $2-63(a)$ 所示的电路中，已知 $R_0 = 2\ \Omega$，$R = 1\ \Omega$，$U_s = 4.5\ V$，$I_s = 3\ A$。试用叠加原理求通过电阻 R 中的电流 I 及 R 的功率。

【解】　当电压源单独作用时，电流源开路，此时电路图如图 $2-63(b)$ 所示，则 R 中的电流为

$$I' = \frac{U_s}{R_0 + R} = \frac{4.5}{2+1} = 1.5\ A$$

当电流源单独作用时，电压源短路，此时电路图如图 $2-63(c)$ 所示，则 R 中的电流为

$$I'' = -\frac{R_0}{R_0 + R}I_s = -\frac{2}{2+1} \times 3 = -2\ A$$

两个独立电源共同作用时，R 中的电流为

$$I = I' + I'' = 1.5 + (-2) = -0.5\ A$$
$$P = I^2 R = (-0.5)^2 \times 1 = 0.25\ W$$

这里我们来讨论一下：

电压源单独作用时的功率为

$$P' = I'^2 R = (1.5)^2 \times 1 = 2.25\ W$$

电流源单独作用时的功率为

$$P'' = I''^2 R = (-2)^2 \times 1 = 4\ W$$

显然：因 $2.25\ W + 4\ W \neq 0.25\ W$，即 $P \neq P' + P''$，也就是电压源单独作用时的功率与电流源单独作用时的功率之和不等于两者共同作用时的功率，即功率是不可以叠加的。

【例 $2-25$】　在如图 $2-64(a)$ 所示的电路中，试用叠加原理计算电压 U。

【解】　当 $12\ V$ 电压源单独作用时，电流源开路，如图 $2-64(b)$ 所示，$3\ \Omega$ 电阻上产生的电压 U' 为

$$U' = -\frac{12}{6+3} \times 3 = -4\ V$$

当 $3\ A$ 电流源单独作用时，电压源短路，如图 $2-64(c)$ 所示，$3\ \Omega$ 电阻上产生的电压 U'' 为

$$U'' = 3 \times \frac{6}{6+3} \times 3 = 6\ V$$

由叠加原理,两个独立源共同作用时,3 Ω 电阻上产生的电压 U 为

$$U = U' + U'' = -4 + 6 = 2 \text{ V}$$

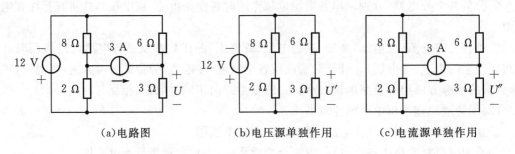

(a)电路图　　　　　(b)电压源单独作用　　　　(c)电流源单独作用

图 2-64　例 2-25 电路图

技能实训 5　验证叠加原理

1. 实训目的

(1)进一步学习测量电流、电压的方法。

(2)通过验证叠加原理的正确性,加深对叠加原理内容的理解和掌握。

2. 实训所需器材

(1)ZH-12 型通用电学实验台。

(2)电阻 510 Ω:2 块/组。

(3)电阻 1 kΩ:1 块/组。

(4)导线:若干/组。

(5)万用表:1 块/组。

3. 实验内容与步骤

(1)在实验线路板上,按如图 2-65 所示的电路图连接电路。

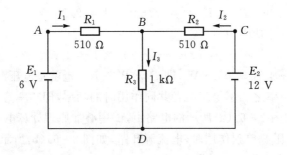

图 2-65　验证叠加原理电路

(2)令 E_1 电源单独作用,用万用表测量各支路电流及各电阻元件两端电压,数据记入表 2-19中。

表 2 - 19 叠加原理的测量数据

被测值 电源状态	I_1/mA	I_2/mA	I_3/mA	U_{AB}/V	U_{CB}/V	U_{BD}/V
E_1 单独作用						
E_2 单独作用						
所测量的代数和						
E_1、E_2 共同作用						

(3)令 E_2 电源单独作用,重复上述的测量,将测量数据记入表 2 - 19 中。

(4)令 E_1 和 E_2 共同作用,重复上述的测量,将测量数据记入表 2 - 19 中。

4. 分析思考

(1)叠加原理中各电源分别单独作用,在实验中应如何操作?可否直接将不作用的电源置零(短接)?

(2)各电阻器所消耗的功率能否用叠加原理计算出?为什么?试用表 2 - 19 中的实验数据,进行计算并得出结论。

5. 评分

(1)操作是否符合规范(40%)。

(2)结果是否正确(30%)。

(3)分析是否正确(30%)。

八、戴维南定理

一个单相照明电路,要提供电能给荧光灯、空调、计算机、电视机等许多家用电器,如图 2 - 66(a)所示。对其中任一电器来说,都是接在电源的两个接线端子上。如要计算通过其中一盏萤光灯的电流等参数,对萤光灯而言,接萤光灯的两个端子 a、b 的左边可以看做是荧光灯的电源,此时电路中的其他电器设备均为这一电源的一部分,如图 2 - 66(b)所示。显然电路简单多了。这种变换的根据就是戴维南定理。

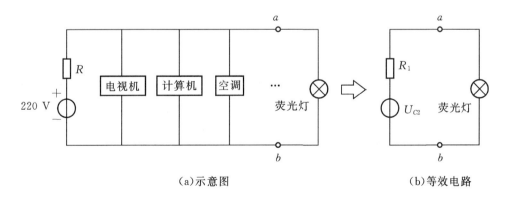

(a)示意图   (b)等效电路

图 2 - 66 照明电路

在讨论戴维南定理之前,以图 2 - 67 所示的电路为例先介绍一下二端网络的概念。

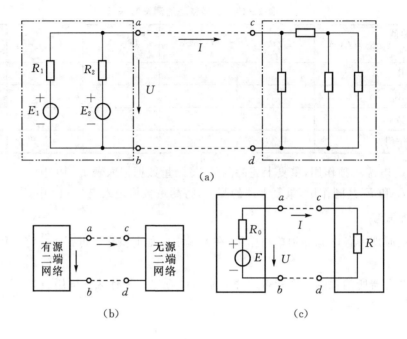

图 2-67 有源二端网络与无源二端网络的连接示意图

凡具有两个向外电路接线的接线端的网络,即称为二端网络。根据它的内部是否含有电源又分为有源二端网络和无源二端网络。例如,在图 2-67(a)所示的电路中,左边是有源二端网络,右边是无源二端网络。如图 2-67(a)所示是已知电路结构的有源二端网络与无源二端网络的连接。未知电路结构的二端网络一般如图 2-67(b)所示。显然,一个有源支路是最简单的有源二端网络,一个无源支路是最简单的无源二端网络,它们的连接如图 2-67(c)所示。

戴维南定理又称为等效电压源定理,其内容为:

任何一个线性有源二端网络(即电压、电流关系是线性变化),对其外部电路来说,都可以用一个电动势为 E 的理想电压源和内阻为 R_0 相串联的有源支路来等效代替。这个有源支路的理想电压源的电动势 E 等于网络的开路电压为 U_0。内阻 R_0 等于相应无源二端网络的等效电阻。所谓相应的无源二端网络的等效电阻,就是原有源二端网络内所有的理想电源(理想电压源或理想电流源)均被除去时二端网络的等效电阻。除去理想电压源的做法是使 $E=0$,即使理想电压源所在处短路;除去理想电流源的做法是使 $I_S=0$,即,使理想电流源所在处开路。

戴维南定理特别适用于研究复杂电路中的一部分电路,或只需要电路中某支路或负载元件的电流和电压。

求戴维南等效电路的步骤如下:

(1)求出有源二端网络的开路电压 U_0。

(2)将有源二端网络的所有电压源短路,电流源开路,求其等效电阻 R_0。

(3)画出戴维南等效电路图。

【例 2-26】 在如图 2-68(a)所示的电路中只有一个电压源 E_1 作用,用戴维南定理求流过电阻 R 的电流 I 及 R 两端电压 U。

【解】 a 和 b 两端左侧为有源二端网络,可用一个电动势为 E 的理想电压源和内阻 R_0 相

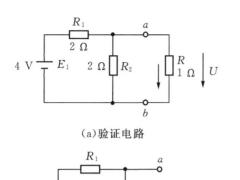
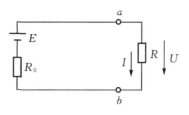

（a）验证电路　　　　　　　　（b）戴维南定理的等效电路

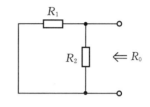

（c）计算二端网络开路电压等效电路　　　（d）计算等效电阻的等效电路

图 2-68 例 2-26 电路图

串联的有源支路来等效代替，如图 2-68(b)所示。图中 E 为 a 与 b 两端的开路电压 U_0，可由图 2-68(c)求得。根据串联电路分压定理得

$$E = U_0 = \frac{R_2}{R_1 + R_2} E_1 = \frac{2}{2+2} \times 4 = 2 \text{ V}$$

其内阻 R_0 为 a、b 两端无源网络的输入阻抗。将理想电压源 E 短路，可得如图 2-68(d)所示电路，由图 2-68(d)求得

$$R_0 = \frac{R_1 R_2}{R_1 + R_2} = \frac{2 \times 2}{2 + 2} = 1 \text{ }\Omega$$

于是由图 2-68(b)求得

$$I = \frac{E}{R_0 + R} = \frac{2}{1+1} = 1 \text{ A}$$
$$U = IR = 1 \times 1 = 1 \text{ V}$$

【例 2-27】 在如图 2-69(a)所示的电路中只有一个电流源 I_S 作用时，用戴维南定理求流过电阻 R 的电流 I。

【解】 将图 2-69(a)按戴维南定理转换成如图 2-69(b)所示的等效电路。其中 E 由图 2-69(c)中的 U_0 求得。图 2-69(c)中 R_2 与 R_3 串联，再与 R_1 并联于理想电流源 I_S 两端，这时流过 R_3 的电流暂定为 I_0。根据并联电路的分流定理得

$$I_0 = \frac{R_1}{R_1 + (R_2 + R_3)} I_S = \frac{1}{1+1+2} \times 4 = 1 \text{ A}$$

则
$$E = U_0 = I_0 R_3 = 1 \times 2 = 2 \text{ V}$$

R_0 可由图 2-69(d)求得，这时将理想电流源 I_S 开路，得

$$R_0 = \frac{(R_1 + R_2) R_3}{(R_1 + R_2) + R_3} = \frac{(1+1) \times 2}{1+1+2} = 1 \text{ }\Omega$$

于是由图 2-69(b)可得

$$I = \frac{E}{R_0 + R} = \frac{2}{1 + 1} = 1 \text{ A}$$

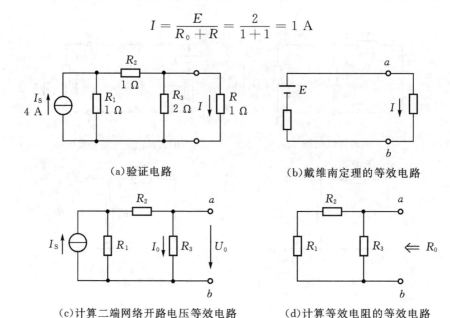

(a)验证电路　　　　　　　　　　(b)戴维南定理的等效电路

(c)计算二端网络开路电压等效电路　　　(d)计算等效电阻的等效电路

图 2-69　例 2-27 的电路图

【例 2-28】　在如图 2-70(a)所示的电路中,已知 $E_1 = 6$ V,$E_2 = 1.5$ V,$R_1 = 0.6$ Ω,$R_2 = 0.3$ Ω,$R_3 = 9.8$ Ω,求通过电阻 R_3 的电流。

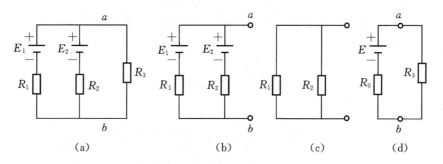

(a)　　　　　　(b)　　　　　　(c)　　　　　　(d)

图 2-70　例 2-28 的电路图

【解】　将电路分成有源二端网络和待求支路两部分,其有源二端网络如图 2-70(b)所示,可求得

$$U_{ab} = E_1 - \frac{E_1 - E_2}{R_1 + R_2} R_1 = 6 - \frac{6 - 1.5}{0.6 + 0.3} \times 0.6 = 3 \text{ V}$$

即　　　　　　　　　　　　　　$E = U_{ab} = 3 \text{ V}$

将有源二端网络中的电源按零值处理,得无源二端网络,如图 2-70(c)所示,可求得

$$R_0 = R_1 // R_2 = 0.6 // 0.3 = 0.2 \text{ Ω}$$

将待求支路 R_3 支路接入所求得的等效电压源上,如图 2-70(d)所示,则可求得通过 R_3 的电流

$$I_{R_3} = \frac{E}{R_0 + R_3} = \frac{3}{0.2 + 9.8} = 0.3 \text{ A}$$

技能实训 6　验证戴维南定理

1. 实训目的

(1)进一步学习测量电流、电压的方法。

(2)通过验证戴维南定理的正确性,加深对戴维南定理内容的理解和掌握。

(3)了解如何用实验的方法将有源二端网络等效化简。

2. 实训所需器材

(1)ZH-12 型通用电学实验台。

(2)电阻 510Ω:2 块/组。

(3)电阻 1kΩ:1 块/组。

(4)导线:若干/组。

(5)万用表:1 块/组。

3. 实验内容与步骤

(1)在实验线路板上,按如图 2-70(a)所示连接电路,令 $E_1 = 6$ V,$E_2 = 12$ V,$R_1 = 510$ Ω,$R_2 = 510$ Ω,$R_3 = 1$ kΩ。

(2)用万用表测量通过 R_3 的电流,将数据记入表 2-20 中。

表 2-20　戴维南定理的测量数据

被测量	I_3	$U_{OC(AB)}$	I_{SC}	$R_0 = U_{OC(AB)}/I_{SC(AB)}$	I_3
测量值					

(3)选择万用表的直流电压挡合适量程,断开 R_3 支路,如图 2-70(b)所示,测量 A、B 间的开路电压值,将测量数据记入表 2-20 中。

(4)测量有源二端网络的短路电流,求得等效电阻 R_0。

(5)将待求支路(R_3 支路)接到所求得的等效电压源上,再用万用表测量 R_3 支路的电流,将测量数据记入表 2-20 中。

4. 分析思考

(1)在求戴维南等效电路时,做短路实验,测 I_{SC} 的条件是什么? 在本实验中可否直接做负载短路实验?

(2)测量有源二端网络开路电压及等效内阻有哪几种方法? 各有何优缺点?

5. 评分

(1)操作是否符合规范(40%)。

(2)结果是否正确(30%)。

(3)分析是否正确(30%)。

任务四　装接万用表

一、电路板焊接装配技术

焊接在电子产品装配中是一项重要的技术。它在电子产品实验、调试和生产中,应用非常广泛,而且工作量相当大,焊接质量的好坏,将直接影响着产品的质量。电子产品的故障除元器件的原因外,大多数是由于焊接质量不佳造成的。因此,掌握熟练的焊接操作技能非常必要。焊接的种类很多,这里主要介绍应用广泛的手工锡焊焊接技术和相关焊接工具。

1. 常用焊接工具

1)电烙铁

电烙铁是焊接的基本工具,它的作用是把电能转换为热能,用以加热工件,熔化焊锡,使焊锡润湿被焊金属形成合金,从而使元器件与导线牢固地连接到一起。

电烙铁的种类有很多种,大致可分为外热式电烙铁、内热式电烙铁、恒温电烙铁和吸锡电烙铁。

(1)外热式电烙铁。外热式电烙铁的结构如图 2-71 所示。它是由烙铁头、烙铁芯、外壳、木柄、插头等部分组成的。由于烙铁头安装在烙铁芯里面,故称为外热式电烙铁。

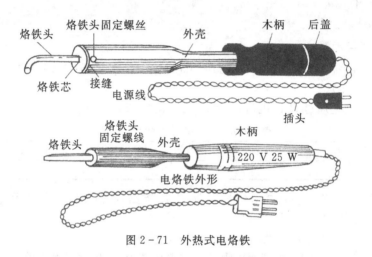

图 2-71　外热式电烙铁

烙铁芯是电烙铁的关键部件,它是将电热丝平行地绕制在一根空心瓷管上构成的,中间由云母片绝缘,并引出两根导线与 220 V 交流电源连接。烙铁芯的结构如图 2-72 所示。外热式电烙铁的规格很多,常用的有 25 W、45 W、75 W 和 100 W 等。电烙铁的功率越大烙铁头的温度也就越高。

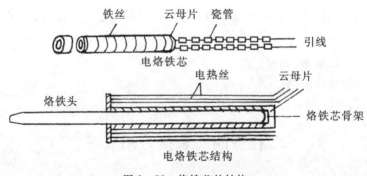

图 2-72　烙铁芯的结构

烙铁芯的功率规格不同,其内阻也不同。25 W 烙铁的阻值约为 2 kΩ,45 W 烙铁的阻值约为 1 kΩ，75 W 烙铁的阻值约为 0.6 kΩ，100 W 烙铁的阻值约为 0.5 kΩ。当我们不知所用的电烙铁为多大功率时，便可测量其内阻值，参考已给阻值加以判断。

烙铁头是用紫铜材料制成的，它的作用是储存热量和传导热量，它的温度必须比被焊接的温度高很多。烙铁的温度与烙铁头的体积、形状、长短等都有一定的关系。当烙铁头的体积比较大时，则保持温度的时间就长些。另外，为适应不同焊接物的要求，烙铁头的形状有所不同，常见的有锥形、凿形和圆斜面形等，具体的形状如图 2-73 所示。

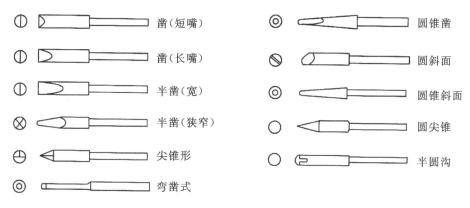

图 2-73　烙铁头的形状

（2）内热式电烙铁。内热式电烙铁的外形和结构如图 2-74 所示，它是由手柄、连接杆、弹簧夹、烙铁芯和烙铁头组成。由于烙铁芯安装在烙铁头里面，因而发热快，热利用率高，因此，称为内热式电烙铁。

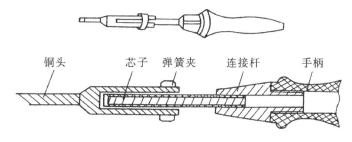

图 2-74　内热式电烙铁的外形与结构

内热式电烙铁的常用规格为 20 W 和 50 W 等几种。由于它的热效率高，20 W 内热式电烙铁就相当于 40 W 左右的外热式电烙铁。内热式电烙铁头的后端是空心的，用于套接在连接杆上，并且用弹簧夹固定，当需要更换烙铁头时，必须先将弹簧夹退出，同时用钳子夹住烙铁头的前端，慢慢地拔出，切记不能用力过猛，以免损坏连接杆。

内热式电烙铁的烙铁芯是用比较细的镍铬电阻丝绕在瓷管上制成的，其电阻约为 2.5 kΩ 左右（20 W），烙铁的温度一般可达 350 ℃ 左右。由于内热式电烙铁有升温快、重量轻、耗电省、体积小、热效率高的特点，因而得到了普遍的应用。

（3）恒温电烙铁。由于在焊接集成电路和晶体管元器件时，温度不能太高，焊接时间不能过长，否则就会因温度过高造成元器件的损坏，因而要对电烙铁的温度加以限制。而恒温电烙铁就可以达到这一要求，这是由于恒温电烙铁头内，装有带磁铁式的温度控制器，控制通电时间从而实现温控。即当给电烙铁通电时,烙铁的温度上升,当达到预定的温度时,因强磁体传感器达到了居里点而磁性消失,从而使磁芯触点断开,这时便停止向电烙铁供电;当温度低于强磁体传感器的居里点时,强磁体便恢复磁性,并吸动磁芯开关中的永久磁铁,使控制开关的触点接通,继续向电烙铁供电。如此循环往复,便达到了控制温度的目的。

恒温电烙铁的内部结构如图 2-75 所示。

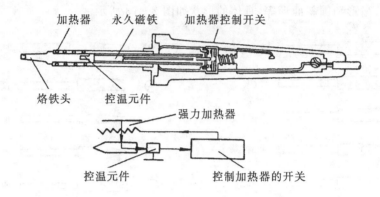

图 2-75　恒温电烙铁的内部结构

(4)吸锡电烙铁。吸锡电烙铁是将活塞式吸锡器与电烙铁融为一体的拆焊工具,它具有使用方便、灵活和适用范围宽等特点。这种吸锡电烙铁的不足之处是每次只能对一个焊点进行拆焊。活塞式吸锡器的外部结构如图 2-76 所示,内部结构如图 2-77 所示。

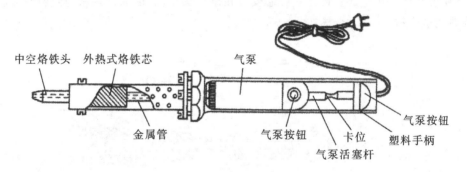

图 2-76　活塞式吸锡器外部结构

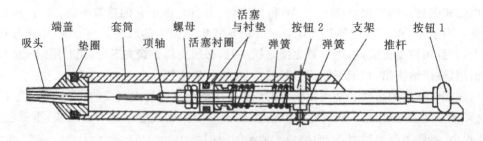

图 2-77　活塞式吸锡器内部结构

吸锡电烙铁的使用方法是:接通电源预热 3~5 min,然后将活塞柄推下(图 2-77 的按钮

1)并卡住,把吸锡电烙铁的吸头前端对准欲拆焊的焊点,待焊锡熔化后,按下按钮2,活塞便自动上升,焊锡即被吸进气筒内。另外,吸锡器配有两个以上直径不同的吸头,可根据元器件引线的粗细进行选用。每次使用完毕后,要推动活塞三、四次,以清除吸管内残留的焊锡,使吸头与吸管畅通,以便下次使用。

电烙铁的种类及规格有很多种,而且被焊工件的大小又有所不同,因而合理地选用电烙铁的功率及种类,对提高焊接质量和效率有直接的关系。如果被焊件较大,使用的电烙铁功率较小,则焊接温度过低,焊料熔化较慢,焊剂不能挥发,焊点不光滑、不牢固,这样势必造成焊接强度以及质量的不合格,甚至焊料不能熔化,使焊接无法进行。如果电烙铁的功率太大,则使过多的热量传递到被焊工件上面,使元器件的焊点过热,造成元器件的损坏,致使印刷电路板的铜箔脱落,这种情况下,焊料在焊接面上会流动过快,并且无法控制。

在选用电烙铁时,可以从以下几个方面进行考虑。

(1)在焊接集成电路、晶体管及受热易损元器件时,应选用20 W内热式或25 W的外热式电烙铁。

(2)焊接导线及同轴电缆时,应先用45～75 W外热式电烙铁,或50 W内热式电烙铁。

(3)在焊接较大的元器件时,如输出变压器的引线脚、大电解电容器的引线脚及金属底盘接地焊片等,应选用100 W以上的电烙铁。

2)辅助工具

常用焊接工具的辅助工具有如下几种:

(1)尖嘴钳。尖嘴钳头部较细,它的主要作用是用来夹小型金属零件,在连接点上网绕导线、元件引线及对元件引脚成型。使用时注意:不允许用尖嘴钳装卸螺母、夹较粗的硬金属及其他硬物;塑料手柄破损后严禁带电操作;尖嘴钳头部经过了淬火处理,不要在锡锅或高温地方使用。

(2)斜口钳。斜口钳又称偏口钳、剪线钳。它的刀口较锋利,主要用来剪切导线、元件多余或过长的引脚。不要用斜口钳剪切螺钉和较粗的钢丝,以免损坏钳口。

(3)镊子。镊子主要用来夹取微小器件,以及在焊接时夹持被焊件以防止其移动和帮助散热。有的元件引脚上套的塑料管在焊接时遇热收缩,也可用镊子将套管向外推动使之恢复到原来位置。它还可以用来在装配件上网绕较细的线材,以及用来夹蘸有汽油或酒精的小棉纱团或海棉清洗焊点上的污物。

(4)螺丝刀。螺丝刀有"一"字式和"十"字式两种,采用金属材料或非金属材料制造;它的作用是拧动螺钉及调整可调元器件的可调部分。电路调试时,调整电容或中周时要选用非金属螺丝刀。

(5)小刀。小刀用来刮去导线和元件引线上的绝缘物和氧化物,使之易于上锡。

(6)剥线钳。剥线钳用来剥掉导线上的护套层。

2. 电子焊接的焊料

焊料是指易熔的金属及其合金,它的熔点低于被焊金属,而且要易于与被焊物金属表面形成合金。焊料的作用是使元器件引线与印刷电路板的导线连接在一起,一般称为焊锡。焊料按其成分,可分为锡铅焊料、银焊料和铜焊料等。焊料按照使用的环境温度,又可分为高温焊料(在高温环境下使用的焊料)和低温焊料(在低温环境下使用的焊料)。

在锡铅焊料中,熔点在450 ℃以上的称为硬焊料,熔点在450 ℃以下的称为软焊料。锡铅焊料中有一种低温焊料,某熔点只有 140 ℃左右。它的成分是锡占 51%,铅占 31%,镉占 18%。它主要适用于精细印刷电路板的焊接。

抗氧化焊锡是自动化生产线上使用的焊料,如波峰焊等。它是在该种焊料的液体中加入少量的活性金属,形成覆盖层来保护焊料不再继续氧化,以提高焊接质量。

焊料的形状有圆片、带状、球状和焊锡丝等几种。常用的是焊锡丝,有的在其内部还夹有固体焊剂松香。焊锡丝的直径种类很多,常用的有:0.5 mm、0.8 mm、0.9 mm、1.0 mm、1.2 mm、1.5 mm、2.0 mm、2.3 mm、2.5 mm、3.0 mm、4.0 mm 和 5.0 mm。

各种配比的焊料都有不同的焊接特性,在进行焊接时,应根据被焊金属材料的可焊性及其焊接温度,以及对焊点机械强度的要求进行综合考虑,以选择合适的焊料。

(1)在手工焊接印刷电路板及一般的焊点和耐热性差的元器件时,应选用 HISPb39,此种焊料的熔化和凝固时间极短,能使焊接时间缩短,同时还有熔点低、焊接强度高的特点。

(2)在焊接导线和镀锌铁皮等较大的元器件时,可选用 HISPb58-2,此种焊料的熔点虽然偏高,但对被焊工件不会产生不良影响,而且具有成本较低的优势。

(3)工业生产中的波峰焊及浸焊应选用共晶焊锡。

(4)在对耐热性较差以及对温度较敏感的元器件进行焊接时,应选用低熔点焊料。如果仍要降低焊料的温度,可在锡铅焊料中加入铋、镉和锑等元素。

3. 助焊剂与阻焊剂

焊剂按其作用不同可分为助焊剂和阻焊剂两大类。

1)助焊剂

在进行焊接时,为能使被焊物与焊料焊接牢固,就必须要求金属表面无氧化物和杂质。只有这样才能保证焊锡与被焊物的金属表面固体结晶组织之间发生合金反应。因此,在焊接开始之前,必须采用各种措施将氧化物和杂质清除。

清除氧化物与杂质,通常有两种方法,即机械方法和化学方法。机械方法是小刀将杂质与氧化物刮掉,化学方法则是用助焊剂清除。用助焊剂清除的方法具有不破坏被焊物以及效率高的优点。因此,在焊接时,采用助焊剂清除氧化物与杂质是最好的选择。

(1)助焊剂有以下作用:

①可以清除金属表面的氧化物、硫化物和各种污物,使被焊物表面保持清洁。

②有防止被焊物被氧化的作用。在焊接时必须把被焊金属加热到使焊料润湿并产生扩散的温度,但是随着温度的升高,金属表面的氧化就会加速。此时助焊剂就会在整个金属表面上形成一层薄膜,包住金属表面使其与空气隔绝,从而起到了防止氧化的作用。

③能帮助焊料流动、减少表面张力的作用。当焊料熔化后,将贴附于金属表面,但由于焊料本身表面张力的作用而力图变成球状,从而减小了焊料的附着力。助焊剂有减少表面张力,增加流动的功能,故使焊料附着力增强,使焊接质量得到提高。

④助焊剂能帮助传递热量和润湿焊点。在焊接中烙铁头的表面与被焊物的表面之间存在着许多间隙,在间隙中充有空气,而空气又为隔热体,这样必然使被焊物的预热速度减慢。而助焊剂的熔点比焊料和被焊物的熔点都低,故先被熔化,并填满间隙,润湿焊点,使烙铁的热量通过它便能很快地传递到被焊物上,使预热的速度加快。

(2)助焊剂可分为无机系列、有机系列和树脂系列。

①无机系列助焊剂。这种类型的助焊剂主要成分是氯化锌和氯化氨,以及它们的混合物。

这种助焊剂最大的优点是有较强的助焊作用,但是也具有强烈的腐蚀性,多数用在可清洗的金属制品焊接中。如果对残留焊剂清洗不干净,就会造成被焊物的损坏。如果用于印刷电路板的焊接,将破坏印刷电路板的绝缘性能。

②有机系列助焊剂。有机系列助焊剂主要是由有机酸卤化物组成。这种助焊剂的特点是助焊性能好,可焊性高。不足之处是有一定的腐蚀性,且热稳定性差,一经加热,便迅速分解,然后留下无活性残留物。

③树脂活性系列助焊剂。这种焊剂系列中最常用的是在松香焊剂中加入活性剂,如 SD焊剂。松香是一种天然产物,它的成分与产地有关。用做焊剂的松香是从各种松树分泌出来的液汁中提取出来的。一般采用蒸馏法加工取出固态松香。

松香酒精焊剂是指用无水乙醇溶解纯松香,配制成 25%～30%的乙醇溶液。这种焊剂的优点是没有腐蚀性、绝缘性能高、具有长期的稳定性及耐湿性;焊接后清洗容易,并能形成膜层覆盖焊点,使焊点不被氧化和腐蚀。

电子线路的焊接通常都选用松香和松香酒精焊剂。这样可以保证电路中的元器件不被腐蚀,电路板的绝缘性能不至于下降。由于纯松香焊剂活性较弱,只要被焊物金属表面是清洁的,无氧化层,其可焊性就可以得到保证。

2)阻焊剂

(1)阻焊剂有以下作用:

①印刷电路板进行波峰焊或浸焊时,为使不需要焊接的部位不沾上焊锡,将阻焊剂涂到这些部位上便可起到阻焊的作用。

②能防止印刷电路板在进行波峰焊或浸焊时印刷导线间的桥接和短路现象的产生。当印刷板受到热冲击时,因有阻焊剂的覆盖,能使板面的铜箔得到保护。

③能提高焊接质量,保证产品的合格率。

(2)阻焊剂的种类。阻焊剂可分为热固化型和光固化型两大类。

热固化型阻焊剂的优点是粘接强度高;其不足之处是加热固化时间长且温度高(一般情况下需要在 100～130 ℃下烘烤 1 h),这将容易引起印刷电路板的变形。故该阻焊剂现在已逐渐被淘汰,很少使用。

光固化型阻焊剂的优点是固化速度快(在 1 000 W 高压汞灯下照射 2～3 min 即可固化),因此可以提高生产效率,可应用于自动化生产线。它是目前普遍采用的一种阻焊剂。

4. 电子元件焊接的操作方法

电子产品的焊接是利用烙铁加热被焊金属件和锡铅焊料,熔融的焊料润湿已加热的金属表面使其形成合金,焊料凝固后把被焊金属件连接起来的一种焊接工艺,通常称做锡焊。

1)电烙铁及焊件的搪锡

(1)烙铁头的搪锡。新烙铁、已氧化不沾锡或使用过久而出现凹坑的烙铁头可先用砂纸或细锉刀打磨,使其露出紫铜光泽,而后将电烙铁通电 2～3 min,加热后使烙铁头吸锡,再在放有松香颗粒的细砂纸上反复摩擦,直到烙铁头上挂上一层薄锡,这个过程就是烙铁头的搪锡。

(2)导线及元器件引线搪锡。先用小刀或细砂纸清除导线或元器件引线表面的氧化层,元器件引脚根部留出一小段不刮,以防止引线根部被刮断。对于多股引线也应逐根刮净,之后将多股线拧成绳状进行搪锡。搪锡过程如下:给电烙铁通电 2～3 min 后使烙铁头接触松香。若松香发出"吱吱"响声,并且冒出白烟,则说明烙铁头温度适当。然后,将刮好的焊件引线放在松香上,用烙铁头轻压引线,边反复摩擦边转动引线,务必使引线各部分均匀上好一层锡。

2)电烙铁的握法

根据烙铁的大小、形状和被焊件的要求等不同情况,握电烙铁的方法通常有如图2-78所示的三种。

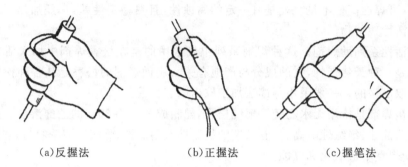

（a)反握法　　　　　　（b)正握法　　　　　　（c)握笔法

图2-78　电烙铁的握法

如图2-78(a)所示为反握法,即用五指把烙铁手柄握在掌内。这种握法焊接时动作稳定,长时间操作手不感到疲劳,适用于大功率的电烙铁和热容量大的被焊件的焊接。

如图2-78(b)所示为正握法,适用于弯形烙铁头操作或直烙铁头在机架上焊接互连导线时操作。

如图2-78(c)所示为握笔法,就像写字时拿笔一样。用这种方法长时间操作手容易疲劳,适用于小功率电烙铁和热容量小的被焊件的焊接。

3)焊锡丝的拿法

焊锡丝的拿法分为两种,一种是连续工作时的拿法,如图2-79(a)所示,即用左手的拇指、食指和小指夹住焊锡丝,用另外两个手指配合,这种拿法能把焊锡丝连续向前送进;另一种拿法如图2-79(b)所示,焊锡丝通过左手的虎口,用大拇指和食指夹住,这种拿焊锡丝的方法不能连续向前送进焊锡丝。

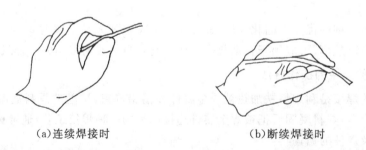

（a)连续焊接时　　　　　　　　（b)断续焊接时

图2-79　焊锡丝的拿法

4)手工五步焊接操作法

手工五步焊接操作法如图2-80所示。

(1)准备施焊:准备好焊锡丝和烙铁,此时特别强调的是烙铁头部要保持干净,即可以沾上焊锡(俗称吃锡)。

(2)加热焊件:将烙铁接触焊接点,首先注意要保持烙铁加热焊件各部分,例如印刷板上引

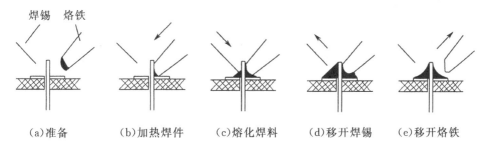

| (a)准备 | (b)加热焊件 | (c)熔化焊料 | (d)移开焊锡 | (e)移开烙铁 |

图 2-80　手工五步焊接操作法

线和焊盘都使之受热;其次,要注意让烙铁头的扁平部分(较大部分)接触热容量较大的焊件,烙铁头的侧面或边缘部分接触热容量较小的焊件,以保持焊件均匀受热。

(3)熔化焊料:当焊件加热到能熔化焊料的温度后将焊丝置于焊点,焊料开始熔化并润湿焊点。

(4)移开焊锡:当熔化一定量的焊锡后将焊锡丝移开。

(5)移开烙铁:当焊锡完全润湿焊点后移开烙铁,注意移开烙铁的方向应该是大致 45°的方向。

上述过程,对一般焊点而言大约 2～3 s。对于热容量较小的焊点,例如印刷电路板上的小焊盘,有时用三步法概括操作方法,即将上述步骤(2)和(3)合为一步,(4)和(5)合为一步。实际上细微区分还是五步,所以五步法有普遍性,是掌握手工烙铁焊接的基本方法。特别是各步骤之间停留的时间,对保证焊接质量至关重要,只有通过实践才能逐步掌握。

5．手工焊接要点

(1)焊前准备。

①工具与材料:视被焊物的大小,准备好电烙铁、镊子、剪刀、斜口钳、焊料和焊剂等。

②焊前要将元器件的引线进行清洁处理,最好是先挂锡再焊接,对被焊物表面的氧化锈斑、油污、灰尘和杂质等要清理干净。

(2)焊剂的用量要合适。

在使用焊剂时,必须根据被焊面积的大小和表面状态适量施用。用量过少会影响焊接质量;用量过多,将会造成焊后焊点周围出现残渣,这势必使印刷线路板的绝缘性能下降,同时还可能造成对元器件的腐蚀。较为合适的焊剂量既能润湿被焊物的引线和焊盘,又不会使焊剂流到引线插孔中和焊点的周围。

(3)焊接的温度和时间要掌握好。

在焊接时,为使被焊件达到适当的温度,使固体焊料迅速熔化并产生润湿作用,就要有足够的热量和温度。如果温度过低,焊锡流动性差,而且容易凝固,形成虚焊;如果锡焊温度过高,将会使焊锡流淌,焊点上不易存锡,焊剂分解速度加快,使被焊物表面加速氧化,甚至导致印刷电路板上的焊盘脱落。特别值得注意的是,当使用天然松香助焊剂时,锡焊温度过高也容易造成虚焊。

锡焊的时间随被焊件的形状、大小的不同而有所差别,但总的原则是根据被焊件是否完全被焊料所润湿(润湿是指焊料熔解后达到所需要的扩散范围)的情况而定。通常情况下,烙铁头与焊点的接触时间是以使焊点光亮、圆滑为宜。如果焊点不亮反而形成粗糙面,说明温度不够高,烙铁停留时间太短。此时,需要增加焊接温度,同时将电烙铁头继续放在焊点上多停留些时间,便可使焊点的粗糙面得以改善。

(4)焊料的施加方法。

焊料的施加方法应视焊点的大小及被焊件的多少而定。如图 2-81 所示,当引线要焊接于接线柱上时,首先将烙铁头放在接线端子和被焊的引线上。当被焊件经过加热,达到一定温度后,先给①点少量焊料,这样可加快烙铁与被焊件的热传导,使几个被焊件温度达到一致。当几个被焊件温度都达到了焊料熔化的温度时,应立即将焊料加到②点,即距电烙铁加热部位最远的地方,直到焊料润湿整个焊点时立即撤掉焊锡丝。如果焊点较小,便可用电烙铁头沾取适量焊锡,再蘸取松香后,直接放至焊点,待焊点着锡并润湿后便可将电烙铁撤走。在撤电烙铁时,要从下面向上提拉,以使焊点光亮、饱满。这种焊接方法多用于小型元器件的焊接和维修。

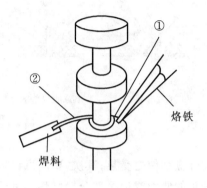

图 2-81　焊料的施加方法

使用上述焊接方法时,要注意将沾取焊料的烙铁头及时放到焊点上,如果时间稍长,焊剂就会分解,焊料就会被氧化,使焊接质量下降。

焊料的另一种施加方法是:将烙铁与焊锡丝同时放到被焊件上,待焊料润湿焊点后,再将烙铁撤走(此种方法适用于被焊件温升较快的焊点)。

(5)焊接时要扶稳被焊物。

在焊接过程中,特别是在焊锡凝固的过程中,绝对不能晃动被焊元器件本身及其引线,否则将造成虚焊或使焊点质量下降。

(6)焊点的重焊。

当焊点一次焊接没有成功或锡量不够时,便要重新焊接。重新焊接时必须注意的是要将本次加入的焊料与上次的焊料一同熔化,并熔为一体时才能把烙铁移开焊点。

(7)烙铁头要保持清洁。

烙铁头在焊接过程中始终处于一种高温状态,同时还不间断地与焊料和焊剂相接触。这样便会在烙铁头的表面形成一层黑色杂质层,它将使焊点与烙铁头隔离,使烙铁头的温度不能直接加热焊点,从而使焊点的温度上升缓慢,影响了焊点的形成。故应随时将烙铁头上形成的黑色杂质层去掉,保持烙铁头表面的清洁。

(8)焊接时烙铁头与引线和印刷板的铜箔之间的接触位置。

如图 2-82 所示是烙铁头与引线和烙铁头与印刷板铜箔之间的接触情况。其中图 2-82(a)是烙铁头与引线接触而与铜箔不接触的情况;如图 2-82(b)是烙铁头与铜箔接触而与引线不接触的情况。这两种情况将造成热的传导不平衡,即使其中某一被焊件受热过多,而另一被焊件受热较少,这将使焊点质量大幅下降。图 2-82(c)是烙铁头与铜箔和引线同时接触的情况,此种接触为正确的加热方式,故能保证焊接质量。

(9)撤离电烙铁。

掌握好电烙铁的撤离方向,能很好地控制焊料的多少,并能带走多余的焊料,从而能控制焊点的形成。为此合理地利用电烙铁的撤离方向,可以提高焊点的质量。

如图 2-83 所示是几种不同的电烙铁的撤离方法,其产生效果也不一样。其中图 2-83

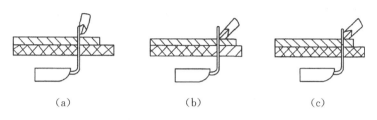

图 2-82 烙铁头在焊接时的位置

(a)是烙铁头与轴向成 45°角(斜上方)的方向撤离,此种方法能使焊点成型美观、圆滑,是较好的撤离方式;图 2-83(b)是烙铁头与轴同向(垂直向上)的撤离方式,此种方法容易造成焊点的拉尖及毛刺现象;图 2-83(c)是烙铁头以水平方向撤离,此种方法将使烙铁头带走很多的焊锡,将造成焊点焊量不足的现象;图 2-83(d)是烙铁头垂直向下撤离,烙铁头将带走大部分焊料,使焊点无法形成;图 2-83(e)是烙铁头垂直向上撤离,烙铁头要带走少量焊锡,将影响焊点的正常形成。

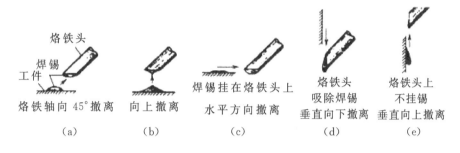

图 2-83 烙铁的撤离方向

(10)焊接后的处理。

当焊接结束后,应将焊点周围的焊剂清洗干净,并检查电路中有无漏焊、错焊和虚焊等现象。同时,应对所焊接的元器件进行检查,看是否有因焊接不牢而松动的现象。

6. 对焊接的要求

焊接是电子产品制造中最主要的一个环节,一台设备有成千上万个焊点,一个虚焊点就能造成整台仪器设备的失灵。要在焊点中找出虚焊点不是件容易的事。据统计,现在电子设备仪器中故障的近一半是由于焊接不良引起的。因此在焊接时必须做到以下几点:

(1)可靠的电路连接。

电子产品的焊接是同电路通断情况紧密相连的。一个焊点要能稳定、可靠地通过一定的电流,没有足够的连接面积和稳定的组织是不行的。因为锡焊连接不是靠压力,而是靠结合层达到电路连接的目的,如果焊锡仅仅是堆在焊件表面或只有少部分形成结合层,那么在最初的测试和工作中可能发现不了。但随着条件的改变和时间的推移,电路会出现时通时断或者干脆不工作的现象,而这时观察外表,电路依然是连接的,这种情况是电子产品使用中最麻烦的问题,也是制造者要特别重视的问题。

焊接可靠能够保证导电性能,为使焊点有良好的导电性能,必须防止虚焊。虚焊是指焊料与被焊物表面没有形成合金结构,只是简单地依附在被焊金属的表面上,在锡焊时,如果只有一部分形成合金,而其余部分没有形成合金,这种焊点在短期内也能通过电流,用仪表测量很难发现问题。但随着时间的推移,没有形成合金的表面会被氧化,此时便会出现时通时断的现象,这势必造成产品的质量问题。如图2-84所示为两种常见的虚焊现象。

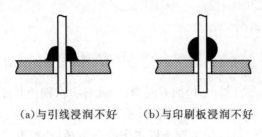

　　(a)与引线浸润不好　　　(b)与印刷板浸润不好

图2-84　虚焊现象

　　(2)焊点的机械强度要足够。

　　为保证被焊件在受到振动或冲击时不至脱落、松动,因此,要求焊点要有足够的机械强度。作为锡焊材料的铅锡合金本身强度是比较低的,要想增加强度,就要有足够的连接面积。当然如果是虚焊点,焊料仅仅堆在焊盘上,自然谈不到强度了。常见影响机械强度的缺陷还有焊锡过少、焊点不饱满、焊接时焊料尚未凝固就使焊件振动而引起的焊点晶粒粗大(像豆腐渣状),以及裂纹和夹渣等。

　　(3)焊点表面要光滑、清洁。

　　为使焊点美观、光滑、整齐,不但要有熟练的焊接技能,而且要选择合适的焊料和焊剂,否则将出现焊点表面粗糙、拉尖和棱角等现象。

7. 拆焊

　　在电子产品的调试和维修工作中,常需要更换一些元器件。在更换元器件时,首先应将需更换的元器件拆焊下来。若拆焊的方法不当,就会造成印刷电路板或元器件的损坏。对于一般电阻、电容和晶体管等引脚不多的元器件,可采用电烙铁直接进行分点拆焊。方法是一边用烙铁(烙铁头一般不需蘸锡)加热元器件的焊点,一边用镊子或尖嘴钳夹住元器件的引线,轻轻地将其拉出来,再对原焊点的位置进行清理,认真检查是否因拆焊而造成相邻电路短接或开路。在拆焊时要严格控制加热温度和时间,温度太高或时间太长会烫坏元器件,使印刷电路的焊盘起翘和剥离。在拔元器件时也不要用力过猛,以免拉断或损坏元器件引线。但这种方法不宜在一个焊点上多次使用,因印刷导线和焊盘经过反复加热以后很容易脱落,造成印刷板的损坏。当需要拆下多个焊点且引线较硬的元器件时,采用分点拆焊就比较困难。在拆卸多个引脚的集成电路或中周等元器件时,一般有以下几种方法:

　　(1)采用专用工具。

　　采用专用烙铁头或拆焊专用热风枪等工具,可将所有焊点同时加热熔化后取出插孔。对于表面安装元器件,热风枪拆焊更有效。专用工具拆焊的优点是速度快、使用方便,不易损伤元器件和印刷板的铜箔。

　　(2)采用吸锡烙铁或吸锡器。

　　吸锡烙铁或吸锡器对于拆焊元器件是很实用的,并且使用该工具不受元器件种类的限制。但拆焊时必须逐个焊点除锡,效率不高,而且还要及时清除吸入的锡渣。吸锡器与吸锡烙铁拆焊原理相似,但吸锡器自身不具备加热功能,它需与烙铁配合使用。在拆焊时,先用烙铁对焊点进行加热,待焊锡熔化后再使用吸锡器除锡。

在没有专用工具和吸锡烙铁时,可采用屏蔽线编织层、细铜网以及多股导线等吸锡材料进行拆焊。操作方法是,将吸锡材料浸上松香水贴到待拆焊点上,用烙铁头加热吸锡材料,经吸锡材料传热使焊点熔化。熔化的焊锡被吸附在吸锡材料上,取走吸锡材料后焊点即被拆开。该方法简便易行,且不易损坏印刷板,其缺点是拆焊后的板面较脏,需要用酒精等溶剂擦拭干净。

(3)排焊管。

排焊管是使元器件的引线与焊盘分离的工具,一般用一根空心的不锈钢细管制成,可用16 号注射针头改制(将针头部锉开,尾部装上手柄)。在使用时将排焊管的针孔对准焊盘上的引线,待烙铁熔化焊锡后迅速将针头插入电路板焊孔内,同时左右旋转,这样元器件的引线便和焊盘分开了。

8. 印刷电路板的组装及组装工艺的基本要求

1)印刷电路板的组装

印刷电路板的组装是指根据设计文件和工艺规程的要求,将电子元器件按一定的方向和次序插装到印刷基板上,并用紧固件或锡焊等方法将其固定的过程。印刷电路板的组装是整机组装的关键环节。通常我们把不装载元器件的印刷电路板叫做印刷基板,它的主要作用是作为元器件的支撑体,并利用基板上的印刷电路,通过焊接把元器件连接起来,同时它还有利于元器件的散热。

电子元器件种类繁多,外形不同,引出线也多种多样,所以,印刷电路板的组装方法也就各有差异,必须根据产品结构的特点、装配密度、产品的使用方法和要求来决定。元器件在装配到基板之前,一般都要进行加工处理,然后进行插装。良好的成形及插装工艺,不但能使机器性能稳定、防震、减少损坏,而且还能使机内整齐美观。

印刷电路板的组装分为以下几步:

(1)预加工处理。元器件引线在成型前必须进行加工处理。虽然在制造时对元器件引线的可焊性就已有技术要求,但因生产工艺的限制,加上包装、储存和运输等中间环节的时间的较长,在引线表面会产生氧化膜,使引线的可焊性严重下降。引线的再处理主要包括引线的校直、表面清洁及搪锡三个步骤。通常要求引线再处理后,不允许有伤痕,镀锡层均匀,表面光滑,无毛刺和焊剂残留物。

(2)引线成型的基本要求。引线成型工艺就是根据焊点之间的距离,做成需要的形状,目的是使它能迅速而准确地插入孔内。

引线成型的基本要求如下:

①元器件引线的开始弯曲处离元器件端面的最小距离应不小于 2 mm。

②弯曲半径不应小于引线直径的 2 倍。

③怕热元器件要求引线增长,成型时应绕环。

④元器件标称值应处在便于查看的位置。

⑤成型后不允许有机械损伤。

元器件引线折弯形状如图 2-85 所示。

(3)成型方法。为保证引线成型的质量和一致性,应使用专用工具和成型模具。成型工序因生产不同而不同。在自动化程度高的工厂,成型工序是在流水线上自动完成的,如采用电动

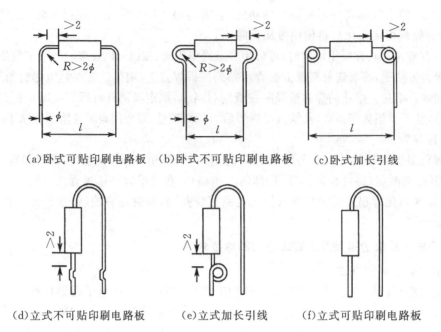

(a)卧式可贴印刷电路板　(b)卧式不可贴印刷电路板　(c)卧式加长引线

(d)立式不可贴印刷电路板　　(e)立式加长引线　　(f)立式可贴印刷电路板

图 2-85　元器件引线折弯形状

等专用引线成型机,可以大大提高加工效率和成型一致性。在没有专用工具或加工少量元器件时,可使用尖嘴钳或镊子等一般工具手工成型。为保证成型工艺,可自制一些成型以提高手工操作能力。

2)印刷电路板组装工艺的基本要求

印刷电路板组装质量的好坏,会直接影响到产品的电路性能和安全性能。因此,印刷电路板的组装工艺必须严格遵循下列要求:

(1)各插件工序必须严格执行设计文件规定,认真按照考核工艺作业指导卡操作。

(2)组装前应做好元器件引线成型、表面清洁、浸锡和装散热片等准备加工工作。

(3)做好印刷基板的准备加工工作。

①印刷基板铆孔。对于体积、重量较大的元器件,要用铜铆钉对其基板上的插孔进行加固,防止元器件插装、焊接后,因运输、振动等原因而发生焊盘剥离、损坏现象。

②印刷基板贴胶带纸。在机器焊接时,为了防止波峰焊将暂不焊接的元器件焊盘孔堵塞,在元器件插装前,应先用胶带纸将这些焊盘孔贴住。波峰焊接后,再撕下胶带纸,插装元器件,进行手工焊接。目前采用先进的免焊工艺槽,可改变贴胶带纸的繁琐方法。

(4)严格执行元器件安装的技术要求。

①元器件安装应遵循先小后大、先低后高、先里后外、先易后难和先一般元器件后特殊元器件的基本原则。

②对于电容器和三极管等立式插装元器件,应保留长度适当的引线。引线太短会造成元器件焊接时因过热而损坏,太长会降低元器件的稳定性或者引起短路。一般要求此类元器件离电路板面 2 mm 左右。在插装过程中,还应注意元器件的电极极性,有时还需要在同电极套上相应的套管。

③元器件引线穿过焊盘后应保留 2～3 mm 的长度,以便沿着印刷导线方向将其打弯固

定。为使元器件在焊接过程中不浮起或脱落,同时又便于拆焊,引线的角度最好是在 45°～60°之间,如图 2-86 所示。

④在安装水平插装的元器件时,标记号应向上,且方向一致,以便观察。功率小于 1 W 的元器件可贴近印刷电路板平面插装,功率较大的元器件要求距离印刷电路板平面 2 mm,以便于元器件散热。

⑤在插装体积、重量较大的大容量电解电容器时,应采用胶粘剂将其底部粘在印刷电路板上或用加橡胶衬垫的办法,以防止其歪斜、引线折断或焊点焊盘的损坏。

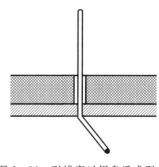

图 2-86　引线穿过焊盘后成型

⑥在插装 CMOS 集成电路、场效应管时,操作人员需戴防静电腕套进行操作。对于已经插装好这类元器件的印刷电路板,应在接地良好的流水线上传递,以防元器件被静电击穿。

⑦元器件的引线直径与印刷板焊盘孔径应有 0.2～0.3 mm 的间隙。太大了焊接不牢,机械强度差;太小了元器件难以插装。对于多引线的集成电路,可将两边的焊盘孔径间隙做成 0.2 mm,中间的做成 0.3 mm,这样既便于插装,又有一定的机械强度,如图 2-87 所示。

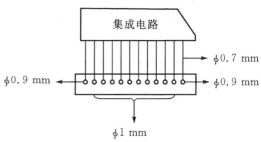

图 2-87　集成电路的焊盘孔径

3)元器件在自制电路板上的插装

电子元器件种类繁多,结构不同,引出线也多种多样,因而元器件的插装形式也有差异。必须根据产品的要求、结构特点、装配密度及使用方法来决定。元器件在印刷电路板上的插装一般有以下几种插装形式:

(1)贴板插装。插装形式如图 2-88 所示,它适用于有防震要求的产品。元器件紧贴印刷基板面,插装间隙小于 1 mm。当元器件为金属外壳,而且插装面又有印刷导线时,应加绝缘衬垫或套绝缘套管,以防止短路。

(2)悬空插装。插装形式如图 2-89(a)所示,它适用于发热元器件的插装。元器件距印刷基板面要有一定的高度,以便散热,安装距离一般在 3～8 mm 的范围内。

(3)垂直插装(也称立式插装)。它适用于插装密度较高的场合,电容器、二极管和三极管常采用这种形式。如图 2-89(b)所示。

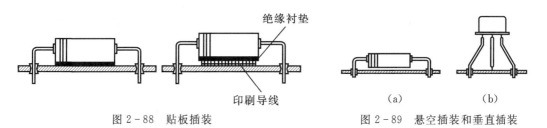

图 2-88　贴板插装　　　　　　图 2-89　悬空插装和垂直插装

（4）嵌入式插装。这种方式是将元器件的壳体埋于印刷基板的嵌入孔内。为提高元器件

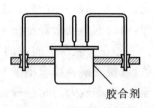

图 2 - 90　嵌入式插装

安装的可靠性，常在元器件与嵌入孔间涂上胶合剂，如图 2 - 90 所示。该方式可提高元器件的防震能力，降低插装高度。

（5）有高度限制时的插装。在元器件插装中，有些元器件有一定高度限制。为此，在插装时，应先将其垂直插装然后再沿水平方向弯曲。对于大型元器件要采用胶粘和捆扎等措施，如图 2 - 91 所示，以有足够的机械强度能经得起振动和冲击。

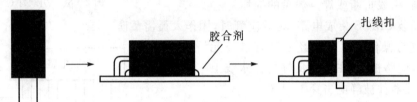

图 2 - 91　有高度限制时的插装

（6）支架固定插装。插装形式如图 2 - 92 所示。该方式适用于小型继电器和功放集成电路等质量较大的元器件。一般是先用金属支架将它们固定在印刷基板上，然后再焊接。

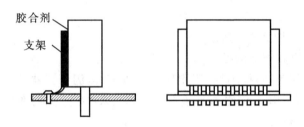

图 2 - 92　支架固定插装

元器件在安装时应注意以下事项：

（1）元器件插好后，对其引线的外形处理有弯头或切断成型等方法。所有弯脚的弯折方向都应与铜箔的走线方向相同。

（2）在安装二极管时，除应注意极性外，还要注意外壳封装。特别是玻璃壳体易碎，引线弯曲时易爆裂，在安装时可将引线先绕 1～2 圈再装。对于大电流二极管，有的则将引线体当做散热器，故必须根据二极管规格中的要求决定引线的长度，也不宜把引线套上绝缘套管。

（3）为了区别晶体管的电极和电解电容的正负端，一般在安装时，加带有颜色的套管以示区别。

（4）大功率三极管一般不宜装在印刷电路板上，因为它发热量大，易使印刷电路板受热变形。

技能实训 7　电子元器件的焊接练习

1. 实训目的

（1）熟练掌握焊接工具的使用方法。

（2）熟练掌握手工焊接技术。

（3）掌握在印刷电路板上元器件的安装和焊接方法。

2. 实训所需器材

（1）ZH－12型通用电学实验台。

（2）手工焊接工具：1套/人。

（3）废电子元器件：若干/人。

（4）废印刷电路板（或万能板）：1块/人。

3. 实验内容与步骤

（1）把废电子元器件的引脚用砂纸或小刀磨、刮光亮，加工成型，然后搪锡，安装到废印刷电路板上。

（2）按五步焊接法焊接安装好的元器件，做到焊点圆滑光亮，没有虚焊，反复练习焊点的焊接及拆焊。

4. 分析思考

（1）在电烙铁焊接时经常会出现哪几种焊接缺陷？产生的原因是什么？

（2）电烙铁焊接操作中还有哪些注意事项？

5. 评分

（1）操作是否符合规范（40％）。

（2）结果是否正确（30％）。

（3）分析是否正确（30％）。

二、万用表电路的分析与研究

万用表测量电路实际上是由多量程直流电流表、多量程直流电压表、多量程交流电压表和多量程欧姆表等几种电路组合而成的。构成测量电路的主要元件绝大部分是各种类型和各种数值的电阻元件，如线绕电阻、碳膜电阻、电位器等。测量时，通过转换开关将这些元件组成不同的测量电路，就可以把各种不同的被测量变换成磁电系表头能够反映出的微小直流电流，从而达到一表多用的目的。此外，在测量交流电的电路中，还有整流二极管和滤波电容。由于对技术特性、使用范围和准确度的要求不

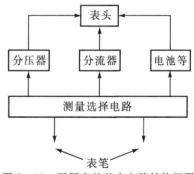

图2-93　万用表的基本电路结构框图

同，各种万用表的测量电路也各不相同，但其基本工作原理却是相同的。如图2-93所示为万用表的基本电路结构框图，它主要由以下五大部分组成：

（1）表头及表头电路，用于指示测量结果；（2）分压器，主要用于测量交、直流电压；（3）分流器，主要用于测量直流电流；（4）电池、调零电位器等，用于测量电阻；（5）测量选择电路，用于选择挡位和量程。MF47型万用表工作原理如图2-94所示。

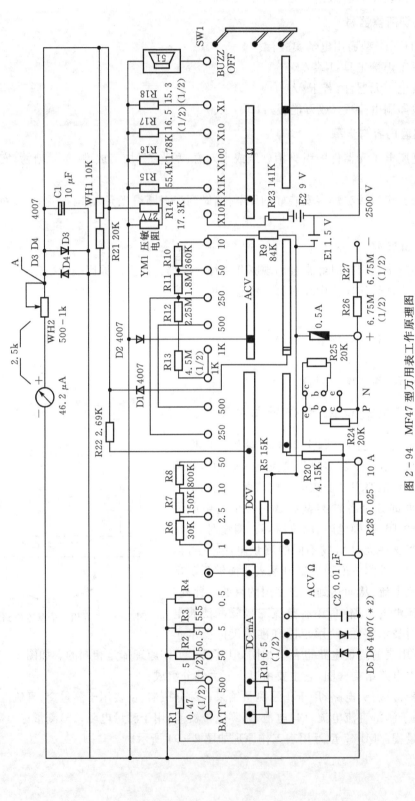

图 2-94 MF47 型万用表工作原理图

1. 万用表的表头

万用表的表头是一块直流微安表,被测量的电流、电压、电阻等,都会被转化成微安级的直流电流,通过指针的偏转显示被测量的大小,因此表头是不同被测量的共用部分。微安表头有两个重要参数,一个是表头的内阻 R_g,一个是表头的满偏电流 I_g,MF47 型万用表的满偏电流(也称量程)是 46.2 μA,内阻为 2 $k\Omega$。

2. 万用表直流电压挡的工作原理

指针式万用表的直流电压挡实际上是一只多量程的直流电压挡。万用表中电压测量电路也是电流测量电路,因此它们共用一个表头。在表头参数 I_g、R_g 一定时,其积 $I_g R_g$ 也为定值,$I_g R_g = U_g$,但值太小,不能满足测量电压的要求,根据分压原理,电阻大的分得的电压大,因此可以用串联附加电阻来扩大电压表的量程,如图 2-95 所示。

如图 2-96 所示电路为多量程电压表电路。图中 U_1 挡的附加电阻为 R_{V_1},U_2 挡的附加电阻为 R_{V_2},U_3 挡的附加电阻为 R_{V_3},且 $U_1 < U_2 < U_3$,附加电阻 R_V 又称为倍增电阻。

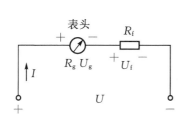

图 2-95　直流电压表基本原理图

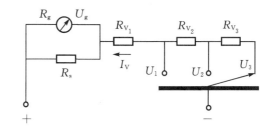

图 2-96　多量程直流电压表电路

从测量知识可知,电压表的内阻越大,测量的误差就越小(即与被测电路并联后的分流作用越小)。

电压表的一个重要参数是电压表的灵敏度,用 $1/I_V$ 表示,即 Ω/V(每一伏特所需的电阻值)。Ω/V 值是设计电压表所要求的,所以 I_V 是已知的,I_V 是流过电压表的电流,并且 $I_V > I_g$,为此需在表头两端并联一个分流电阻 R_S,此时可以用 I'_g、R'_g 表示电压表的等效表头,如图 2-96 中,$R'_g = R_g // R_S$,为了使 Ω/V 值尽量大,也就是 I_V 尽可能地小,因此在设计中往往以电流挡的最小量程挡作为电压表的等效表头。

【例 2-29】　已知磁电系电流表的表头参数为 $I_g = 100\ \mu A$,$R_g = 2000\ \Omega$,试将此电流表改装成一只具有灵敏度为 $2\ k\Omega/V$ 的直流电压表,其量程分别为 10 V、50 V、250 V 三挡,求附加电阻的大小。

【解】　改装的多量程电压表电路如图 2-96 所示,$I_V = 1/(2\ k\Omega/V) = 0.5\ mA$,则是电流表的最小量程挡。

求分流电阻 R_S 的值,得

$$R_S = \frac{I_g R_g}{I_V - I_g} = \frac{100 \times 10^{-6} \times 2000}{(500 - 100) \times 10^{-6}} = 500\ \Omega$$

选标称值 $R_S = 510\ \Omega$

电压表的等效表头参数 $I'_g = 0.5\ mA$,则

$$R'_g = R_g // R_S = \frac{2000 \times 510}{2000 + 510} = 406.37 \ \Omega$$

附加电阻的设计：

$$R_{V_1} = 10 \times 2 - R'_g = 20 - 406.37 = 19.6 \ k\Omega$$

$$R_{V_2} = (50 - 10) \times 2 = 80 \ k\Omega$$

$$R_{V_3} = (250 - 50) \times 2 = 400 \ k\Omega$$

故选标称值 $R_{V_1} = 20 \ k\Omega$，$R_{V_2} = 82 \ k\Omega$，$R_{V_3} = 390 \ k\Omega$。

3. 万用表直流电流挡的工作原理

指针式万用表的直流电流挡实际上是一只多量程的直流电流挡。直流电流挡是用一个磁电系表头（灵敏度为 I_g，内阻为 R_g）根据分流原理扩大量程，设计成需要的多量程的电流表，其基本原理如图 2-97 所示。

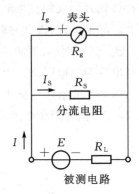

图 2-97 直流电流表基本原理图

多量程电流表的电路有开路式分流器，如图 2-98(a)所示；闭路式分流器（又称为环形分流器），如图 2-98(b)所示。

开路式分流器的各量程的分流电阻 R_{S_1}、R_{S_2}、R_{S_3} 相互独立，因此便于调整。这种分流器的分流电阻为

$$R_S = \frac{I_g R_g}{I - I_g} \qquad (2.49)$$

式(2.49)中，I 表示量程电流的大小。

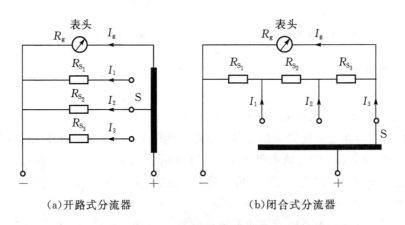

(a)开路式分流器　　　　　(b)闭合式分流器

图 2-98 多量程直流电流表电路

但这种结构的缺点是其转换开关 S 有接触电阻，在大电流量程挡，由于分流电阻 R_S 本身不大，因而转换开关的接触电阻引起的测量误差就相应地较大，特别是在开关没有接触好时，大部分电流会流过表头，严重时会烧坏表头。

闭路式分流器的分流电阻 R_{S_1}、R_{S_2}、R_{S_3} 与 R_g 形成闭合电路，对不同的量程挡采用抽头的方式。例如 I_1 这挡，R_{S_1} 是分流电阻，通过分流电阻的电流为 $I_1 - I_g$；R_{S_2}、R_{S_3}、R_g 串联组成一条支路，通过它们的电流为 I_g。对于 I_2 挡，$R_{S_1} + R_{S_2}$ 为分流电阻，通过分流电阻的电流为 $I_2 - I_g$；R_{S_3} 与 R_g 串联，通过它们的电流是表头电流 I_g。对于 I_3 挡，$R_{S_1} + R_{S_2} + R_{S_3}$ 是分流电阻，通过分流电阻的电流为 $I_3 - I_g$，设 $R_{S_1} + R_{S_2} + R_{S_3} = R_S$，根据并联电路电压相等的原理，可以计算出总

的分流电阻 R_S 为

$$R_S = \frac{I_g R_g}{I_3 - I_g} \qquad (2.50)$$

式(2.50)中：I_g ——表头灵敏度；

　　　　　　R_g ——表头内阻；

　　　　　　I_3 ——电流挡最小量程；

　　　　　　R_S ——最小电流挡的分流电阻。

根据分流公式：$I_g = \dfrac{R_{S_1}}{R_S + R_g} I_1$（其中 $R_S = R_{S_1} + R_{S_2} + R_{S_3}$），设 $R_g + R_S = R_0$，R_0 称为环形电阻。可以得到电流挡最大量程的分流电阻 R_{S_1} 的计算公式为

$$R_{S_1} = \frac{I_g}{I_1} R_0 \qquad (2.51)$$

式(2.51)中：R_0 ——环形分流器的环形电阻；

　　　　　　I_1 ——电流挡的最大量程挡；

　　　　　　R_{S_1} ——最大量程挡的分流电阻。

【例 2 - 30】 已知磁电系电流表的表头参数为 $I_g = 157\ \mu A$，$R_g = 2409\ \Omega$，试将此表头改装成具有 0.5 mA、10 mA、100 mA 三挡量程的电流表，试求其分流电阻。

【解】 改装的多量程电流表的原理图如图 2 - 98(b)所示，$I_3 = 0.5$ mA、$I_2 = 10$ mA、$I_1 = 100$ mA。$I_3 = 0.5$ mA 是最小量程，其分流电阻最大。

由式(2.50)可以求出总的分流电阻 R_S 为

$$R_S = \frac{I_g R_g}{I_3 - I_g} = \frac{157 \times 10^{-6} \times 2409}{(500 - 157) \times 10^{-6}} = 1103\ \Omega$$

由式(2.51)可以求出 100 mA(最大量程挡)的分流电阻 R_{S_1} 为

$$R_{S_1} = \frac{I_g}{I_1} R_0 = \frac{157 \times 10^{-6}}{100 \times 10^{-3}} \times (1103 + 2409) = 5.5\ \Omega$$

10 mA 的分流电阻为

$$R_{S_1} + R_{S_2} = \frac{I_g}{I_2} R_0 = \frac{157 \times 10^{-6}}{10 \times 10^{-3}} \times (1103 + 2409) = 55\ \Omega$$

所以

$$R_{S_2} = (R_{S_1} + R_{S_2}) - R_{S_1} = 55 - 5.5 = 49.5\ \Omega$$

$$R_{S_3} = R_S - (R_{S_1} + R_{S_2}) = 1103 - 55 = 1048\ \Omega$$

故环形分流器的分流电阻的标称值分别为：$R_{S_1} = 5.6\ \Omega$，$R_{S_2} = 51\ \Omega$，$R_{S_3} = 1000\ \Omega$。

4. 测量电阻电路的原理

万用表中测量电阻的电路，实质上是一个多量程的欧姆表。其基本电路是由直流电源 E（通常采用干电池）、限流电阻 R_d 和一只灵敏度为 I、等效内阻为 R 的直流电流表串联而成，如图 2 - 99 所示，图中 R_x 为被测电阻。

根据欧姆定律可知，流过被测电阻的电流为

$$I_x = \frac{E}{R + R_d + r + R_x} = \frac{E}{R_z + R_x} \qquad (2.52)$$

式(2.52)中，r 为直流电源的内阻，$R_z = R + R_d + r$ 为欧姆表的综合内阻，简称欧姆表内

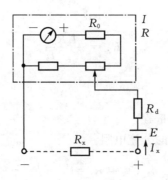

图 2-99 欧姆表基本电路

阻。由于电路是串联电路,所以流过被测电阻的电流与流过电流表的电流相等。因此,当电压 E 和限流电阻 R_d 不变时,电流表指针偏转角的大小与被测电阻 R_x 的大小是一一对应的,即电流表指针的偏转角反映了被测电阻的大小。如果将电流表的标度尺转换成电阻刻度,就可以直接测量电阻的大小了。

(1)当被测电阻 $R_x = 0$ 时,电路中总电阻最小(等于欧姆表内阻 R_z),通过电流表的电流 I_x 最大。如果选择适当的限流电阻 $R_d = \dfrac{E}{I} - R - r$,就可以使 $I_x = I$,此时电流表指针满刻度偏转,在此位置表盘刻度标出 0 Ω。

(2)当被测电阻 R_x 为某一阻值时,$I_x < I$,指针就指在小于满刻度的某一位置上。当 $R_x = R_z$ 时,$I_x = \dfrac{1}{2}I$,指针就指在刻度盘的中间位置,在此位置表盘刻度标出与 R_z 相同的阻值。

(3)当被测电阻 $R_x = \infty$(即两表笔断开)时,$I_x = 0$,指针不动,停在左边起始位置上,在此表盘刻度标出∞Ω,表示被测电阻阻值为无穷大(即开路)。

从以上对欧姆表的分析可以看出,欧姆表的标度尺为反向刻度,与电流表、电压表的标度尺的刻度方向恰好相反,其零值在刻度盘的最右端,最大值在刻度盘的最左端。

欧姆标度尺的刻度是不均匀的(左端密集)。我们知道电流表的指针偏转角与流过电流表的电流 I_x 成正比,而 $I_x = \dfrac{E}{R_z + R_x}$,显然指针偏转角与被测电阻 R_x 不成比例。当被测电阻 $R_x = R_z$ 时,$I_x = \dfrac{1}{2}I$,指针指在中央,即满刻度的 1/2 处,此时标度尺的刻度值为 R_z 的阻值,称为中值(中心阻值);当 $R_x = 2R_z$ 时,$I_x = \dfrac{1}{3}I$,指针指在满刻度的 1/3 处;当 $R_x = 3R_z$ 时,$I_x = \dfrac{1}{4}I$,指针指在满刻度的 1/4 处;以此类推,当 $R_x = nR_z$ 时,$I_x = \dfrac{1}{n+1}I$,指针指在满刻度的 $\dfrac{1}{n+1}$ 处。

从刻度分布不均匀性的分析中可以看出,欧姆表的测量范围看起来是无限的,但其有效量程却是有限的,一般在(0.1～10)倍中值范围内。如果超过这个有效量程,就难以读数,测量的准确度就大大降低。在测量较大或较小的电阻时,则需要改变欧姆表的有效量程。因为欧姆表的中值就是欧姆表的内阻,所以改变欧姆表的内阻,就可以改变欧姆表的有效量程而成为一只具有多个中值的多量程欧姆表。例如,原欧姆表的内阻为 12 Ω,若内阻增大 10 倍,即增至 120 Ω,而指针仍偏转到刻度盘的中央,中值就变成 120 Ω,此时仪表的有效量程也就扩大了 10 倍。

另一方面,在改变欧姆表内阻的同时,还必须使 $R_x = R_z$ 时指针仍指在中央,或 $R_x = 0$ 时指针仍指在 0 Ω 处,即表头电流等于其满刻度电流这个条件。

实用中的多量程欧姆表在电路结构上,通常都采取了两种措施:一是用串、并联电路改变内阻;二是在改变内阻的同时,相应地改变电源电压。此外,为了便于读数,各挡共用一条标度尺。欧姆表的有效量程都是按 10、100、1000、10000 倍的倍率扩大的,它们的中值电阻彼此之间也是十进位。标度尺上的中值是"$R \times 1$"挡的中心阻值标数,其他各挡的中值电阻与表盘中心标度阻值的关系是:某挡的中值电阻=表盘中心标度阻值×该挡倍率。测量电阻时,只需将指针指示的数值乘以该挡的倍率($\times 1$,$\times 10$,$\times 1k$,$\times 10k$)即可得到被测电阻的数值。

技能实训 8　万用表的装配

1. 实训目的

(1)了解万用表的组成结构、电路原理。

(2)熟练万用表装配工艺,完成万用表整体装配。

(3)学会万用表的故障分析与排除。

(4)培养严谨科学的态度、实际操作的能力。

2. 实训所需器材

(1)ZH-12 型通用电学实验台。

(2)手工焊接工具:1 套/人。

(3)万用表散件套装:1 套/人。

(4)检测工具。

3. 实验内容与步骤

1)印刷电路板的焊接

(1)清点材料。一套万用表中配套材料很多,大致可分为四类:电气元件、电气材料、塑料配件和标准件。认识这些元件和配件,了解它们的性能和作用是必需的。

①查看材料配套清单,按材料清单清点所有元器件和材料,并检查外观是否完好。

②检查表头内阻和灵敏度是否符合要求;检查表头是否有机械方面的故障,轻轻晃动表头,看表针能否自由摆动;用一字形螺钉旋具调节表头的机械调零螺钉,看表针能否在零位附近跟随转动。

③检查电路板,看是否有断裂、少线和短路等问题存在。

(2)元器件参数的检测与标注。用万用表检测各元器件参数是否在规定的范围内:测量电阻值,判断二极管、电解电容器的极性。元器件检测后进行标注:将胶带轻轻贴在纸上,把元器件插入、贴牢,并写上元器件规格型号值,然后用胶带贴紧以便备用。

(3)元器件的插放。将弯制成型的元器件对照图样插放到印刷电路板上。注意:一定不能插错位置;二极管、电解电容器要注意极性;电阻插放时要求相同方向的色环顺序应一致。

(4)元器件焊接。

①对照图样插放元器件,并检查每个元器件插放是否正确、整齐,二极管、电解电容器极性

是否正确,电阻读数的方向是否一致,全部合格后方可进行元器件的焊接。

②对焊接完后的元器件,要求排列整齐、高度一致。焊接时按元器件高度由低到高依次焊接,最后焊接体积较大的元器件。

③焊接时要注意电刷轨道上不能粘上锡,否则会严重影响电刷的运转。为了防止电刷轨道粘锡,可用一张圆形厚纸垫在印刷电路板上,如图2-100所示。

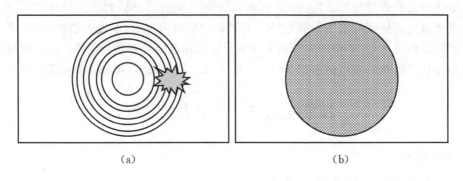

(a)　　　　　　　　　　　　　　(b)

图2-100　电刷轨道的保护

2)万用表的组装

(1)晶体管插座的安装。晶体管插座装在印刷电路板覆铜面。在覆铜面左上角有6个椭圆的焊盘,中间有两个小孔,用于晶体管插座的定位,将其放入小孔中检查是否合适。往插座内插入6条插片,将露出部分向两边扳成直角,与印刷电路板上对应的6个焊盘对齐并焊接。

(2)表笔插座的安装。表笔插座从覆铜面一侧插入印刷电路板中,用尖嘴钳在另一侧轻轻捏紧,将其固定,一定要注意保持垂直,然后将两个固定点焊接牢固。

(3)机械部分的安装。

①安装电刷旋钮与挡位开关。先将加上凡士林的弹簧放入电刷旋钮的小孔中(见图2-101),再用凡士林油将钢珠黏附在弹簧的上方,注意切勿丢失。将量程开关旋钮与电刷旋钮装配到一起,慢慢转动旋钮,检查电刷旋钮是否安装正确,应能听到"咔嗒、咔嗒"的定位声。

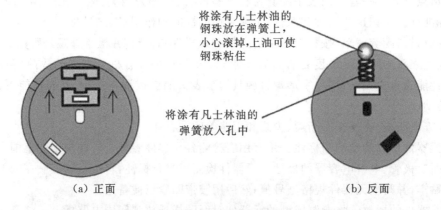

将涂有凡士林油的钢珠放在弹簧上,小心滚掉,上油可使钢珠粘住

将涂有凡士林油的弹簧放入孔中

(a) 正面　　　　　　　　　　　　(b) 反面

图2-101　弹簧、钢珠的安装

②安装电刷。将电刷安装卡槽向上,使V形电刷的缺口位于右下角,如图2-102所示。电刷四周都要卡入电刷安装槽内,用手轻按,看是否有弹性并能自动复位。

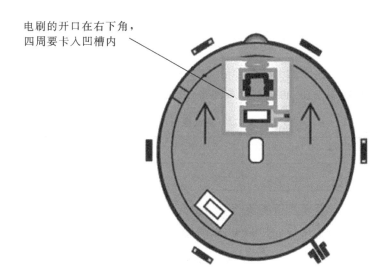

电刷的开口在右下角,
四周要卡入凹槽内

图 2-102　电刷的安装

　　(4)连接表头与印刷电路板。拆开表头正、负极导线的连接点,然后将表头正极与印刷电路板上的对应点焊接到一起。利用数字万用表校准,方法是:将数字万用表拨至 20 k 挡,红表笔接原理图中的 A 点,黑表笔接表头负极导线,调节可调电阻 R_{P_2},使数字万用表显示值为 2.5 kΩ,调好后将表头负极导线与印刷电路板上的对应点焊接到一起。

　　(5)安装印刷电路板。安装前一定要检查如图 2-103 所示的 8 个焊点,要求焊点高度不能超过 2 mm,直径不能太大,如果焊点太高会影响电刷的正常转动,甚至刮断电刷。

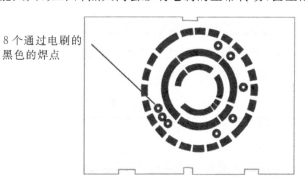

8 个通过电刷的
黑色的焊点

图 2-103　检查焊点高度

　　印刷电路板用三个固定卡固定在面板背面,固定时将其水平放在固定卡上,依次卡入即可。如果要拆下重装,依次轻轻扳动固定卡即可。

　　(6)安装后盖与电池。安装前需保证印刷电路板无漏焊、虚焊、错焊、元器件装配无误。然后将后盖与面板部分装好,拧上螺钉,注意拧螺钉时用力不可太大或太猛,以免将螺孔拧坏,最后装上电池。

　　3)万用表的调试

　　调试前需先对表头进行机械调零。将红、黑表笔分别插入"＋""－"极,量程开关旋至欧姆挡,红黑表笔靠在一起,观察指针是否转动,并进行欧姆调零。调零之后,进行电阻测量;或将量程开关旋至直流电压挡,测干电池两端的电压(注意红表笔接正极,黑表笔接负极)。如果指针反偏,一般是表头引线极性接反;如果测电压示值不准,一般是焊接有问题,应对被怀疑的焊点重新处理。

(1)检验直流电压。将量程开关旋至合适的直流电压挡,注意表笔极性,调节直流稳压电源,先用标准表测量输出电压,再用被校表测量,并记入表2-21中,进行比较。

表2-21 直流电压检验数据

标准表读数/V						
被校表读数/V						

(2)检验交流电压。将量程开关旋至合适的交流电压挡,表笔不分正、负极,调节交流电源电压,先用标准表测量输出电压,再用被校表测量,并记入表2-22中,进行比较。

表2-22 交流电压检验数据

标准表读数/V						
被校表读数/V						

(3)检验直流电流。将量程开关旋至合适的直流电流挡,注意表笔极性,调节直流电流源,先用标准表测量输出电流,再用被校表测量,并记入表2-23中,进行比较。

表2-23 直流电流检验数据

标准表读数/mA						
被校表读数/mA						

(4)测量电阻。用标准表和被校表分别测量几个中值电阻,将读数记入表2-24中,进行比较。

表2-24 电阻检验数据

标准表读数/Ω						
被校表读数/Ω						

4. 故障分析与排除

(1)万用表表头的故障分析与排除。

(2)各测量挡位的故障分析与排除。

5. 实训思考

(1)指针式万用表由哪几部分组成?各部分的作用是什么?

(2)指针式万用表内有哪几块电池?分别是给什么挡位提供电压的?电池电压不足时会产生什么后果?

(3)如何利用数字万用表和电池调试所装万用表?(以数字万用表的指示为标准值)

(4)总结本实训体会。

6. 评分

(1)操作是否符合规范(40%)。

(2)结果是否正确(30%)。

(3)分析是否正确(30%)。

项目小结

(1)电路通常由电源、负载、中间环节三部分组成,主要作用是传输和变换电能与传递和处理信号。实际电路可用由理想电器元件组成的电路模型表示。

(2)电路中的主要物理量有电流、电压、电位、电动势、电功和电功率,要了解它们的定义,掌握它们的单位。

(3)在分析电路时,必须首先标出电流、电压的参考方向,在未标出参考方向的情况下,其正、负是无意义的。在参考方向下进行电路分析计算,若求得结果为正值,表明实际方向与参考方向一致;若求得结果为负值,表明实际方向与参考方向相反。

(4)在电压、电流选取关联参考方向时,$P=UI$。当 $P=UI>0$ 时,元件吸收功率;当 $P=UI<0$ 时,元件发出功率。

(5)电阻是耗能元件,当电阻上的电压与电流取关联参考方向时,欧姆定律为 $u=Ri$,当电阻上的电压与电流取非关联参考方向时,欧姆定律为 $u=-Ri$。

(6)闭合电路中的电流为 I,与电源电动势成正比,与电路的总电阻成反比,这就是闭合电路欧姆定律,即 $I=\dfrac{E}{r+R}$。在闭合电路中,电源端电压随负载电流变化的规律 $U=E-Ir$,称为电源的外特性。电源端电压 U 会随着外电路上负载电阻 R 的改变而改变。

(7)基尔霍夫定律是电路的基本定律。基尔霍夫电流定律 $\sum I=0$,既适应于节点又可推广到闭合面;基尔霍夫电压定律 $\sum U=0$ 或 $\sum E=\sum IR$,既适应于闭合回路又可推广到开口电路,运用两定律时要注意正负号的选择。

(8)在电路计算中常用到电位的概念。电路中任意一点的电位就是该点到参考点(也称零电位点)之间的电压。确定电路中各点的电位时必须选定参考点。若参考点不同,则各点的电位就不同。在一个电路中只能选一个参考点。电路中任意两点间的电压值不随参考点的变化而变化,即与参考点无关。

(9)支路电流法是计算复杂电路的各种方法中一种最基本的方法。它通过应用基尔霍夫电流定律和电压定律分别对节点和回路列出所需要的方程组,然后解出各未知支路电流,再进一步对电路其他量进行分析。对于电阻电路的分析,运用基尔霍夫定律和欧姆定律即可满足要求。

(10)网孔电流法是以网孔电流作为电流的独立变量来分析电路的方法,适用于网孔数较少、支路较多的电路。

(11)节点电压法以节点电压为求解变量分析电路,其实质是对独立节点用 KCL 列出用节点电压表示的有关支路电流方程。节点电压法适用于支路较多、节点较少的电路。

(12)电源可用两种等效电路表示。电压源用电源电动势 E 与内阻 R_0 串联的电路模型表示;电流源用恒定电流 I_s 与内阻 R_0 并联的电路模型表示。理想电压源是内阻 $R_0=0$ 的电压源,输出恒定的电压 E,输出电流随负载而变;理想电流源是内阻 $R_0=\infty$ 的电流源,输出恒定的电流 I_s,输出电压随负载而变。在分析复杂电路时,对外电路而言实际电压源与电流源可以相互转换,转换公式为 $I_s=E/R_0$,R_0 的大小不变,只是连接位置改变而已。

(13)叠加原理适用于线性电路中的电压和电流的计算。依据叠加原理可将多个电源共同作用的复杂电路,分解为各个电源单独作用的简单电路,在各分解图中分别计算,最后代数和相加求出结果。注意电压源不作用时短路,电流源不作用时开路,而电源内阻必须保留。

(14)戴维南定理适用于求解有源二端线性网络中某一支路的电流。戴维南定理将一个有源二端线性网络等效为一个电压源,等效电压源的电动势 E' 等于有源二端网络开路时的开路电压 U_{OC},即 $E'=U_{OC}$;等效电压的内阻 R'_0 等于有源二端线性网络除去各电源(E 短路,I_s 开路)后的等效电阻。

思考与练习

2-1　电路的组成和作用是什么?

2-2　如何将实际电路化为电路模型?电路元件主要有哪些?

2-3　电源的电动势含义是什么?电动势、电压与电位的区别在哪里?

2-4　已知 $U_{AB}=10$ V,若选 A 点为参考点,求 V_B?

2-5　当参考点改变时,电路中各点的电位值将如何变化?任意两点间的电压值将如何变化?

2-6　写出图 T2-1 中 U 的表达式。

2-7　在图 T2-2 中,已知电源的电动势 $E=6$ V,$R_0=1$ Ω,负载 $R=5$ Ω,求负载两端电压 $U=$?

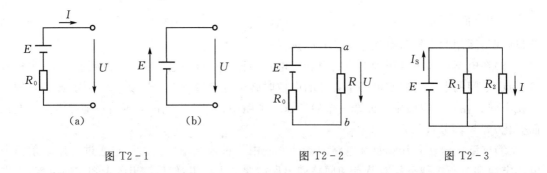

图 T2-1　　　　　　　　　图 T2-2　　　　　　　图 T2-3

2-8　在图 T2-3 中,已知电流 $I_s=3$ A,$R_1=10$ Ω,欲使 $I=2$ A,则 R_2 必须多大?

2-9　在图 T2-4 中,已知 $E=10$ V,$R_0=2$ Ω,$R=8$ Ω,试求在开关 S 闭合和断开情况下的电压 U_{ab} 和 U_{ad} 的值。

2-10　在图 T2-5 中,电源开路电压 $U_0=10$ V,接上电阻 $R=4$ Ω后,测得两端电压 $U=8$ V,求电源内阻 $R_0=$?

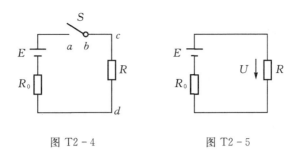

图 T2-4　　　　　　　　　　图 T2-5

2-11　有一台额定功率为 1500 W 的电热水器,使用两小时共耗电多少度?

2-12　某楼内有 100 W、220 V 的灯泡 100 只,平均每天使用 3 h,计算每月消耗多少电能(一个月按 30 天计算)?

2-13　在图 T2-6 中,已知 $U=5$ V,$I=-2$ A,判断元件是电源还是负载? 是吸收功率还是输出功率?

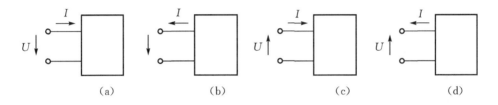

图 T2-6

2-14　已知:电源电动势 $E=6$ V,接入负载电阻 $R_L=2.9$ Ω 时,测得电流 $I_L=2$ A;再将负载电阻改变为 $R_2=5.9$ Ω 时,试求:电阻的内阻 R_0 和负载电阻为 R_2 时的电流 I_2。

2-15　识别下列色环电阻:

(1)黄 紫 棕 金;(2)橙 白 红 棕 棕;(3)棕 棕 橙 金 棕。

2-16　在直流电路中有极性的电解电容器,如何正确接入电路中?

2-17　写出图 T2-7 中 U_{ab} 的表达式,并说明原因。

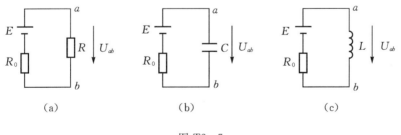

图 T2-7

2-18　在图 T2-8 中,已知 $E=8$ V,$R_1=2$ Ω,$R_2=6$ Ω,求 $U_C=?$

2-19　在图 T2-9 中,已知 $E=12$ V,$R_1=3$ Ω,$R_2=6$ Ω,求 $I_L=?$

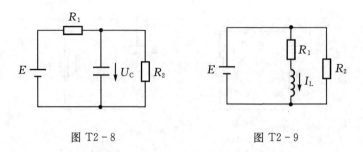

图 T2 - 8   图 T2 - 9

2 - 20   在图 T2 - 10 中,求 $I=$?

2 - 21   在图 T2 - 11 中,已知 $R_1=R_2=R_3=2\ \Omega$,$I_1=1\ A$,$I_3=-3\ A$,$E=2\ V$,求 U_{ab}、U_{ac}、U_{bc}的值。

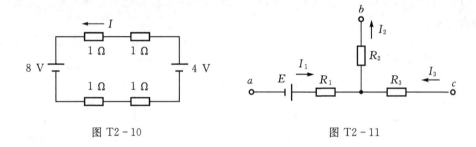

图 T2 - 10   图 T2 - 11

2 - 22   在图 T2 - 12 中,$I=$?

2 - 23   在图 T2 - 13 中,已知 $E_1=20\ V$,$E_2=10\ V$,$R_1=3\ \Omega$,$R_2=2\ \Omega$,求 $U_{ab}=$?

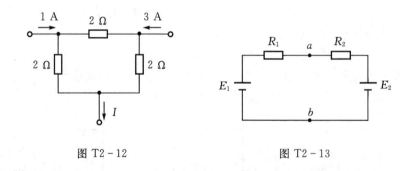

图 T2 - 12   图 T2 - 13

2 - 24   在图 T2 - 14 中,A 点的电位为多大?

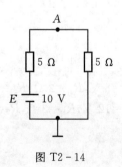

图 T2 - 14

2-25 已知 $V_A = 3V, U_{AB} = -3V$，求 $V_B = ?$

2-26 在图 T2-15 中，已知 $V_A = 3V$，求 $V_B = ?$

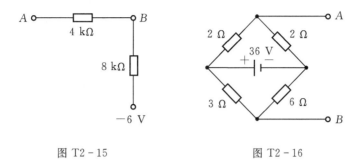

图 T2-15　　　　　　　　　图 T2-16

2-27 在图 T2-16 中，A、B 两点开路，求 $U_{AB} = ?$

2-28 在图 T2-17 中，求 A、B 两点间开路电压 $U_{AB} = ?$

2-29 有一闭合回路如图 T2-18 所示，各元件是任意的，已知 $U_{AB} = 5$ V，$U_{BC} = -4$ V，$U_{DA} = -3$ V。求 (1) $U_{CD} = ?$　(2) $U_{CA} = ?$

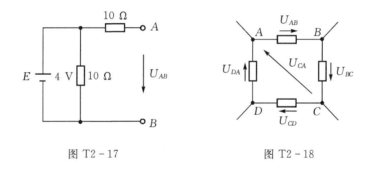

图 T2-17　　　　　　　　　图 T2-18

2-30 在图 T2-19 中，已知 $R_1 = 10$ kΩ，$R_2 = 20$ kΩ，$E_1 = E_2 = 6$ V，$U_{BE} = -0.3$ V，求 I_B，I_2，I_1 的值。

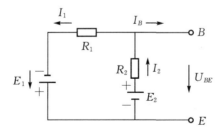

图 T2-19

2-31 将图 T2-20 中电压源化成等效的电流源，电流源化成等效的电压源。

2-32 求图 T2-21 所示电路的电流 I 和电压 U。

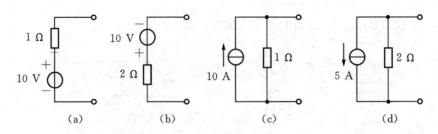

图 T2 - 20

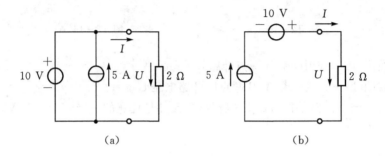

图 T2 - 21

2-33 计算图 T2-22 中的电流 I_3。

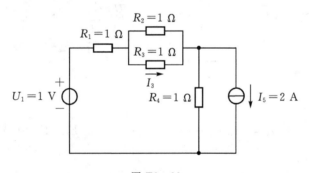

图 T2 - 22

2-34 计算图 T2-23 中的电压 U_5。

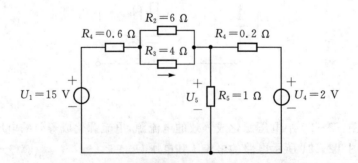

图 T2 - 23

2-35 图 T2-24 是含有电流源的电路,试列出求解各支路电流所需的方程(恒流源 I_S 所在的支路电流是已知的)。

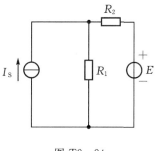

图 T2-24

2-36 试分别用支路电流法、网孔电流法及节点电压法求如图 T2-25 所示电路中的各支路电流,并求三个电源的输出功率和负载 R_L 取用的功率。

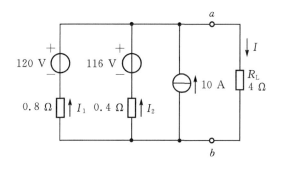

图 T2-25

2-37 试用网孔电流法对图 T2-26 所示电路列出方程组。

2-38 用节点电压法求图 T2-27 中 A 点的电位 V_A。

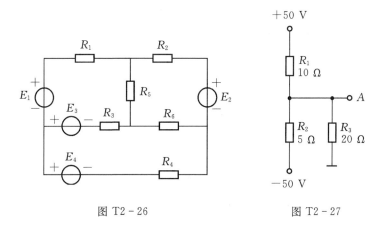

图 T2-26   图 T2-27

2-39 用叠加原理求如图 T2-28 所示电路中的电流 I。

2-40 用戴维南定理求如图 T2-29 所示电路中的电压 U。

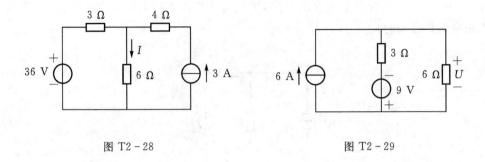

图 T2 - 28   图 T2 - 29

2 - 41 已知如图 T2 - 30 所示的电路中,当 $E=10$ V 时,$I=1$ A。若 $E=30$ V,则 I 等于多少?

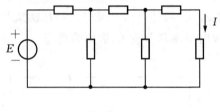

图 T2 - 30

2 - 42 电路图如图 T2 - 31(a)所示,其中,$E=12$ V,$R_1=R_2=R_3=R_4$,$U_{ab}=10$ V。若将理想电压源除去后,得到如图 T2 - 31(b)所示的电路图,试问图中 U_{ab} 等于多少?

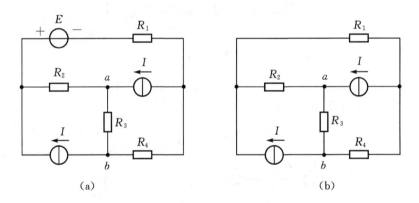

(a)   (b)

图 T2 - 31

2 - 43 如图 T2 - 32 所示的电路中,$I=1$ A,试求电动势 E。

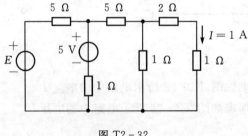

图 T2 - 32

2-44　试用戴维南定理分别将如图 T2-33(a)与图 T2-33(b)所示的电路化为等效电压源。

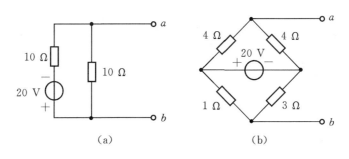

(a)　　　　　　　　(b)

图 T2-33

2-45　在图 T2-34 中,已知 $E_1 = 15$ V, $E_2 = 13$ V, $E_3 = 4$ V, $R_1 = R_2 = R_3 = R_4 = 1$ Ω, $R_5 = 10$ Ω。

当开关 S 断开时,试求电阻 R_5 上的电压 U_5 和电流 I_5;(2)当开关 S 闭合后,试用戴维南定理计算 I_5。

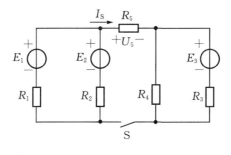

图 T2-34

项目三 照明电路的设计与安装

任务一 电工基本操作

一、常用电工工具的识别与使用

在电气设备的安装、维护和修理工作中,电工都要使用电工工具。正确地使用电工工具,既能提高工作效率和工作质量,又能减轻劳动强度,保证作业安全,同时还能延长工具的使用寿命。

1. 螺钉旋具

螺钉旋具俗称起子,通常用来坚固或拆卸带槽螺钉。它几乎是各行各业,甚至家庭都用得上的一种拧紧或拧松的工具。

1)种类

螺钉旋具按头部形状的不同可分为一字形和十字形两种,其外形如图3-1所示。

(a)一字形　　　　　　　　　　　　　(b)十字形

图3-1 螺钉旋具

(1)一字形螺钉旋具用来紧固或拆卸带一字槽的螺钉,其规格用柄部以外的体部长度表示。电工工作中常用螺钉旋具的规格有50 mm、100 mm、150 mm、200 mm等。电工必备的是50 mm和150 mm两种规格的螺钉旋具。

(2)十字形螺钉旋具是专供紧固或拆卸带十字槽的螺钉,其长度和十字头大小有多种。按十字头的规格分为四种型号:1号适用的螺钉直径为2~2.5 mm;2号适用的螺钉直径为3~5 mm;3号适用的螺钉直径为6~8 mm;4号适用的螺钉直径为10~12 mm。按握柄材料的不同又可分为木柄和塑料两种。

2)使用方法

使用螺钉旋具时一般以右手的掌心顶紧螺钉旋具柄,利用拇指、食指和中指旋动螺钉旋具柄,刀口准确插入螺钉头的凹槽中,左手扶住螺钉柱,如图3-2(a)所示。拧小螺钉时,可以用右手的食指顶紧螺钉旋具柄,用拇指、中指及无名指旋动螺钉旋具柄拧小螺钉,如图3-2(b)所示。

使用口诀:右拧紧,左拧松。

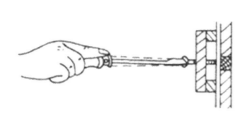
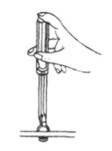

(a)大螺钉旋具的用法　　　　　(b)小螺钉旋具的用法

图 3 - 2　螺钉旋具的使用

3)使用注意点

(1)螺钉旋具的头部形状和尺寸应与螺钉尾槽的形状和大小相匹配,严禁用小螺钉旋具拧大螺钉,或用大螺钉旋具拧小螺钉。

(2)用螺钉旋具拆卸螺钉时,如果螺钉表面已产生锈蚀,应先采用除锈措施。

(3)旋紧螺钉时,若螺母松动跟着螺钉转,应用钳子或扳手夹紧螺母,使其不随螺钉旋转。

(4)由于直径 3 mm 以下的铁螺钉不易用手抓拿,以免给拧固造成一定难度。此时可先将螺钉旋具刀口在喇叭磁铁上碰一下,使之带上磁性,就可以轻易地"抓住"铁螺钉。

(5)螺钉旋具的刀口长期使用变圆后,可在磨石上修磨,切不可用砂轮机打磨,以免刀口退火失去刚性。

(6)切不可把螺钉旋具当凿子用。

(7)电工应选择带绝缘手柄的螺钉旋具,且金属杆不可直通柄顶。使用前先检查绝缘性能是否良好,否则使用时容易造成触电事故。

近些年来市场上出现了多种样式的螺钉旋具,如自动螺钉旋具、电动螺钉旋具、气动螺钉旋具、无感螺钉旋具、组合式螺钉旋具等,给电工工作带来了很大的方便。

2. 钢丝钳

钢丝钳俗称克丝钳、老虎钳,是电工工作中使用最频繁的工具。钢丝钳常用来夹持或弯折薄片、细圆柱形金属零件以及切断金属导线。

1)规格与结构

钢丝钳有铁柄和绝缘柄两种。绝缘柄钢丝钳为电工用钢丝钳,常用的规格有 150 mm、175 mm、200 mm、250 mm 等多种,可根据内线或外线工种的需要选择。电工钢丝钳由钳头和钳柄两部分组成。钳头包括钳口、齿口、刀口、铡口四部分,其外形和结构如图 3 - 3 所示。其中钳口可用来钳夹或弯绞导线线头,齿口可用来紧固或拧松螺母和螺杆,刀口可用来剪切导线或剖切软电线的橡皮或塑料绝缘层,铡口可用来切断钢丝、铁丝等硬金属线材,它们的用途如图 3 - 4 所示。

2)使用方法

使用钢丝钳时,应用右手操作,将钳口朝向内侧,便于控制钳切部位,小指伸在两钳柄中间用来抵住钳柄、张开钳头,这样可以灵活分合钳柄。即虎口顶紧上钳柄,小指一顶下钳柄钳口就开;食指、中指、无名指抓紧,钳口就合拢。

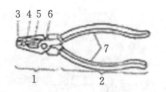

1—钳头；2—钳柄；3—钳口；4—齿口；
5—刀口；6—铡口；7—绝缘套

图 3-3　钢丝钳的外形和结构图

(a)弯绞导线　　(b)紧固螺母　　(c)剪切导线　　(d)铡切钢丝

图 3-4　钢丝钳的用途

3)使用注意点

(1)使用前,必须检查钳柄绝缘套是否良好,以免在带电作业中发生触电事故。

(2)用钢丝钳剪切带电导线时,必须单根进行,以免造成短路事故,烧坏钳子的刀口。

(3)切莫把钳子当锤子使用,以免钳头变形。钳头的轴销应经常加机油润滑,保证其开合灵活。

3. 剥线钳

剥线钳是用来剥离 6 mm² 以下小直径导线绝缘层的专用工具,适用于塑料、橡胶绝缘电线和电缆芯线的绝缘层剥离。

1)结构

剥线钳的外形如图 3-5 所示,由钳口和钳柄两部分组成。钳口分有 0.5~3 mm 的多个大小不同的压线口和刀口,分别用于不同规格芯线的剥削。其手柄是绝缘的,耐压等级为 500 V。

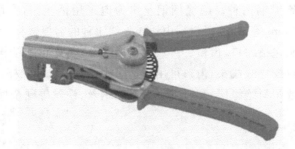

图 3-5　剥线钳

2)使用方法

使用剥线钳剥线时,只需将待剥皮的线头置于钳头的刀口中,用手将两钳柄收紧,然后松开,绝缘层便与芯线脱开。

3)使用注意点

(1)使用时应使切口与被剥削导线的芯线直径相匹配,切口过大难以剥离绝缘层,切口过小会切断芯线。

(2)剥离多芯导线时,应先剪齐导线头,以免多股芯线缠结在线头处,影响剥离效果。

(3)若所剥的绝缘层较长,应分多段剥离。因为若一次剥离太长,可能会因为芯线与绝缘层间的摩擦力太大而影响剥离效果。

4. 尖嘴钳

尖嘴钳因其钳头尖细而被称之为"尖嘴钳",适用于狭小工作空间的操作,其外形如图3-6所示。尖嘴钳也有铁柄和绝缘柄两种,绝缘柄的耐压等级为 500 V。

图 3-6　尖嘴钳

尖嘴钳的用途如下:

(1)带有刀口的尖嘴钳能剪断细小金属丝或导线等。

(2)尖嘴钳能夹持较小的螺钉、垫圈、导线等。

(3)在装接控制线路时,尖嘴钳能将单股导线弯成所需的各种形状。

5. 斜口钳

斜口钳又称断线钳、斜嘴钳、偏口钳,其头部扁斜。电工用斜口钳的钳柄采用绝缘柄,其外形如图3-7所示,其耐压等级为1000 V。

图 3-7　斜口钳

斜口钳钳头较短,只有刀口,主要用来剪断较粗的金属丝、线材、电线、电缆等。

随着电气技术的发展,电工工具也与时俱进,新型钳子层出不穷,有迷你弯嘴钳、迷你斜嘴钳、平嘴钳、多用尖嘴钳、钢缆钳、电缆钳、鲤鱼钳、多用斜口钳、多用尖嘴钳等,使用时可根据用途进行选择。

6. 电工刀

电工刀是用来剥离大直径导线绝缘层、切割木台缺口、削制木榫的专用工具。它是电工维修或安装电气设备的必备工具。

1)结构

普通电工刀的外形如图 3-8 所示,它由刀片、刀刃、刀把、刀挂构成。

图 3-8　电工刀

2)使用方法

使用电工刀剖削单芯护套线塑料导线绝缘层时,应将刀口朝外。使刀片略微翘起一些,用刀刃圆角抵住芯线,根据所需长度以 45°角斜切入塑料绝缘层,然后使刀面与芯线保持 25°角左右,用力向线端推削(不可切入芯线),削去上面一层塑料绝缘层,将下面塑料绝缘层向后扳翻,最后用电工刀齐根切去。剥离塑料双芯(或三芯)护套线绝缘层时,可以用刀刃按所需长度对准两芯线的中间部位,把导线一剖为二,然后再剥除线头上的绝缘层。使用电工刀切割木台、削制木榫或竹榫时,通常用左手托住待切割物,右手持刀切削。

3)使用注意点

(1)不得传递刀身未折进刀柄的电工刀,以免伤手。

(2)电工刀刀柄无绝缘保护,不能用于带电作业,以免发生触电事故。

(3)剥离塑料多芯线护套时,刀面应垂直于芯线之间,且用力不宜太猛。

(4)电工刀用完后,随时将刀身折进刀柄。

(5)常见的电工刀还有不同类型的多功能电工刀,除了刀片外,还带有锯子、锥子、扩孔锥等。还有的多功能电工刀带有尺子、锯子、剪子以及开瓶扳子等。总之,多功能电工刀给电工工作带来了许多方便。

7. 扳手

扳手是用于螺纹连接的一种手动工具,有很多种类和规格。常用的是活扳手,又称活扳头或活络扳手,是用来紧固和松动有角螺母或螺钉的一种专用工具。

1)结构和规格

活扳手由头部和柄部组成,头部由活络扳唇、呆扳唇、扳口、蜗轮和轴销等组成,其外形和结构如图 3-9(a)、(b)所示。规格用长度×最大开口宽度(单位:mm)来表示。电工工作中常用的规格有 150 mm×19 mm(6 in)、200 mm×24 mm(8 in)、250 mm×30 mm(10 in)和 300 mm×36 mm(12 in)四种。

2)使用方法

使用活扳手时,应右手握手柄。扳动大螺母时,手应握在靠近柄尾处,如图如图 3-9(c)所示,手越靠手柄末端,扳动起来越省劲;扳动小螺母时,手应握在手柄前端,如图 3-9(d)所示,可用大拇指随时调节蜗轮,收紧活络唇,防止打滑或损坏螺杆。

操作口诀:顺时针拧紧,逆时针旋出。

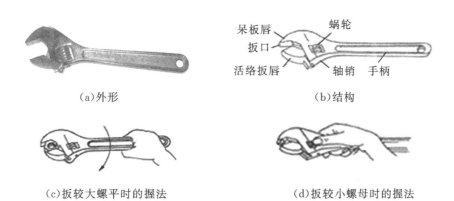

（a）外形　　　　　　　　　　　　　　　（b）结构

（c）扳较大螺平时的握法　　　　　　　　（d）扳较小螺母时的握法

图 3-9　扳手

3）使用注意点

（1）拧紧螺母时，呆扳唇在上，活板唇在下；拧松螺母时，呆扳唇在下，活扳唇在上。

（2）扳动小螺母时，手应该靠近呆板唇，用大拇指不断地转动蜗轮，以适应螺母的大小。

（3）活动扳手不可反用，以免损坏活动扳唇；也不可用钢管接长手柄来施加较大的扳拧力矩。

（4）活动扳手不得当做撬棍和手锤使用。

其他常用扳手有呆扳手、梅花扳手、两用扳手、套筒扳手和内六角扳手等。

8. 验电器

验电器是用来测试电线、开关等电气装置的导电部分（或外壳）是否带电的工具。根据所测电压的高低分为低压验电器和高压验电器。这里我们只介绍低压验电器。

低压验电器又称试电笔，是用来检测电压范围为 50~500 V 的电气设备是否带电的一种常用工具。低压验电器有钢笔式、旋具式和组合式多种，如图 3-10 所示为钢笔式和螺钉旋具式两种。

1）结构

低压验电器结构如图 3-10(a)所示，由笔尖、降压电阻、氖管、弹簧、笔尾金属体等部分组成。

笔尖　降压电阻　氖管　弹簧　笔尾金属体

（a）钢笔式　　　　　　　　　　　　　（b）螺钉旋具式

图 3-10　低压验电器

2）使用方法

使用低压验电器时，必须按照如图 3-11 所示的握法操作。使用钢笔式验电器时用手握住笔身，手指必须接触笔尾的金属体，如图 3-11(a)所示；使用螺钉旋具验电笔时食指必须接触验电笔顶部的金属螺钉，使氖管小窗背光朝向自己，如图 3-11(b)所示。

3）使用注意点

（1）使用前，先在有电的导体上检查电笔是否正常发光，验证电笔的可靠性。

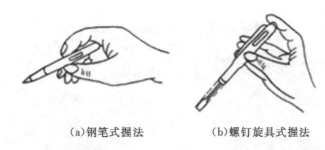

(a)钢笔式握法　　　(b)螺钉旋具式握法

图 3-11　低压验电器的握法

(2)使用时,一般用右手握住低压验电器,此时人体的任何部位切勿触及周围的金属带电物体。

(3)在明亮的光线下往往不容易看清氖管的辉光,应注意避光。

(4)旋具式验电笔不能当作螺丝刀使用,否则会损坏验电笔。

(5)验电笔不能受潮,不能随意拆装或使之受到严重振动。

技能实训 1　常用电工工具的识别与使用

1. 实训目的

(1)会识别常用的电工工具,并了解它们的基本结构。

(2)合理使用和维护常用电工工具。

2. 实训所需器材

(1)ZH-12 型通用电学实验台。

(2)一字形螺钉旋具、十字形螺钉旋具、钢丝钳、尖嘴钳、电工刀、扳手、低压验电器等。

3. 实验内容与步骤

1)识别各种常用电工工具的名称、作用

结合各种电工工具的外形特点,指出各工具对应的名称,并简要说明其作用。

2)电工工具的使用

(1)用低压验电器检测实训室电源三芯插座的插孔电压情况。

①打开实训室电源开关,用手握住低压验电器尾部的金属部分,将低压验电器的尖端探入其相线端插孔中,观察低压验电器的氖管是否发光,再分别探入另两个插孔中,观察氖管发光情况。

②断开实训室电源开关,再分别测试各插孔中电压情况。

(2)用螺丝刀在木板上拧装平口、十字口自攻螺钉各 5 只。

①将自攻螺钉放到钻好的孔上,并压入约 1/4 长度。

②用与螺钉槽口一致的螺丝刀,将刀口压紧螺钉槽口,然后顺时针旋动螺丝刀,将螺钉的约 5/6 长度旋入木板中,注意不要旋歪。

(3)钢丝钳、尖嘴钳。

①用钢丝钳或尖嘴钳的钳口将旋入木板中的螺钉端部夹持住,再逆时针方向旋出螺钉。

②用钢丝钳或尖嘴钳的刀口将多芯软导线、单芯硬导线分别剪断为 5 段。

③用尖嘴钳将单股导线的端头剥除绝缘层,再将端头弯成一定圆弧的接线端(线鼻子)。

(4)将钢丝钳剪断的5段多芯软导线用剥线钳进行端头绝缘层去除,注意剥线钳的孔径选择要与导线的线径相符。

注意:使用各种电工工具时,应注意操作中相关知识的记忆和操作的规范性,确保人身和设备的安全。

4. 分析思考

(1)试分析低压验电器的工作原理。

(2)试用低压验电器分别测试交流和直流电,观察有什么区别? 能否用低压验电器区别直流电的正负极?

5. 评分

(1)操作是否符合规范(40%)。

(2)结果是否正确(30%)。

(3)分析是否正确(30%)。

二、导线的连接

敷设线路时,常常需要在分接支路的接合处或导线长度不够的地方连接导线,这个连接处通常称为接头。导线的连接方法很多,有绞接、焊接、压接和螺栓连接等,不同的连接方法适用于不同的导线及不同的工作地点。因此,导线的连接是电气安装中一道非常重要的工序,必须按照标准和规程操作。

1. 剥离线头绝缘层

要进行导线连接,就必须去除线头的绝缘层。导线线头的连接处,要具有良好的导电性能,较小的接触电阻,否则通电后连接处就会发热。因此,要彻底清除线头绝缘层,使线头与线头之间有良好的电接触。导线线头绝缘层的剥削是导线加工的第一步,为以后导线的连接做准备。因此电工必须学会用电工刀、钢丝钳或剥线钳来剥削绝缘层。塑料软线绝缘层只能用钢丝钳或剥线钳剥削;橡皮线绝缘层必须用电工刀剥削。绝缘层的剥削长度一般在50～150 mm之间,截面小的剥短些,截面大的剥长些。剥削时尽量不要损伤芯线,若损伤较大应重新剥削。

1)塑料硬线绝缘层的剥削

(1)用钢丝钳剥削塑料硬线的绝缘层。对于芯线截面为4 mm² 及以下的塑料硬线,一般用钢丝钳进行剥削。剥削时,用左手捏住导线,根据接线端所需长度用钢丝钳刀口轻轻切破绝缘层,但不可切伤芯线,然后用左手拉紧导线,右手握住钢丝钳头部用力向外勒去塑料层,如图3-12所示。为保证剥削出的线芯完整无损,应注意在用钢丝钳勒去塑料层时,不可在刀口处加剪切力。

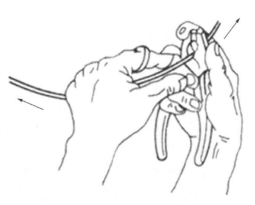

图3-12 用钢丝钳剥削塑料硬线的绝缘层

(2)用电工刀剥削塑料硬线的绝缘层。对于芯线面积大于4 mm² 的塑料硬线,可用电工刀来剖削绝缘层。剖削时,首先根据所需的长度用电工刀以 45°角倾斜切入塑料绝缘层,如图 3 - 13(a)所示;然后使刀面与导线保持 25°角左右,用力向线端推削,如图 3 - 13(b)所示;最后将余下的线头绝缘层向后扳翻,剥离芯线,再用电工刀切齐,如图 3 - 13(c)所示。

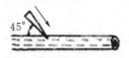  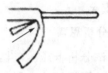

(a)刀口以 45°角切入　　　　(b)刀口以 25°角削去绝缘层　　　　(c)翻下剩余绝缘层

图 3 - 13　用电工刀剖削塑料硬线的绝缘层

2)塑料软线绝缘层的剖削

塑料软线绝缘层只能用剥线钳或钢丝钳剖削,不可用电工刀剖削,因塑料软线太软,芯线又由多股铜丝组成,用电工刀很容易伤及芯线。剖削方法与用钢丝钳剖削塑料硬线绝缘层的方法相同。

3)塑料护套线绝缘层的剖削

塑料护套线绝缘层分为外层的公共护套层和内部每根芯线的绝缘层。公共护套层一般用电工刀剖削,先按线头所需长度,将刀尖对准两股芯线的中缝划开护套层,如图 3 - 14(a)所示,并将护套层向后扳翻,然后用电工刀齐根切去,如图 3 - 14(b)所示。切去护套层后,露出的每根芯线绝缘层可用钢丝钳或电工刀按照剖削塑料硬线绝缘层的方法分别除去。钢丝钳或电工刀在切入时切口应离护套层 5～10 mm。

 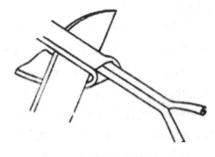

(a)划开护套层　　　　　　　　　　　(b)切去护套层

图 3 - 14　塑料护套线的剖削

剖削过程中应注意,在划开护套层时,刀尖不可偏离芯线缝隙处,否则可能会划伤芯线。

2. 导线的连接

当导线长度不够或需要分接支路时,就要将导线与导线连接起来。导线连接点是故障发生率最高的部位,电气设备和线路能否安全可靠地运行,很大程度上取决于导线连接的质量。导线连接的基本要求是:接触紧密,接头电阻要小;接头的机械强度应不小于该导线机械强度的 80%;接头处应耐腐蚀;接头处的绝缘强度与该导线的绝缘强度相同。

常见的导线按芯线股数不同,有单股、7 股和 19 股等多种规格,其连接方法也各不相同,这里主要介绍单股与 7 股铜芯导线的连接方法。

1)单股铜芯导线的直接连接

(1)去除两根导线线头的绝缘层,清除线芯表面的氧化层后呈 X 形相交,互相绞绕 2～3

圈,如图 3-15(a)所示。

(2)扳直两线头,如图 3-15(b)所示。

(3)将每根线头在芯线上紧贴并密绕 6 圈,用钢丝钳剪去多余的线头,并钳平芯线末端及切口毛刺,如图 3-15(c)所示。

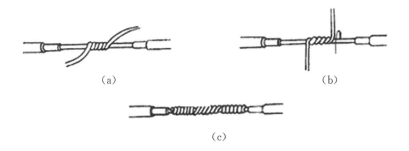

图 3-15　单股铜芯导线的直接连接

2)单股铜芯导线的 T 字分支连接

(1)将剖削好的支路芯线的线头与干线芯线十字相交,使支路芯线根部留出 3~5 mm 裸线,如图 3-16(a)所示。

(2)将支路芯线按顺时针方向紧贴干线芯线密绕 6~8 圈,用钢丝钳切去余下芯线,并钳平芯线末端及切口毛刺,如图 3-16(b)所示。

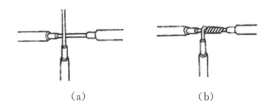

图 3-16　单股铜芯导线的 T 字分支连接

3)7 股铜芯导线的直接连接

(1)先将除去绝缘层及氧化层的两根线头分别散开并拉直,在靠近绝缘层的 1/3 芯线处将该段芯线绞紧,把余下的 2/3 线头分散成伞状,逐根拉直,如图 3-17(a)所示。

(2)把两个分散成伞状的线头隔根对插,必须相对插到底,如图 3-17(b)所示。

(3)捏平插入后的两侧所有芯线,并理直每股芯线和使每股芯线的间隔均匀;同时用钢丝钳钳紧插口处以消除空隙,如图 3-17(c)所示。

(4)先在一端把邻近两股芯线在距插口中线约 3 根单股芯线直径宽度处折起,并形成 90°角,如图 3-17(d)所示。

(5)接着把这两股芯线按顺时针方向紧缠 2 圈后,再折回 90°并平卧在折起前的轴线位置上,如图 3-17(e)所示。

(6)接着把处于紧挨平卧前邻近的 2 根芯线折成 90°,并按步骤(5)方法加工,如图 3-17(f)所示。

(7)把余下的 3 根芯线按步骤(5)方法缠绕至第 2 圈时,把前 4 根芯线在根部分别切断,并钳平,如图 3-17(g)所示;接着把 3 根芯线缠足 3 圈,然后剪去余端,钳平切口不留毛刺,如图 3-17(h)所示。

(8)另一侧按步骤(4)~(7)方法进行加工,即完成了 7 股导线的直接连接。

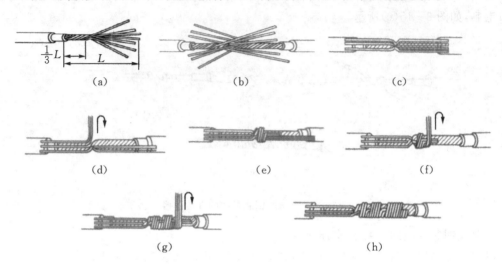

图 3-17　7 股铜芯导线的直接连接

4)7 股铜芯线的 T 字分支连接

(1)剖削干线和支线绝缘层,清理氧化层。

(2)把分支芯线散开钳直,在距绝缘层 1/8 线头处将芯线绞紧,把余下部分的芯线分成两组,一组 4 股,另一组 3 股,并排齐。

(3)用螺钉旋具把干路芯线撬分成两组,把支路芯线中 4 股的一组插入干线的两组芯线中间,3 股芯线的一组放在干路芯线的前面,如图 3-18(a)所示。

(4)把 3 股芯线的一组往干线一边按顺时针方向紧密缠绕 3~4 圈,剪去多余线头,钳平线端,如图 3-18(b)所示。

(5)把 4 股线芯的一组按逆时针方向往干线的另一边缠绕 4~5 圈,剪去多余线头,钳平线端,如图 3-18(c)所示。即完成 7 股导线的 T 字分支连接。

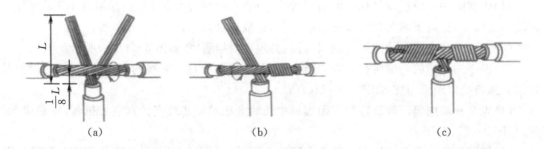

图 3-18　7 股铜芯导线的 T 字分支连接

5)铜芯导线连接的注意事项

(1)连接方法随芯线的股数不同而不同。

（2）对于直线连接和 T 字分支连接,线头的处理不同。

（3）连接过程中芯线线头要抽紧,缠绕须紧密。

（4）多余芯线要剪去,切口毛刺须钳平。

（5）多股导线在连接时须分组,直线连接和 T 字分支连接的线头分组走向不同。

3. 导线与接线柱的连接

导线与用电器或电气设备之间常用接线柱连接。导线与接线柱的连接,要求接触面紧密,接触电阻小,连接牢固。常用的接线柱有针孔式、螺钉平压式和瓦形式三种。

1）线头与针孔式接线柱的连接

端子板、某些熔断器、电工仪表等的接线部位多是利用针孔附有压接螺钉压住线头完成连接的。线路容量小,可用一只螺钉压接;若线路容量较大,或接头要求较高时,应用两只螺钉压接。

（1）单股芯线与接线柱连接时,最好按要求的长度将线头折成双股并排插入针孔,使压接螺钉顶紧双股芯线的中间。如果线头较粗,双股插不进针孔,也可直接用单股,但芯线在插入针孔前,应稍微朝着针孔上方弯曲,以防压紧螺钉稍松时线头脱出。连接方法如图 3-19 所示。

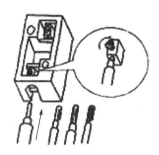

图 3-19 单股芯线在针孔式接线头上接线的连接方法

（2）在针孔接线柱上连接多股芯线时,应该用钢丝钳将多股芯线进一步绞紧,以保证压紧螺钉顶压时不致松散。注意针孔和线头的大小应尽可能配合,如图 3-20(a)所示。如果针孔过大可选一根直径大小相宜的铝导线做绑扎线,在已绞紧的线头上紧密缠绕一层,使线头大小与针孔合适后再进行压接,如图 3-20(b)所示。如线头过大,插不进针孔时,可将线头散开,适量减去中间几股。通常 7 股可剪去 1~2 股,19 股可剪去 1~7 股,然后将线头绞紧,进行压接,如图 3-20(c)所示。

(a)针孔合适的连接　　(b)针孔过大时线头的处理　　(c)针孔过小时线头的处理

图 3-20 多股芯线与针孔式接线柱连接

无论是单股或多股芯线的线头,在插入针孔时,一是注意插到底;二是不得使绝缘层进入针孔,针孔外的裸线头的长度也不得超过 3 mm。

2)线头与螺钉平压式接线柱的连接

平压式接线柱是利用半圆头、圆柱头或六角头螺钉加垫圈将线头压紧,完成导线的连接,对载流量小的单股芯线,先将线头弯成接线圈,再用螺钉压接。其操作步骤如下:

(1)在离绝缘层根部的 3 mm 处向外侧折角,如图 3-21(a)所示。

(2)以略大于螺钉直径的曲率弯曲成圆弧,如图 3-21(b)所示。

(3)剪去芯线余端,如图 3-21(c)所示。

(4)修整成圆圈,如图 3-21(d)所示。

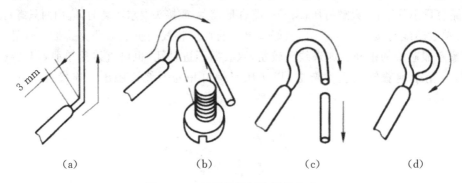

| (a) | (b) | (c) | (d) |

图 3-21　单股芯线压接圈的弯法

对于横截面积不超过 10 mm² 、股数为 7 股及以下的多股芯线,应按如图 3-22 所示的步骤制作压接圈。对于载流量较大、横截面积超过 10 mm² 、股数多于 7 股的导线端头,应安装接线耳。

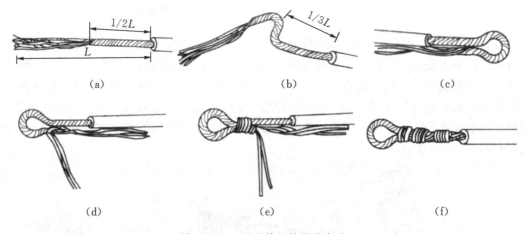

图 3-22　7 股芯线压接圈的弯法

软线线头的连接也可用平压式接线柱。其工艺要求与上述多股芯线的压接相同。

3)线头与瓦形接线柱的连接

瓦形接线柱的垫圈为瓦形,压接时为了不致使线头从瓦形接线柱内滑出,压接前应先将已去除氧化层和污物的线头弯曲成 U 形,如图 3-23(a)所示,再卡入瓦形接线柱压接。如果在接线柱上有两个线头连接,应将弯成 U 形的两个接头反方向重叠,再卡入接线柱瓦形垫圈下方压紧,如图 3-23(b)所示。

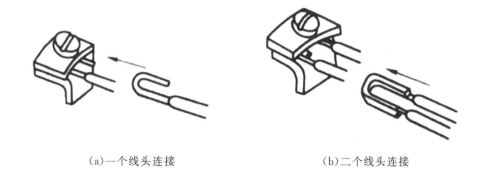

（a）一个线头连接　　　　　　　　　　（b）二个线头连接

图 3-23　单股芯线与瓦形接线柱的连接

4. 导线的封端

安装好的配线最终要与电气设备相连,为了保证导线线头与电气设备接触良好并具有较强的机械性能,对于多股铝线和截面大于 2.5 mm² 的多股铜线,都必须在导线终端焊接或压接一个接线端子,再与设备相连。这种工艺过程称为导线的封端。

（1）铜导线的封端。

①锡焊法。锡焊前,先将导线表面和接线端子孔用砂布擦干净,涂上一层无酸焊锡膏,将芯线搪上一层锡,然后把接线端子放在喷灯火焰上加热,当接线端子烧热后,把焊锡熔化在端子孔内,并将搪好锡的芯线慢慢插入,待焊锡完全渗透到芯线缝隙中后,即可停止加热。

②压接法。将表面清洁且已加工好的线头直接插入内表面已清洁的接线端子线孔,用压接钳压接。

（2）铝导线的封端。

铝导线一般用压接法封端。压接前,剥掉导线端部的绝缘层,其长度为接线端子孔的深度加上 5 mm,除掉导线表面和端子孔内壁的氧化膜,涂上中性凡士林,再将芯线插入接线端子内,用压接钳进行压接。当铝导线出线端与设备铜端子连接时,由于存在电化腐蚀问题,因此应采用预制好的铜铝过渡接线端子。

5. 导线绝缘层的恢复

导线绝缘层破损或导线连接后都要恢复绝缘,恢复后的绝缘强度不应低于原有的绝缘层。恢复绝缘层的材料一般用黄蜡带、涤纶薄膜带、塑料带和黑胶带等。黄蜡带或黑胶带带宽通常为 20 mm。

1）绝缘带的包缠方法

（1）将黄蜡带（或涤纶带）从导线左边完整绝缘层上开始包缠两根带宽（约 40 mm）,如图 3-24(a)所示。缠绕时采用斜叠法,黄蜡带与导线保持约 55°的倾斜角,每圈压叠带宽的 1/2,如图 3-24(b)所示。

（2）包缠一层黄蜡带后,将黑胶带接于黄蜡带的尾端,以同样的斜叠法按另一方向包缠一层黑胶带,如图 3-24(c)和(d)所示。

2）注意事项

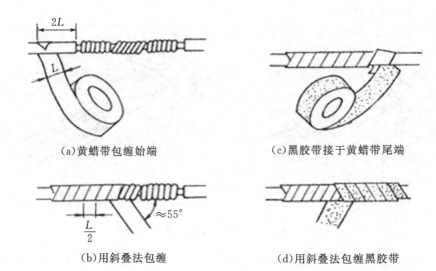

(a)黄蜡带包缠始端   (c)黑胶带接于黄蜡带尾端

(b)用斜叠法包缠   (d)用斜叠法包缠黑胶带

图3-24　绝缘带的包缠

(1)在380 V线路上恢复导线绝缘层时,必须先包扎1～2层黄蜡带,然后再包1层黑胶带。

(2)在220 V线路上恢复导线绝缘层时,先包扎1层黄蜡带,然后再包1层黑胶带,或者只包2层黑胶带。

(3)绝缘带包扎时,各包层之间应紧密相接,不能稀疏,更不能露出芯线。

(4)存放绝缘带时,不可放在温度很高的地方,也不可被油类物质浸染。

技能实训2　常用导线的连接

1. 实训目的

掌握导线的剖削、连接以及绝缘层的恢复。

2. 实训所需器材

钢丝钳、尖嘴钳、电工刀、剥线钳、1 mm² 单股塑料铜芯导线、1.5 mm² 铜芯护套线、7 股塑料铜芯线、绝缘带、黑胶带、熔断器和瓷接头。

3. 实验内容与步骤

(1)导线绝缘层的剖削,并将有关数据记录于表3-1中。

①用剥线钳剖削1 mm² 单股塑料铜芯导线的绝缘层。

②用电工刀剖削1.5 mm² 铜芯护套线的绝缘层。

表3-1　导线绝缘层的剖削

导线种类	导线规格	剖削长度	剖削工艺要点
1 mm² 单股塑料铜芯导线			
1.5 mm² 铜芯护套线			

(2)导线的连接,并将有关数据记录于表3-2中。

①单股塑料铜芯导线的直接连接和 T 形连接。

②7 股塑料铜芯线的直接连接和 T 形连接。

表 3 - 2　导线连接的记录

导线种类	导线规格	连接方式	线头长度	绞合圈数	密缠长度	线头连接工艺要求
单股芯线		直接连接				
单股芯线		T 形连接				
7 股芯线		直接连接				
7 股芯线		T 形连接				

（3）导线绝缘层的恢复。在连接完工的线头上用符合要求的绝缘材料包缠绝缘层，并将包缠情况记录于表 3 - 3 中。

表 3 - 3　线头绝缘层包缠

线路工作电压	所用绝缘材料	各自包缠层数	包缠工艺要求
380 V			
220 V			

4. 分析思考

（1）查阅资料，学习如何进行电缆的连接。

（2）7 股铜芯线的直接连接时为什么要钳平切口毛刺？

5. 评分

（1）操作是否符合规范（40%）。

（2）结果是否正确（30%）。

（3）分析是否正确（30%）。

任务二　认识正弦交流电

一、正弦交流电基本概念

前面已介绍了直流电路。直流电路的电压和电流的大小和方向都不随时间变化，但实际生产中广泛应用的是一种大小和方向随时间按一定规律周期性变化且在一个周期内的平均值为零的周期电流或电压，叫做交变电流或电压，简称交流。如果电路中电流或电压随时间按正弦规律变化，叫做正弦交流电，由此构成的电路称为正弦交流电路。本项目中我们所说的交流电，一般指正弦交流电。

正弦量的特征表现在变化的快慢、数值的大小及时间的先后三个方面，它们分别由频率（或周期）、幅值（或有效值）和初相来确定。所以正弦量的三要素指的就是频率、幅值和初相。

1. 周期、频率和角频率

描述正弦量变化快慢的量有周期、频率和角频率。

正弦量变化一周所需时间为周期，用 T 表示，单位为 s（秒）。正弦量在 1 s 内变化的周期

数称为频率,用 f 表示,单位为 Hz(赫兹),两者关系是

$$f = 1/T \qquad (3.1)$$

正弦交流电变化一个周期相当于正弦函数变化 2π 弧度,所以正弦量变化的快慢也可用角频率 ω 表示,它指的是正弦量在 1 s 内经过的弧度数,故

$$\omega = 2\pi/T = 2\pi f \qquad (3.2)$$

角频率的单位是 rad/s(弧度每秒)。式(3.2)表明了 ω、T、f 三者之间的关系。三个量中只要知道一个,即可求出其他两个量。

我国大陆和世界上一些国家采用 50 Hz 作为电力标准频率,又称为工频,而有些国家或地区(如美国、欧洲、日本、我国香港等)采用 60 Hz。除了工频以外,在各种不同的技术领域中使用着各种不同的频率,如机械工中用的高频加热设备的频率为 $200\sim300$ kHz,有线通信的频率为 $300\sim5000$ Hz,无线电通信的频率为 $30\sim30000$ MHz 等。

2. 瞬时值、最大值和有效值

描述正弦量"大小"的量有瞬时值、最大值和有效值。

正弦量的函数表达式为

$$i = I_m \sin(\omega t + \varphi) \qquad (3.3)$$

式(3.3)中,i 描述的是任一瞬间的电流值,称为瞬时值,用小写字母 i 表示;交流电流瞬时值中的最大数值 I_m 称为最大值,以大写字母 I 带下标 m 表示;电压、电动势也同理,u 和 e 为瞬时值,U_m 和 E_m 为最大值。

瞬时值或最大值只是一个特定瞬间的数值,不能用来计量正弦交流电的大小。工程上用交流电的有效值来计量它的大小,有效值的概念是由电流的热效应定义的。因为在电工技术中,电流常表现出热效应。不论是直流电还是周期性变化的电流,只要它们在相同的时间内通过同一个电阻而两者的热效应相等,就把它们的电流看作是相等的。也就是说,有一交流电流与某一直流电流在相同的时间内(一般取一个周期的时间)通过一个同样大小的电阻时,产生的热量相等,就把这个直流电的数值定义为交流电的有效值。根据这一定义有

$$\int_0^T Ri^2 \, \mathrm{d}t = RI^2 T \qquad (3.4)$$

由此可得出交流电流的有效值为

$$I = \sqrt{\frac{1}{T} \int_0^T i^2 \, \mathrm{d}t} \qquad (3.5)$$

式(3.5)适用于任何周期性变化的量。当周期电流为正弦量时,即 $i = I_m \sin\omega t$,则

$$I = \sqrt{\frac{1}{T} \int_0^T I_m^2 \sin^2\omega t \, \mathrm{d}t}$$

因为

$$\int_0^T \sin^2\omega t \, \mathrm{d}t = \int_0^T \frac{1-\cos 2\omega t}{2} \mathrm{d}t = \frac{1}{2} \int_0^T \mathrm{d}t - \frac{1}{2} \int_0^T \cos 2\omega t \, \mathrm{d}t = \frac{T}{2} - 0 = \frac{T}{2}$$

所以

$$I = \sqrt{\frac{1}{T} I_m^2 \frac{T}{2}} = \frac{I_m}{\sqrt{2}} \qquad (3.6)$$

同理,可以定义并得到正弦交流电压与电动势的有效值与最大值之间的关系为

$$U = \sqrt{\frac{1}{T}\int_0^T u^2 \mathrm{d}t} = \frac{U_\mathrm{m}}{\sqrt{2}} \tag{3.7}$$

$$E = \sqrt{\frac{1}{T}\int_0^T e^2 \mathrm{d}t} = \frac{E_\mathrm{m}}{\sqrt{2}} \tag{3.8}$$

交流电的有效值用大写字母 I、U、E 表示。通常人们说交流电的电动势、电压、电流的大小均指有效值。交流电气设备铭牌上所标的额定值以及交流仪表所指的数值也均为有效值。

3. 相位、初相和相位差

描述正弦量在时间轴上"先后"的量有相位、初相和相位差。

交流电是随时间一直在变化的,在不同的时刻 t 具有不同的 $(\omega t + \varphi)$ 值,对应的就得到交流电不同的瞬时值。$(\omega t + \varphi)$ 称为交流电的相位或相位角,它代表了交流电的变化进程。把 $t = 0$ 这一时刻的相位角称为初相位角,简称初相,即式中的 φ,它反映了对一个正弦量所取的计时起点。

两个同频率正弦量

$$i_1 = I_{1\mathrm{m}}\sin(\omega t + \varphi_1)$$

$$i_2 = I_{2\mathrm{m}}\sin(\omega t + \varphi_2)$$

可知它们的相位分别为 $\omega t + \varphi_1$、$\omega t + \varphi_2$,则相位差 $\Delta\varphi = (\omega t + \varphi_1) - (\omega t + \varphi_2) = \varphi_1 - \varphi_2$,即它们的初相之差。

当 $\varphi_1 = \varphi_2$ 时,称为 i_1 与 i_2 同相;当 $\varphi_1 - \varphi_2 = \pm 180°$ 时,称为 i_1 与 i_2 反相;当 $\varphi_1 - \varphi_2 = \pm 90°$ 时,称为 i_1 与 i_2 正交。其波形如图 3-25 所示。

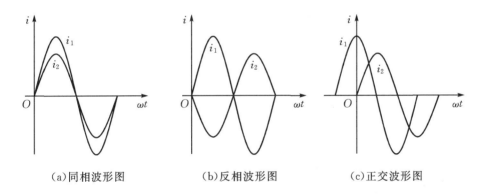

（a）同相波形图　　　　　　（b）反相波形图　　　　　　（c）正交波形图

图 3-25　交流电的同相、反相和正交波形图

两个正弦量的初相不等,相位差就不为零。例如:$\Delta\varphi = \varphi_1 - \varphi_2 = 60°$,我们就称 i_1 比 i_2 超前 $60°$(或称 i_2 比 i_1 滞后 $60°$)。超前的时间为 $\dfrac{\Delta\varphi}{\omega} = \dfrac{60°}{\omega} = \dfrac{1}{6}T$。应当注意,当两个同频率正弦量的计时起点改变时,它们的初相跟着改变,初始值也改变,但是两者的相位差保持不变,即相位差与计时起点的选择无关。习惯上,规定相位差的绝对值不超过 π。上述 i_1 与 i_2 的波形如图 3-26 所示,计时起点不同,初相位不同。

这里必须指出:只有两个同频率的正弦量,相位差才有意义。

【例 3-1】 某正弦电压的有效值 $U = 220\ \mathrm{V}$,初相 $\varphi_u = 30°$;某正弦电流的有效值 $I = $

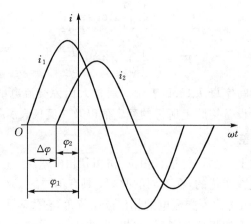

图 3-26 i_1 与 i_2 的波形及相位差

10 A，初相 $\varphi_i = -60°$。它们的频率均为 50 Hz。试分别写出电压和电流的瞬时值表达式，并求出电压 u 和电流 i 在 $t = 1/300$ s 时的瞬时值。

【解】　电压的最大值为

$$U_m = \sqrt{2}U = \sqrt{2} \times 220 = 310 \text{ V}$$

电流的最大值为

$$I_m = \sqrt{2}I = \sqrt{2} \times 10 = 14.1 \text{ A}$$

电压的瞬时值表达为

$$u = U_m \sin(\omega t + \varphi_u) = 310\sin(2\pi f t + \varphi_u) = 310\sin(314t + 30°) \text{ V}$$

电流的瞬时值表达式为

$$i = I_m \sin(\omega t + \varphi_i) = 14.1\sin(314t - 60°) \text{ A}$$

当 $t = 1/300$ s 时

$$u = 310\sin(2\pi \times 50t + 30°) = 310\sin(2\pi \times 50 \times 1/300 + 30°) = 310\sin 90° = 310 \text{ V}$$

$$i = 14.1\sin(2\pi \times 50 \times 1/300 - 60°) = 14.1\sin 0° = 0$$

计算表明，在 $t = 1/300$ s 时，电压 u 达到最大值，而电流 i 达到零点。

二、正弦量的表示方法

一个正弦量可以用解析式法、波形图法、相量图法、复数表示法等来表示。

1. 解析式法

用解析式（瞬时值表达式）表示正弦量的方法称为解析式表示法。如正弦交流电动势、电压、电流的解析式一般表示为

$$e = E_m \sin(\omega t + \varphi_e) = \sqrt{2}E\sin(\omega t + \varphi_e)$$

$$u = U_m \sin(\omega t + \varphi_u) = \sqrt{2}I\sin(\omega t + \varphi_u)$$

$$i = I_m \sin(\omega t + \varphi_i) = \sqrt{2}I\sin(\omega t + \varphi_i)$$

可见，在解析式中体现出了正弦量的三要素。

2. 波形图法

利用波形图可以直观地表达出交流电的最大值、周期和初相,形象地描绘出它的变化规律。

3. 相量图法

解析式法和波形图法虽然能明确地表达正弦量的三要素及瞬时值随时间的变化,但是,用这两种方法进行正弦量的运算十分不便,于是又引入了相量图表示法。所谓相量图表示法,就是用一个在直角坐标系中绕原点旋转的矢量来表示正弦量的方法。为了与一般的空间矢量(力、速度等)相区别,我们把表示正弦量的这一矢量称为相量,最大值相量用 $\dot{U}_\mathrm{m}$、$\dot{I}_\mathrm{m}$、$\dot{E}_\mathrm{m}$ 表示,有效值相量用 $\dot{U}$、$\dot{I}$、$\dot{E}$ 表示。

相量图的绘制方法:先画出原点和水平轴,再从原点出发画一条带箭头的线段来表示电动势、电压或电流相量的有效值或最大值,此线段与水平方向的夹角即为该相量的初相位 φ。若初相位为正,则此线段从水平轴开始绕原点逆时针旋转 φ;否则,顺时针旋转 $|\varphi|$。

当有几个同频率正弦量共同存在时,可以先画出各自对应的相量图,再利用平行四边形法则进行加减运算。

学习相量图法时要注意以下几个问题。

(1)相量是表示正弦量的复数,在正弦量的大写字母上方加圆点"·"表示。也就是说只有正弦周期量才能用相量表示,非正弦量不能用相量表示。

(2)只有同频率的正弦量才能画在同一相量图上,不同频率的正弦量不能画在一个相量图上,否则就无法比较和计算。

(3)画相量图时,相同单位的相量应按相同的比例尺寸来画。

4. 复数表示法

1)复数的形式

(1)代数形式。复数的一般形式为 $A = a + \mathrm{j}b$。式中 $\mathrm{j} = \sqrt{-1}$ 称为虚数单位,a 称为复数 A 的实部,b 为复数 A 的虚部。复数 $A = a + \mathrm{j}b$ 可以用复平面上的点 $A(a,b)$ 表示,也可用相量 **OA** 表示,如图 3-27 所示。相量 **OA** 的长度 r 称为复数 A 的模,相量与实轴的夹角 φ 称为复数 A 的辐角。由图 3-27 可知,$a = r\cos\varphi$,$b = r\sin\varphi$,$r = \sqrt{a^2 + b^2}$,$\varphi = \arctan\dfrac{b}{a}$。

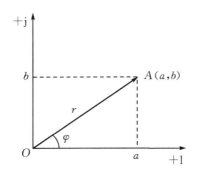

图 3-27 复数的相量表示

(2)三角式。由图 3-27 可以写出

$$A = r(\cos\varphi + \mathrm{j}sin\varphi)$$

(3)指数形式。利用欧拉公式 $e^{\mathrm{j}\varphi} = \cos\varphi + \mathrm{j}sin\varphi$ 可以把复数 A 的三角形式变换为指数形式,即

$$A = re^{j\varphi}$$

(4)极坐标形式。在电工中还常把复数写成极坐标形式为 $A = r\angle\varphi$。

2)复数的运算

(1)复数的加、减法运算。一般采用复数的代数形式进行。运算时直接把复数的实部与实部相加减,虚部与虚部相加减。例如,设

$$A_1 = a_1 + \mathrm{j}b_1, A_2 = a_2 + \mathrm{j}b_2$$

则它们的和(差)

$$A = A_1 \pm A_2 = (a_1 + \mathrm{j}b_1) \pm (a_2 + \mathrm{j}b_2) = (a_1 \pm a_2) + \mathrm{j}(b_1 \pm b_2)$$

(2)复数的乘、除法运算。一般采用复数的指数形式或极坐标形式进行。

乘法:两个复数乘积的模等于它们的模的乘积,两个复数乘积的辐角等于它们的辐角的和;除法:两个复数商的模等于它们模的商,两个复数商的辐角等于两个复数辐角的差。例如,设

$$A_1 = r_1\angle\varphi_1, A_2 = r_2\angle\varphi_2$$

则它们的积 $\qquad A = A_1 \times A_2 = r_1 \times r_2\angle(\varphi_1 + \varphi_2)$

它们的商 $\qquad A = \dfrac{A_1}{A_2} = \dfrac{r_1}{r_2}\angle(\varphi_1 - \varphi_2)$

3)常用的复数

(1) $e^{\mathrm{j}\varphi} = 1\angle\varphi$。该复数是一个模等于 1 而辐角为 φ 的复数。任意复数 A 乘以 $e^{\mathrm{j}\varphi}$ 的结果,等于把复数 A 在复平面上逆时针旋转一个角度 φ,而 A 的模不变,所以 $e^{\mathrm{j}\varphi}$ 称为旋转因子。

(2) $+\mathrm{j} = e^{\mathrm{j}90°} = 1\angle90°$。该复数是一个模等于 1 而辐角为 90° 的旋转因子。任意复数 A 乘以 $+\mathrm{j}$ 的结果,等于把复数 A 在复平面上逆时针旋转 90°,而 A 的模不变。

(3) $-\mathrm{j} = e^{-\mathrm{j}90°} = 1\angle-90°$。该复数是一个模等于 1 而辐角为 $-90°$ 的旋转因子。任意复数 A 乘以 $-\mathrm{j}$ 的结果,等于把复数 A 在复平面上顺时针旋转 90°,而 A 的模不变。

4)复平面上相量图的表示方法

设正弦交流电动势、电压和电流解析式分别为

$$e = \sqrt{2}E\sin(\omega t + \varphi_e)$$

$$u = \sqrt{2}U\sin(\omega t + \varphi_u)$$

$$i = \sqrt{2}I\sin(\omega t + \varphi_i)$$

则它们的相量分别为

$$\dot{E} = Ee^{\mathrm{j}\varphi_e} = E\angle\varphi_e = E\cos\varphi_e + \mathrm{j}E\sin\varphi_e$$

$$\dot{U} = Ue^{\mathrm{j}\varphi_u} = U\angle\varphi_u = U\cos\varphi_u + \mathrm{j}U\sin\varphi_u$$

$$\dot{I} = Ie^{\mathrm{j}\varphi_i} = I\angle\varphi_i = I\cos\varphi_i + \mathrm{j}I\sin\varphi_i$$

相量可以在复平面上表示,作图时根据正弦量的初相和有效值画出。如图 3-28 所示为正弦交流电流的相量图,相量的模(长度)表示交流电流的有效值,相量与实轴正方向的夹角表示交流电流的初相。

综上所述,正弦量的计算常采用两种形式:一是相量图表示法,用平行四边行法则求合成

相量；二是复数表示法，用复数运算法则进行计算。

【例 3 - 2】　已知同频率的正弦电流和电压的解析式分别为 $i = 10\sin(\omega t + 45°)$ A，$u = 5\sqrt{2}\sin(\omega t - 60°)$ V，试写出电流和电压的相量 $\dot{I}$、$\dot{U}$，并绘出相量图。

【解】　由解析式可得

$$\dot{I} = \frac{10}{\sqrt{2}} \angle 45° = 5\sqrt{2} \angle 45° \text{ A}$$

$$\dot{U} = \frac{5\sqrt{2}}{\sqrt{2}} \angle -60° = 5 \angle -60° \text{ V}$$

其相量图如图 3 - 29 所示。

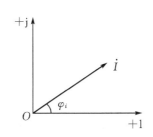

图 3 - 28　正弦交流电流的相量图　　　　图 3 - 29　例 3 - 2 相量图

【例 3 - 3】　已知图 3 - 30(a)所示电路中，$i_1 = 8\sqrt{2}\sin(\omega t + 60°)$ A，$i_2 = 6\sqrt{2}\sin(\omega t - 30°)$ A，试求总电流 i 的有效值及瞬时值表达式。

【解】　先将正弦电流 i_1 和 i_2 用有效值相量来表示，分别为

$$\dot{I}_1 = 8 \angle 60° \text{ A}$$

$$\dot{I}_2 = 6 \angle -30° \text{ A}$$

(1)用相量图求解。

画出电流 i_1 和 i_2 的相量 $\dot{I}_1$ 和 $\dot{I}_2$，如图 3 - 30(b)所示，然后用平行四边形法则求出总电流 i 的相量 $\dot{I}$。由于 $\dot{I}_1$ 和 $\dot{I}_2$ 的夹角为 $90°$，故

$$I = \sqrt{I_1^2 + I_2^2} = \sqrt{8^2 + 6^2} = 10 \text{ A}$$

这就是总电流 i 的有效值。相量 $\dot{I}$ 与实轴的夹角 φ 就是 i 的初相角，即

$$\varphi = \arctan \frac{8}{6} - 30° = 23.1°$$

所以总电流的瞬时表达式为

$$i = 10\sqrt{2}\sin(\omega t + 23.1°) \text{ A}$$

(2)用复数运算求解。

因两相量之和为

$$\dot{I} = \dot{I}_1 + \dot{I}_2 = 8 \angle 60° + 6 \angle -30° = 4 + j6.90 + 5.18 - j3$$

$$= 9.18 + j3.90 = 10 \angle 23.1° \text{ A}$$

故总电流的有效值为 10 A,初相角为 23.1°。

计算表明,$I_1 = 8$ A,$I_2 = 6$ A,而 $I = 10$ A,显然 $I \neq I_1 + I_2$。这是因为同频率正弦量相加时,除了要考虑它们的数值外,还要考虑相位问题,这是与直流的不同之处。

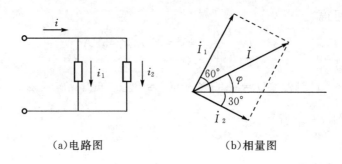

(a)电路图   (b)相量图

图 3-30   例 3-3 电路及相量图

三、示波器的使用

双踪示波器是一种能同时直接显示两个电压信号变化规律的电子测量仪器。利用它不仅能观察被测信号的变化过程,还可以测量信号的电参数,如幅值、频率、相位差等。双踪示波器的品种很多,我们以 MOS-620CH 型双踪示波器为例,来简要介绍该示波器主要旋钮及开关的功能,并说明双踪示波器的使用方法。MOS-620CH 型双踪示波器面板如图 3-31 所示。

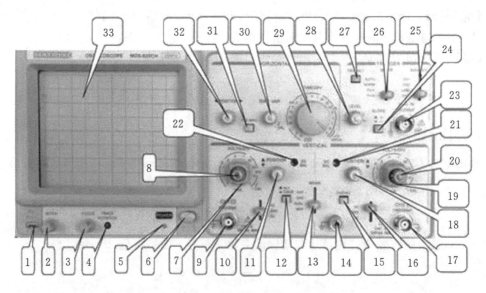

图 3-31 MOS-620CH 型双踪示波器面板

1. 面板功能

1)示波管操作部分与电源系统

2——INTEN(亮度旋钮)。调节轨迹(或光点)的亮度。

3——FOCUS(聚焦旋钮)。调节轨迹(或光点)的粗细(或大小)。

4——TRACE ROTATION（轨迹旋转）。为半固定电位器的可调端，用来调整水平轨迹与刻度线平行。

6——POWER（电源开关）。接通或关闭电源，当此开关接通时，发光二极管指示灯 5 发亮。

33——荧光屏。荧光屏是示波管的显示部分。屏上有水平方向和垂直方向的刻度线，水平方向指示时间，垂直方向指示电压。水平方向分为 10 格，垂直方向分为 8 格，每格又分为 5 份。根据被测信号在屏幕上占的格数乘以适当比例常数（TIME/DIV 或 VOLTS/DIV），就能得出所测波形的时间值或电压值。

2）水平轴操作部分

32——POSITION（水平位移旋钮）。调节轨迹在荧光屏上的水平位置。

31——×10 MAG（扫描扩展开关）。按下时扫描速度扩展 10 倍。

30——SWP VAR（水平微调旋钮）。微调水平扫描时间，使扫描时间校正到与面板上 TIME/DIV 指示值一致。逆时针旋转到底为校正位置。

29——TIME/DIV（水平扫描速度开关）。从 $0.2~\mu s$/DIV 到 $0.5~s$/DIV，扫描速度共分 20 挡。开关的指示值代表信号在水平方向移动一个格的时间值。例如在 $1~\mu s$/DIV 挡，光点在屏上移动一格代表时间值 $1~\mu s$。当设定在 X—Y 位置时，该仪器可作为 X—Y 示波器，CH1 为水平轴，CH2 为垂直轴。

3）触发操作部分

23——TRIG IN（外触发输入端）。用于外部触发信号。当使用该功能时，开关 25 应设置在 EXT 的位置上。

24——SLOPE（极性开关）。触发信号的极性选择。"＋"上升沿触发，"－"下降沿触发。

25——SOURCE（触发源选择开关）。有 CH1（通道 1）、CH2（通道 2）、LINE（交流电源）和 EXT（外部触发信号）四个位置。CH1：当垂直方式选择开关 13 设定在 DUAL 或 ADD 状态时，选择通道 1 作为内部触发信号源。CH2：当垂直方式选择开关 13 设定在 DUAL 或 ADD 状态时，选择通道 2 作为内部触发信号源。LINE：选择交流电源作为触发信号。EXT：选择外部信号作为触发信号源，外部信号由 23 输入。

26——TRIGGER MODE（触发方式选择开关）。选择触发方式。有 AUTO（自动）、NORM（常态）、TV－V（电视场）和 TV－H（电视行）四个位置，一般选择自动 AUTO 位置即可。

27——TRIG. ALT。当垂直方式选择开关 13 设定在 DUAL 或 ADD 状态，而且触发源开关 25 选在通道 1 或通道 2 上，按下开关 27 时，它会交替选择通道 1 和通道 2 作为内触发信号源。

28——LEVEL（触发电平旋钮）。显示一个同步稳定的波形，并设定一个波形的起始点。向"＋"旋转触发电平向上移，向"－"旋转触发电平向下移。

4）垂直轴操作部分

7 和 19——VOLTS/DIV（Y 轴分度值开关）。从 $5~mV$/DIV～$5~V$/DIV 共分 10 挡，可按被测信号的幅度选择最适当的挡位，以便观测。该波段开关指示的值代表荧光屏上垂直方向一格的电压值。例如开关置于 $1~V$/DIV 挡时，如果屏幕上信号移动一格，则代表输入信号电压变化 $1~V$。

8 和 20——垂直微调旋钮。微调灵敏度大于或等于 $1/2.5$ 标示值，在校正位置时，灵敏度校正为标示值。

9——CH1(通道 1 输入端)。在 X—Y 模式下,作为 X 轴输入端。

17——CH2(通道 2 输入端)。在 X—Y 模式下,作为 Y 轴输入端。

10 和 16——AC—GND—DC(耦合方式选择开关)。选择垂直轴输入信号的输入方式。AC:交流耦合;GND:垂直放大器的输入接地,输入信号被断开;DC:直流耦合。

11 和 18——POSITION(垂直位移旋钮)。调节光迹在荧光屏上的垂直位置。

12——ALT/CHOP(交替/断续开关)。在双踪显示时,放开此键(ALT),表示通道 1 与通道 2 交替显示(通常用在扫描速度较快的情况下);当按下此键(CHOP)时,通道 1 与通道 2 同时断续显示(通常用于扫描速度较慢的情况下)。

13——VERTICAL MODE(垂直方式开关)。选择 CH1 与 CH2 放大器的工作模式。CH1:通道 1 单独显示;CH2:通道 2 单独显示;DUAL:两个通道同时显示;ADD:显示两个通道的代数和 CH1+CH2;按下 CH2 INV(开关 15)按钮,为代数差 CH1-CH2。

15——CH2 INV(通道 2 信号反向开关)。当按下此键时,通道 2 的信号以及通道 2 的触发信号同时反向。

21 和 22——DC BAL(CH1 和 CH2 通道直流平衡调节旋钮)。用于衰减器的平衡调试。

5)其他

1——CAL(校准信号输出端)。提供幅度为 $2V_{pp}$ 频率 1 kHz 的方波信号,用于校正 10∶1 探头的补偿电容器和检测示波器垂直与水平的偏转因数。

14——GND(接地端)。示波器机箱的接地端子。

2. 测量前准备工作

以使用 CH1 通道测量交流信号为例,测量前需要准备的工作内容如下:

(1)打开示波器,通电预热 15 min。

(2)将触发方式开关置于 AUTO,触发源开关置于 LINE,垂直方式开关置于 CH1,耦合方式选择开关置于 GND。

(3)调节亮度、聚焦、水平位移、CH1 通道垂直位移等旋钮,使屏幕中央显示一条亮度适中、聚焦良好的扫描基线(水平亮线)。

(4)将耦合方式选择开关置于 AC,并把示波器探头插入 CH1 通道输入端。

(5)将探头探针连接至示波器校准信号输出端,根据屏幕显示波形校准示波器。

3. 基本测量方法

调节垂直位移旋钮,使扫描基线与水平刻度线重合,以便读数。接入被测信号,根据被测信号调节 VOLTS/DIV 旋钮和 TIME/DIV 旋钮,并将对应的微调置于校准位置,使屏幕显示的波形大小适中且稳定。

1)信号幅值测量

读出波形在垂直方向距离水平刻度线的格数,乘以 VOLTS/DIV 旋钮的指示数值,得到被测信号的幅值。若用 10∶1 探头时,读数应再乘以 10。

2)信号周期测量

读出波形每个周期在水平方向所占格数,乘以 TIME/DIV 旋钮的指示数值,得到被测信号的周期。信号周期的倒数即为频率。

4. 示波器的使用注意事项

(1)示波器正常使用温度为 0~40 ℃,要注意防震和防尘。

(2)示波器使用之前要先预热,并用标准信号进行校准。

(3)光点亮度要适中,但不要长期停留在一点,以防损伤屏幕。

(4)输入电压不能超过最大允许输入电压值。

(5)如果短时间不使用示波器,可将亮度调到最小。

技能实训 3　用示波器观测正弦交流电并读数

1. 实训目的

熟悉和掌握示波器的使用方法。

2. 实训所需器材

(1)ZH-12 型通用电学实验台。

(2)示波器。

3. 实验内容与步骤

1)观测"3 V、1 kHz"正弦交流电压的波形、幅度与周期

(1)接通 ZH-12 型通用电学实验台上低频信号发生器电源,选择正弦波输出,调节输出正弦交流信号的频率和幅值分别为 1 kHz、3 V。

(2)接通示波器电源,调整示波器扫描光迹。将耦合选择开关置于 GND 位置,调整扫描光迹,使其显示屏中心处出现一条稳定的亮线。

(3)校正。将峰-峰值为 0.5 V、频率为 1 kHz 的方波信号通过 CH1 通道输入,并进行校正。

(4)输入被测信号。将信号发生器输出的正弦交流信号通过 CH1 通道输入,通过调节幅度量程选择开关与时间量程选择开关等,使被测信号波形在屏幕上显示 1~2 个周期、满屏2/3 的稳定波形。

(5)正确读数。将所测正弦交流电的峰-峰值、最大值、有效值、周期和频率填入表 3-4 中。

表 3-4　示波器测试记录表

测量项目	幅度量程 （V/div）	峰-峰 值格数	峰-峰 值（U_{P-P}）	最大 值（U_m）	有效 值（u）	时间量程 （T/div）	波形 1 个 周期格数	周期 （T）	频率 （f）
频率为 1 kHz、最大值为 3 V 的正弦交流信号									
频率为 50 Hz、最大值为 6 V 的正弦交流信号									

2)观测"6 V、50 Hz"正弦交流电压的波形、幅度与周期

(1)调节函数信号发生器,使输出的正弦交流信号的频率和幅值分别为 50 Hz、6 V。

(2)重复 1)中的(4)、(5)步骤,并把测量和计算结果填入表 3-4 中。

4. 分析思考

(1)用示波器能观察出电流的波形图吗？

(2)用示波器能测出正弦交流电的初相吗？

5. 评分

(1)操作是否符合规范(40%)。

(2)结果是否正确(30%)。

(3)分析是否正确(30%)。

四、分析单一参数正弦交流电

1. 纯电阻电路

如果电路中只有电阻起主导作用,而电感和电容的影响可以忽略不计,则此电路叫做纯电阻电路。如白炽灯、电烙铁、电阻器等负载接入交流电路时,可视为纯电阻电路。

1)电压与电流的关系

将一电阻接到交流电源上,当 u 与 i 的参考方向选取一致时,如图 $3-32(a)$ 所示,电阻元件上电压与电流的关系由欧姆定律 $u = iR$ 来确定。此式表明,纯电阻的基本性质是电流瞬时值与电阻两端电压的瞬时值成正比。为了分析方便起见,选择电流经过零值并将向正值增加的瞬间作为计时起点($t = 0$),即设 $i = I_m \sin\omega t$ 为参考正弦量,则

$$u = iR = I_m R\sin\omega t = U_m \sin\omega t \tag{3.9}$$

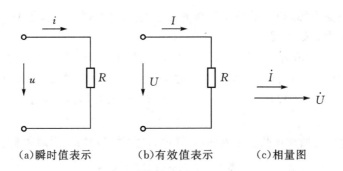

(a)瞬时值表示　　　　(b)有效值表示　　　　(c)相量图

图 $3-32$　纯电阻电路

比较式 $i = I_m \sin\omega t$ 与 $u = U_m \sin\omega t$ 即可看出,在纯电阻元件的交流电路中,电流和电压是同频率和同相的正弦量。

在式(3.9)中

$$U_m = I_m R \quad 或 \quad \frac{U_m}{I_m} = \frac{U}{I} = R \tag{3.10}$$

式(3.10)表明电阻两端电压有效值 U 和流过电阻的电流有效值 I 的关系也是符合欧姆定律的,如图 $3-32(b)$ 所示。

在电阻负载电路中电压与电流是同频率、同相位的两个正弦量,因此可以得出两者的关系式为

$$\dot{U} = \dot{I}R \tag{3.11}$$

两者的相量图如图 3-32(c)所示。式(3.11)是电阻电路中欧姆定律的相量形式。它既表达了电压与电流有效值之间的关系式(3.10),又反映了两者在相位上是同相的。

2)纯电阻电路的功率

电阻元件在任一瞬时所吸收的功率称为瞬时功率,用 p 表示。它等于该瞬时的电压 u 和电流 i 的乘积。电阻电路所吸收的瞬时功率为

$$p = ui = U_m \sin\omega t \times I_m \sin\omega t = \sqrt{2}U \times \sqrt{2}I \sin^2\omega t$$
$$= UI(1 - \cos2\omega t) = UI - UI\cos2\omega t \tag{3.12}$$

由此可见,电阻从电源吸取的瞬时功率是由两部分组成的,第一部分是常数 UI ,第二部分是幅值为 UI 、并以 2ω 的角频率随时间变化的交变量 $UI\cos2\omega t$ 。p 的变化曲线如图 3-33 所示。从功率曲线可以看出,电阻所吸收的功率在任一瞬时总是大于零的。这一事实说明电阻是耗能元件。

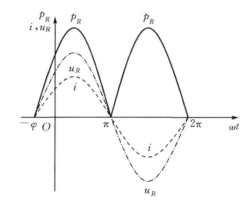

图 3-33 纯电阻电路电流、电压及功率波形图

瞬时功率无实用意义,通常所说的功率是指一个周期内电路所消耗(吸取)功率的平均值,称为平均功率或有功功率,简称功率,用 P 表示。

$$P = \frac{1}{T}\int_0^T UI(1 - \cos2\omega t)\mathrm{d}t = UI = I^2R = \frac{U^2}{R} \tag{3.13}$$

式(3.13)说明,正弦交流电路中电阻所消耗的功率与直流电路中电阻所消耗的功率有相似的公式,但要注意,式 $UI = I^2R = \dfrac{U^2}{R}$ 中的 U 与 I 是正弦电压与正弦电流的有效值。平时所讲的 40 W 灯泡、25 W 电烙铁等都是指有功功率。

综上所述,电阻电路中的电压与电流的关系可用相量形式的欧姆定律 $\dot{U} = \dot{I}R$ 来表示,电阻消耗的功率与直流电路有相似的公式,即 $P = UI = I^2R = U^2/R$ 。

【例 3-4】 已知某电阻两端的交流电压为 $U_R = 220$ V ,初相位为 $30°$,其阻值为 $R = 50$ Ω ,求通过该电阻的电流 I 和其消耗的功率 P ,并写出其电压和电流的相量形式。

【解】
$$I = \frac{U_R}{R} = \frac{220}{50} = 4.4 \text{ A}$$

$$P = \frac{U_R^2}{R} = \frac{220^2}{50} = 968 \text{ W}$$

电压的相量形式为

$$\dot{U}_R = 220\angle 30° \text{ V}$$

电流的相量形式为

$$\dot{I}_R = 4.4\angle 30° \text{ A}$$

2. 纯电感电路

纯电感是指阻值为零的电感线圈,通常把电阻很小(可忽略)的电感线圈近似看作纯电感,例如变压器线圈和收音机的天线线圈等。由正弦交流电源和纯电感组成的交流电路称为纯电感电路。

1)电压与电流的关系

如图3-34(a)所示为一纯电感电路。假设给电感 L 两端加上交变电压 u_L,则在线圈中产生感应电动势。根据电磁感应定律,感应电动势为

$$e_L = -L\frac{\mathrm{d}i}{\mathrm{d}t} \tag{3.14}$$

式(3.14)中的负号说明自感电动势的实际方向总是阻碍电流的变化。

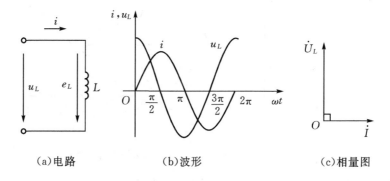

(a)电路　　　　(b)波形　　　　(c)相量图

图3-34　纯电感电路

当电感两端有自感电动势,则在电感两端必有电压,且电压 u_L 与自感电动势 e_L 相平衡。在电动势、电压、电流三者参考方向一致的情况下,则

$$u_L = -e_L = L\frac{\mathrm{d}i}{\mathrm{d}t} \tag{3.15}$$

设图3-34(a)所示的电感中,有正弦电流 $i = I_m\sin\omega t$ 通过,则电感两端电压为

$$u = L\frac{\mathrm{d}i}{\mathrm{d}t} = L\frac{\mathrm{d}(I_m\sin\omega t)}{\mathrm{d}t} = \omega L I_m\cos\omega t$$
$$= \omega L I_m\sin(\omega t + 90°) = U_m\sin(\omega t + 90°) \tag{3.16}$$

由式(3.16)可知:

(1) $U_m = \omega L I_m$,即

$$\frac{U_m}{I_m} = \frac{U}{I} = \omega L \tag{3.17}$$

实验和理论均可证明,线圈电感 L 越大,交流电频率越高,则 ωL 的值越大,也就是对交流电流的阻碍作用越大,人们把这种"阻力"称作感抗,用 X_L 代表。

$$X_L = \omega L = 2\pi f L \tag{3.18}$$

式(3.18)中 L 为电感量,单位为 H(亨);f 为流过电感的电流频率,单位为 Hz(赫);X_L 是电感元件两端的电压与流过电流的比值,单位显然是 Ω。当电感值一定时,感抗与频率成正比,即电感元件具有通低频阻高频的特性。当 $f = 0$ 时,$X_L = 0$,这说明感抗对直流电没有阻碍作用。所以在直流电路中,可把线圈看做短路。

(2)电感两端电压超前电流相位 $90°$(或 $\pi/2$),如图 3-34(b)所示。

用相量表示电感元件的电压与电流的关系,则

$$\frac{\dot{U}}{\dot{I}} = jX_L \tag{3.19}$$

比较式(3.17)与式(3.19),式(3.17)代表的是电感电路中电压与电流的大小关系,式(3.19)表示的是电感电路中电压与电流的相量关系,式(3.19)也可写成

$$\dot{U} = j\dot{I}X_L = j\dot{I}\omega L \tag{3.20}$$

用相量图表示电压与电流的关系如图 3-34(c)所示。

2)纯电感电路的功率

(1)瞬时功率。纯电感电路的瞬时功率等于电压 u 和 i 瞬时值的乘积。设电流 $i = I_m\sin\omega t$,则电压 $u = U_m\sin(\omega t + 90°)$,所以,$p = ui = U_m\sin(\omega t + 90°) \times I_m\sin\omega t = UI\sin2\omega t$。做出瞬时功率曲线图,如图3-35所示。

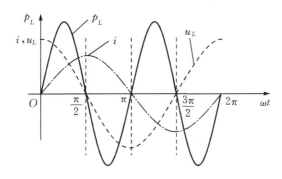

图 3-35　纯电感电路功率波形图

(2)有功功率。由图 3-35 可见,瞬时功率在第一个和第三个 1/4 周期内为正值,它表示电感线圈从电源中获得电能,转换为磁能储藏于线圈内;在第二个和第四个 1/4 周期内为负值,表示电感将储藏的磁场能转换为电能,随电流送回电源。由曲线图还可看出,在一个周期内,正方向和负方向曲线所包围的面积相等,它表示瞬时功率在一个周期内的平均值为零。也就是说,在纯电感电路中,不消耗能量,而只与电源进行能量的交换。所以在一个周期内的有功功率为零,即 $P = 0$。

(3)无功功率。纯电感电路中瞬时功率的的最大值叫做无功功率,它表示线圈与电源之间能量交换规模的大小,用字母 Q_L 表示。

$$Q_L = IU = I^2X_L = \frac{U^2}{X_L} \tag{3.21}$$

式(3.21)中:Q_L——电路的无功功率,单位为 var(乏);

U ——线圈两端电压的有效值（V）；

I ——流过线圈电流的有效值（A）；

X_L ——线圈的感抗（Ω）。

综上所述，电感电路中电压与电流的关系可用相量形式的欧姆定律 $\dot{U} = jIX_L$ 来表示，电感不消耗功率，其无功功率是 $Q_L = IU = I^2 X_L = U^2 / X_L$。

【例 3-5】 将一个阻值可忽略不计的电感线圈接到交流电源上，电源电压为 $u_L = 220\sqrt{2}\sin(314t + 30°)$ V，电感 $L = 0.1$ H。求线圈的感抗、线圈中电流的有效值、电流的瞬时值表达式、电流的相量以及线圈的无功功率。

【解】 由题可知 $\omega = 314$ rad/s，$U_L = 220$ V

则线圈的感抗

$$X_L = \omega L = 314 \times 0.1 = 31.4 \ \Omega$$

线圈中电流的有效值

$$I = \frac{U_L}{X_L} = \frac{220}{31.4} \approx 7 \ \text{A}$$

由于在纯电感电路中，电压超前电流 90°，电压的初相为 $\varphi_u = 30°$。所以电流的初相 $\varphi_i = \varphi_u - 90° = -60°$，因此电流的瞬时值表达式为

$$i = 7\sqrt{2}\sin(314t - 60°) \ \text{A}$$

电流的相量为

$$\dot{I} = 7\angle -60° \ \text{A}$$

线圈的无功功率

$$Q_L = IU_L = 220 \times 7 = 1540 \ \text{var}$$

3. 纯电容电路

在实际中，除了电容器具有电容外，电气设备、线路与部件都具有自然形成的电容。如较长的输电线之间，较长的电缆都具有电容。

1）电压与电流的关系

加在电容元件两个极板上的电压变化时，极板上储存的电荷 $q = CU$ 就随之而变，电荷随时间的变化率，就是流过连接于电容导线中的电流，即

$$i = \frac{dq}{dt} = C \frac{du}{dt} \tag{3.22}$$

式（3.22）也可以写成

$$u = \frac{1}{C} \int i \, dt \tag{3.23}$$

如图 3-36（a）所示的电容器两端加上正弦电压 $u = U_m \sin\omega t$，则在回路中就有电流

$$i = C\frac{du}{dt} = C\frac{d(U_m \sin\omega t)}{dt} = \omega C U_m \cos\omega t = I_m \sin(\omega t + 90°) \tag{3.24}$$

由式（3.24）可知：

（1）$I_m = \omega C U_m$，即

$$\frac{U_m}{I_m} = \frac{U}{I} = \frac{1}{\omega C} \tag{3.25}$$

实验和理论均可证明,电容器的电容 C 越大,交流电频率越高,则 $1/\omega C$ 越小,也就是对电流的阻碍作用越小。电容对电流的"阻力"称做容抗,用 X_C 代表。

$$X_C = \frac{1}{\omega C} = \frac{1}{2\pi f C} \tag{3.26}$$

式(3.26)中,频率 f 的单位为 Hz,电容 C 的单位为 F,容抗 X_C 的单位仍是 Ω,X_C 与电容 C 和频率 f 成反比。当 C 一定时,电容器具有"隔直通交"的特性,当 $f=0$ 时,$X_C=\infty$,此时电路可视做开路,即此时电容器起"隔直"作用。

(2)通过电容的电流与它的端电压是同频率的正弦量,电流超前于电压 $90°$(或 $\pi/2$)。于是可以画出它们的波形图和相量图,如图 $3-36$(b)和(c)所示。

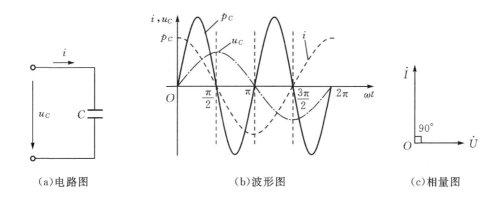

(a)电路图　　　　　　(b)波形图　　　　　　(c)相量图

图 $3-36$　纯电容电路

电容器两端电压与电流的关系用相量式表示为

$$\frac{\dot{U}}{\dot{I}} = -\mathrm{j}X_C \tag{3.27}$$

式(3.27)不仅表示了电压与电流的大小关系,如表达式(3-25)所示,同时表示了纯电容电路中电压滞后电流 $90°$的关系,也可把式(3.27)也成

$$\dot{U} = -\mathrm{j}\dot{I}X_C = -\mathrm{j}\dot{I}\frac{1}{\omega C} = \frac{\dot{I}}{\mathrm{j}\omega C} \tag{3.28}$$

2)纯电容电路的功率

(1)瞬时功率。电容电路所吸收的瞬时功率为 $p = ui = U_m\sin\omega t \times I_m\sin(\omega t + 90°) = UI\sin 2\omega t$,瞬时功率曲线如图 $3-36$(b)所示。

(2)有功功率。由图 $3-36$(b)可见,瞬时功率在第一个和第三个 1/4 周期内为正值,它表示电容器从电源中获得电能,转换为电场能储藏于电容器内;在第二个和第四个 1/4 周期内为负值,表示电容器将储藏的电场能转换为电能,随电流送回电源。由曲线图还可看出,在一个周期内,正方向和负方向曲线所包围的面积相等,它表示瞬时功率在一个周期内的平均值为零。也就是说,在纯电容电路中,不消耗能量,而只与电源进行能量的交换。所以在一个周期内的有功功率为零,即 $P=0$。

(3)无功功率。与纯电感电路中的无功功率相似,纯电容电路中电容与电源功率交换的最大值,称为无功功率,用 Q_C 表示,即

$$Q_C = -UI = -I^2 X_C = -\frac{U^2}{X_C}$$

电容元件的无功功率为负值,表明它与电感转换能量的过程相反,电感吸收能量时,电容释放能量,反之亦然。

综上所述,电容电路中电压与电流的关系可由相量形式的欧姆定律 $\dot{U} = -j\dot{I}X_C$ 来表示,电容不消耗功率,其无功功率是 $Q_C = -UI = -I^2 X_C = -\frac{U^2}{X_C}$。

【例3-6】 在纯电容电路中,已知 $i = \sqrt{2}\sin(100t - 30°)$ A,电容 $C = 0.05$ F,求(1)电容器两端电压的瞬时值表达式;(2)用相量表示电压和电流,并做出相量图;(3)有功功率和无功功率。

【解】 (1) $X_C = \dfrac{1}{\omega C} = \dfrac{1}{100 \times 0.05} = 0.2 \ \Omega$

$$I_m = \sqrt{2} \ A$$

$$U_m = I_m X_C = \sqrt{2} \times 0.2 = 0.2\sqrt{2} \ V$$

因为纯电容电路中电压滞后电流 $90°$,所以

$$u = 0.2\sqrt{2}\sin(100t - 120°) \ V$$

(2) $\dot{I} = 1\angle -30° \ A$ $\qquad$ $\dot{U} = 0.2\angle -120° \ V$

相量图如图3-37所示。

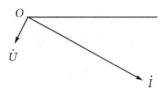

图3-37　例3-6相量图

(3) $P = 0, Q = -UI = -0.2 \times 1 = -0.2 \ var$

技能实训4　单一参数正弦交流电的测试

1. 实训目的

(1)掌握纯电阻交流电路的特点。
(2)掌握纯电感交流电路的特点。
(3)掌握纯电容交流电路的特点。

2. 实训所需器材

(1) ZH-12型通用电学实验台。
(2)电阻、电感、电容。
(3)信号发生器、示波器、晶体管毫伏表。

3. 实验内容与步骤

1)纯电阻交流电路的测试

按如图 3-38 所示电路连接线路,电路中电阻 $R＝1\ kΩ$,交流电源用信号发生器代替,信号发生器的输出信号:$U＝10\ V$,$f＝1\ kHz$。

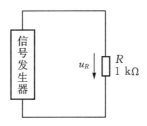

图 3-38　纯电阻电路

(1)将双踪示波器的 CH1 通道接电源电压探头,采样电源两端电压信号,CH2 通道接电阻电压探头,实际是采样流过电阻的电流信号,读出相关数据,填入表 3-5 中。

(2)选择合适的水平和垂直标度,将触发电平设置到 CH1 上,即可得到相应的电压与电流的波形图。

(3)用晶体管毫伏表测量电阻两端的电压,用交流电流表测量流过电阻中的电流,读出相关数据,填入表 3-5 中。

(4)对表 3-5 的有关资料进行分析,将计算值填入表3-5中。

表 3-5　纯电阻电路正弦交流电路的测试

测试项目	频率	相位	最大值	有效值	毫伏表测量值
电源电压					
电阻电压					
交流电流					
U_m/I_m		U/I		电阻电压与电流的相位差	

2)纯电感交流电路的测试

按如图 3-39 所示电路连接线路,电路中电感 $L＝100\ mH$,为了能测试电流,在电路中串联一个很小的电阻 $R＝10\ Ω$,交流电源用信号发生器代替,信号发生器的输出信号:$U＝10\ V$,$f＝1\ kHz$。

(1)将双踪示波器的 CH1 通道接电感电压探头,采样电感两端电压信号,CH2 通道接电阻电压探头,读出相关数据,填入表 3-6 中。

(2)选择合适的水平和垂直标度,将触发电平设置到 CH1 上,即可得到相应的电压与电流的波形图。

(3)用晶体管毫伏表测量电阻、电感两端的电压,用交流电流表测量流过电阻中的电流,读出相关数据,填入表 3-6 中。

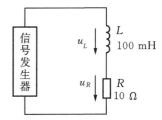

图 3-39　纯电感电路

(4)对表 3-6 的有关资料进行分析,将计算值填入表 3-6 中。

表 3-6 纯电感电路正弦交流电路的测试

测试项目	频率	相位	最大值	有效值	毫伏表测量值
电感电压					
电阻电压					
交流电流					
U_m/I_m		U/I		电感电压与电流的相位差	

3)纯电容交流电路的测试

按如图 3-40 所示电路连接线路,电路中电容 $C=1\ \mu F$,为了能测试电流,在电路中串联一个很小的电阻 $R=10\ \Omega$,交流电源用信号发生器代替,信号发生器的输出信号:$U=10\ V$,$f=100\ Hz$。

(1)将双踪示波器的 CH1 通道接电容电压探头,采样电容两端电压信号,CH2 通道接电阻电压探头,读出相关数据,填入表 3-7 中。

(2)选择合适的水平和垂直标度,将触发电平设置到CH1 上,即可得到相应的电压与电流的波形图。

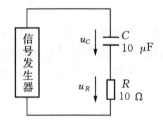

图 3-40 纯电容电路

(3)用晶体管毫伏表测量电阻、电容两端的电压,用交流电流表测量流过电阻中的电流,读出相关数据,填入表 3-7 中。

(4)对表 3-7 的有关资料进行分析,将计算值填入表 3-7 中。

表 3-7 纯电容电路正弦交流电路的测试

测试项目	频率	相位	最大值	有效值	毫伏表测量值
电容电压					
电阻电压					
交流电流					
U_m/I_m		U/I		电容电压与电流的相位差	

4. 分析思考

(1)分析纯电阻电路电阻两端电压与电流波形的相位及数值关系。

(2)分析纯电感电路电感两端电压与电流波形的相位及数值关系。

(3)分析纯电容电路电容两端电压与电流波形的相位及数值关系。

5. 评分

(1)操作是否符合规范(40%)。

(2)结果是否正确(30%)。

(3)分析是否正确(30%)。

五、分析复杂负载正弦交流电路

在实际使用的设备中,简单的单一元件其实并不多见。电炉不仅具备电阻还有一定的电感。日光灯的整流器和电动机的线圈不仅具有电感还具有一定的电阻。所以我们在讨论了纯电阻、纯电感和纯电容的特殊电路之后,还需要进一步分析复杂负载的正弦交流电路。

1. 白炽灯串电感调光电路的阻抗计算及功率因数

1)电阻与电感串联电路的电压与电流关系

在如图 3 - 41 所示电路中,用交流电压表测得灯泡和镇流器两端的电压分别为 U_R 和 U_L。U_R 和 U_L 电压数值相加大于电源电压 U 的数值,这是什么原因呢?

由于灯泡相当于纯电阻,镇流器相当于纯电感,它们是不同的负载。虽然是同一个电流 $\dot{I}$ 通过电阻和电感,但是它们各自产生的电压降 $\dot{U}_R$ 和 $\dot{U}_L$ 的相位是不同的。$\dot{I}$ 与 $\dot{U}_R$ 相位相同,$\dot{I}$ 滞后 $\dot{U}_L$ 90°,如图 3 - 42 所示。在串联电路中,以电流 $\dot{I}$ 为标准按比例大小和相位关系做相量图

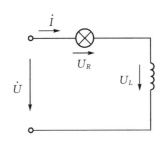

图 3 - 41　白炽灯串电感调光电路

较为方便,即 $\dot{I} = I\angle 0°$,$\dot{I}$ 为水平相量;在并联电路中,以电压 $\dot{U}$ 为标准做相量图较好。

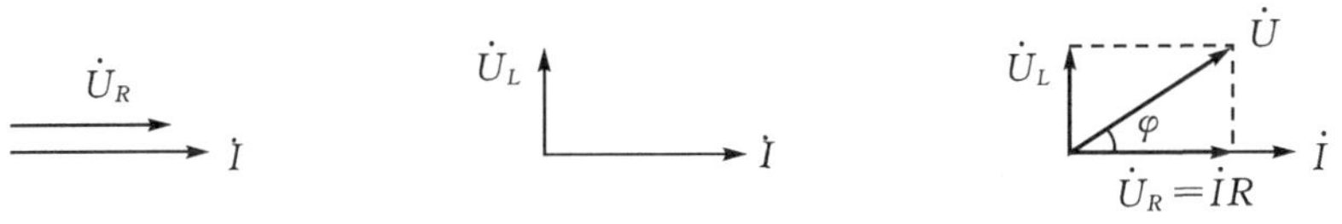

(a)电阻上电压与电流相量图　　(b)电感上电压与电流相量图　　(c)R、L 串联电路的相量图

图 3 - 42　R,L 串联电路的相量图

由图 3 - 42 有
$$\dot{U} = \dot{U}_R + \dot{U}_L \tag{3.29}$$

但 $U \neq U_R + U_L$,U_R 与 U_L 不能直接相加,可按平行四边形法则求得电源电压 U,并且 U_R、U_L 和 U 构成一直角三角形,称为"电压三角形",可用三角形的勾股定理进行计算。

$$U = \sqrt{U_R^2 + U_L^2} = \sqrt{(IR)^2 + (IX_L)^2} = I\sqrt{R^2 + X_L^2} = I|Z| \tag{3.30}$$

式(3.30)中,$|Z| = \sqrt{R^2 + X_L^2}$ 为日光灯电路的阻抗的模,单位是 Ω,由此,$I = U/|Z|$,即为交流电路有效值的欧姆定律。

若以相量表示,则有

$$\dot{U} = \dot{U}_R + \dot{U}_L = \dot{I}R + j\dot{I}X_L = \dot{I}(R + jX_L) = \dot{I}Z \tag{3.31}$$

式(3.31)中,$Z = R + jX_L$ 为日光灯电路的阻抗,单位是 Ω。

式(3.31)可写成 $\dot{I} = \dot{U}/Z$,即为通用的交流电路欧姆定律相量关系式。

将"电压三角形"的每边除以 I,就得到了"阻抗三角形";如果"电压三角形"的每边乘上 I,就可得到"功率三角形"。如图 3 - 43 所示。可以证明,在同一交流电路中,"电压三角形""阻抗三角形"和"功率三角形"是相似三角形,Z 和 R 之间的夹角称为阻抗角 φ(又称功率因数

角）。它在数值上通过这三个三角形都可求取,但实质上取决于电路中的电阻、电感和电源的频率。

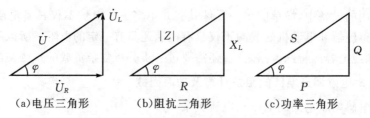

(a)电压三角形　　　(b)阻抗三角形　　　(c)功率三角形

图 3-43　电压、阻抗、功率三角形

2)电阻与电感串联电路的功率关系和功率因数

图 3-43(c)所示的功率三角形,表明了正弦交流电路中有功功率 P、无功功率 Q 和视在功率 S 之间的数量关系,也满足勾股定理。

在交流电路中,只有电阻 R 是耗能元件,故电路的有功功率为

$$P = IU_R = I^2 R$$

由电压三角形可知,$U_R = U\cos\varphi$,所以有功功率为

$$P = UI\cos\varphi \tag{3.32}$$

式(3.32)中的 $\cos\varphi$ 就是电路中的功率因数,它是表征交流电路工作状况的重要技术数据之一。电感 L 只与电源交换能量,则电路中的无功功率为

$$Q = UI\sin\varphi \tag{3.33}$$

在上两式中,乘积 UI 是电源供给电路的总功率,虽然 UI 具有功率形式,但并不是电路中真正消耗的功率,它包含着有功功率和无功功率两部分。只有有功功率才是电路实际消耗的功率。所以乘积 UI 称为视在功率,用 S 表示,视在功率的单位为 V・A(伏安),定义式为

$$S = UI \tag{3.34}$$

由图 3-43(c)知,功率三角形为一直角三角形,根据勾股定理,视在功率为

$$S = \sqrt{P^2 + Q^2} \tag{3.35}$$

由于纯电感只消耗无功功率,而电阻性负载消耗有功功率,所以在电感性负载交流电路中,衡量电能转化成有功功率的程度用功率因数 $\cos\varphi$ 来表示。功率因数 $\cos\varphi$ 是供电系统的重要技术指标。无功功率表面上看是电感与电源之间相互交换的,不损耗功率。但电感在吞吐无功功率过程中的电流在线路电阻上会引起相应的损耗,因而降低无功功率(或提高功率因数)仍是提高效率的重要方法。

白炽灯是电阻性负载,功率因数最高,$\varphi = 0$,$\cos\varphi = 1$。日光灯电路由于串联了一个大电感镇流器,功率因数较低,约在 $0.4\sim0.5$ 之间。电动机的功率因数在满载时为 $0.7\sim0.9$,轻载时更低,为了充分利用发、变电设备的能力,提高功率因数是有重大意义的。

【例 3-7】　在如图 3-41 所示的电路中测得"220 V　60 W"白炽灯两端电压为 150 V,镇流器两端电压为 160 V,求白炽灯的电阻及镇流器的感抗。

【解】　根据电压三角形得电源电压

$$U = \sqrt{U_R^2 + U_L^2} = \sqrt{150^2 + 160^2} = 219.3 \text{ V(与市电电压相吻合)}$$

白炽灯电阻

$$R = 220^2/60 = 806.666 \ \Omega$$

串联电路中的电流

$$I = U_{\text{灯}}/R = 150/806.666 = 0.185 \text{ A}$$

镇流器的感抗

$$X_L = U_{\text{镇}}/I = 160/0.185 = 864.864 \ \Omega$$

【例 3-8】　为了求出一个电感线圈的电感量 L，在线圈两端加工频电压，并用电表测得：$U = 110 \text{ V}, I = 5 \text{ A}, P = 400 \text{ W}$。试从上述读数算出电路的功率因数及线圈的 R 和 L。

【解】

$$\cos\varphi = \frac{P}{UI} = \frac{400}{110 \times 5} = 0.73$$

$$R = \frac{P}{I^2} = \frac{400}{5^2} = 16 \ \Omega$$

$$|Z| = \frac{U}{I} = \frac{110}{5} = 22 \ \Omega$$

$$X_L = \sqrt{|Z|^2 - R^2} = \sqrt{22^2 - 16^2} = 15 \ \Omega$$

$$L = \frac{X_L}{2\pi f} = \frac{15}{2 \times 3.14 \times 50} = 48 \text{ mH}$$

【例 3-9】　有一 JZ7 型中间继电器，其线圈数据为 380 V，50 Hz，线圈电阻为 2 kΩ，线圈电感为 43.3 H，试求线圈电流、功率因素及有功功率。

【解】

$$X_L = 2\pi f L = 2 \times 3.14 \times 50 \times 43.3 \approx 13600 \ \Omega = 13.6 \text{ k}\Omega$$

$$|Z| = \sqrt{R^2 + X_L^2} = \sqrt{2000^2 + 13600^2} = 13700 \ \Omega = 13.7 \text{ k}\Omega$$

$$I = U/|Z| = 380/13.7 = 27.7 \text{ mA}$$

根据阻抗三角形

$$\cos\varphi = \frac{R}{|Z|} = \frac{2000}{13700} = 0.15$$

$$P = I^2 R = (27.7 \times 10^{-3})^2 \times 2 \times 10^3 = 0.5 \text{ W}$$

或

$$P = UI\cos\varphi = 380 \times 27.7 \times 10^{-3} \times 0.15 = 0.15 \text{ W}$$

2. 正弦交流电路的一般分析方法

前面我们学习了 R、L、C 元件在关联参考方向下电压与电流的基本关系；这里我们将进一步讨论由这些元件组成的任意电路中电压与电流的相量关系。为此，将任意无源支路两端的电压与电流的相量之比定义为复数阻抗，简称复阻抗或阻抗，用 Z 表示。在白炽灯调光电路为代表的 RL 串联电路，已导出正弦交流电路的欧姆定律

$$Z = \frac{\dot{U}}{\dot{I}} \tag{3.36}$$

设 $\dot{U} = U\angle\psi_u$，$\dot{I} = I\angle\psi_i$，并代入式(3.36)得

$$Z = \frac{\dot{U}}{\dot{I}} = \frac{U\angle\psi_u}{I\angle\psi_i} = \frac{U}{I}\angle(\psi_u - \psi_i)$$

令 $|Z| = \dfrac{U}{I}$，$\varphi = \psi_u - \psi_i$，则

$$Z = \frac{\dot{U}}{\dot{I}} = |Z|\angle\varphi = |Z|(\cos\varphi + j\sin\varphi) = R + jX \tag{3.37}$$

上式表明,阻抗用极坐标形式表示时,阻抗的模等于电路中电压与电流的有效值之比,阻抗角等于电压与电流的相位差。而阻抗用代数形式表示时,其实部是电阻 R,虚部是电抗 X(感性电抗称为感抗,为正;容性电抗称为容抗,为负)。可见,阻抗既能把电路的电阻和电抗包含在内,又综合地反映了这段电路中电压和电流的大小及相位关系,即把电路中的电压、电流、电路参数及电源频率都联系在一起了。

因此,式(3.36)是欧姆定律的复数形式。它与直流电路的欧姆定律 $R = U/I$ 有相似的形式,不同之处在于式(3.36)中电压、电流用相量来表示,电阻由复阻抗来代替。

由式(3.37)不难看出,当 $X=0$ 或 $\varphi = 0$ 时,电压与电流同相位,电路呈电阻性;当 $X>0$ 或 $\varphi > 0$ 时,电压超前于电流,电路呈感性;当 $X<0$ 或 $\varphi < 0$ 时,电压落后于电流,电路呈容性。

必须注意,阻抗虽然是复数形式,但并不代表正弦量,它只是支路中电压与电流的相量比值,是由电路参数和电源频率所决定的计算量。

那么,正弦交流电路中基尔霍夫定律能否用相量表示? 如果可以的话,则直流电路中由欧姆定律和基尔霍夫定律所推导出来的一切结论、定理和分析方法都可以扩展到交流电路中。这个问题的回答是肯定的。

基尔霍夫电流定律对电路中的任一节点任一瞬间都是成立的,即 $\sum i_K = 0$。将方程改写成

$$i_1 + i_2 + \cdots + i_n = 0$$

如果这些电流都是同频率的正弦量,则可用相量表示为

$$\dot{I}_1 + \dot{I}_2 + \cdots + \dot{I}_n = 0$$

或

$$\sum \dot{I}_K = 0 \tag{3.38}$$

这就是基尔霍夫电流定律在正弦交流电路中的相量形式。它与直流电路中的基尔霍夫电流定律 $\sum I_K = 0$ 的形式是相似的。

基尔霍夫电压定律对电路中的任一回路任一瞬时都是成立的,即 $\sum u_K = 0$。同样,如果这些电压都是同频率的正弦量,则可用相量表示为

$$\sum \dot{U}_K = 0 \tag{3.39}$$

这就是基尔霍夫电压定律在正弦交流电路中的相量形式。它与直流电路中的基尔霍夫电压定律 $\sum U_K = 0$ 的形式是相似的。由此还可以推导出基尔霍夫电压定律在正弦交流电路中的另一相量形式 $\sum Z_K \dot{I}_K = \sum \dot{E}_K$,它与直流电路中基尔霍夫电压定律另一表达式 $\sum R_K I_K = \sum E_K$ 的形式是相似的。

由此可以得出结论:在正弦交流电路中,以相量形式表示的欧姆定律和基尔霍夫定律都与直流电路有相似的表达形式。因而在直流电路中由欧姆定律和基尔霍夫定律推导出来的支路电流法、叠加原理、戴维南定理等都可以同样扩展到正弦交流电路中。在扩展中,直流电路中的电动势 E、电压 U 和电流 I 分别要用相量 $\dot{E}$、$\dot{U}$ 和 $\dot{I}$ 来代替;电阻 R 要用复阻抗 Z 来代替。

正弦交流电路中的复阻抗 Z 与直流电路中的电阻 R 是相对应的,因而直流电路中的电阻串并联公式也同样可以扩展到正弦交流电路中,用于复阻抗的串并联计算。

图 3-44(a)所示的电路中,多个复阻抗串联时,其总复阻抗等于各个分复阻抗之和,即

$$Z = Z_1 + Z_2 + \cdots + Z_n \tag{3.40}$$

图 3-44(b)所示的电路中,多个复阻抗并联时,其总复阻抗的倒数等于各个分复阻抗倒数之和,即

$$\frac{1}{Z} = \frac{1}{Z_1} + \frac{1}{Z_2} + \cdots \frac{1}{Z_n} \tag{3.41}$$

当两个复阻抗并联时,则

$$Z = \frac{Z_1 Z_2}{Z_1 + Z_2} \tag{3.42}$$

若两个相并联的复阻抗相等,则

$$Z = \frac{Z_1}{2} = \frac{Z_2}{2}$$

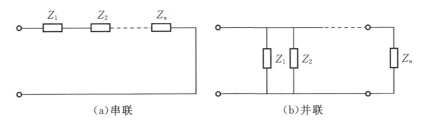

(a)串联　　　　　　(b)并联

图 3-44　复阻抗的串联和并联

必须注意,上列各式是复数运算,而不是实数运算。因此,在一般情况下,当阻抗串联时,$|Z| \neq |Z_1| + |Z_2| + \cdots + |Z_n|$;阻抗并联时,$\dfrac{1}{|Z|} \neq \dfrac{1}{|Z_1|} + \dfrac{1}{|Z_2|} + \cdots + \dfrac{1}{|Z_n|}$;两个复阻抗并联时,$|Z| \neq \dfrac{|Z_1| \, |Z_2|}{|Z_1| + |Z_2|}$。

【例 3-10】　在如图 3-45(a)所示的电路中,已知 $\dot{I} = 2\angle 0° \text{ A}$,$Z_1 = 1 + \text{j } \Omega$,$Z_2 = 1 - \text{j } \Omega$。试求各支路电流 $\dot{I}_1$、$\dot{I}_2$ 和 $\dot{U}$,并画出相量图。

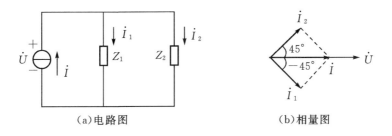

(a)电路图　　　　　　(b)相量图

图 3-45　例 3-10 电路图及相量图

【解】　根据并联电路分流定理,可得

$$\dot{I}_1 = \frac{Z_2}{Z_1 + Z_2}\dot{I} = \frac{1-j}{1+j+1-j} \times 2\angle 0° = 1 - j = \sqrt{2}\angle -45° \text{ A}$$

$$\dot{I}_2 = \frac{Z_1}{Z_1 + Z_2}\dot{I} = \frac{1+j}{1+j+1-j} \times 2\angle 0° = 1 + j = \sqrt{2}\angle 45° \text{ A}$$

$$\dot{U} = \dot{I}_1 Z_1 = \sqrt{2}\angle -45° \times \sqrt{2}\angle 45° = 2\angle 0° \text{ V}$$

相量图如图 3-45(b)所示。

3. RLC 串联交流电路

电阻 R、电感 L、电容 C 的串联电路如图 3-46(a)所示。电路各元件流过同一电流,图中标出了电流与各元件电压的正方向。

1)电压与电流的关系

设电流的瞬时值表达式为 $i = I_m \sin\omega t$,则总电压 u 的表达式为

$$u = u_R + u_L + u_C = iR + L\frac{di}{dt} + \frac{1}{C}\int i dt$$

(1)相量图分析法。RLC 串联电路,外加电压的有效值 U 可以用 U_R、U_L、U_C 的相量和求得,作出相量合成图如图 3-46(b)所示,或简化成如图 3-46(c)所示的形式。

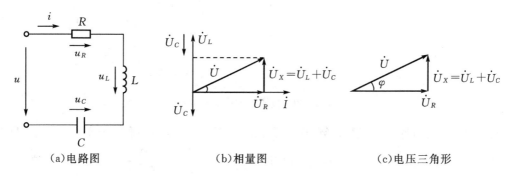

(a)电路图　　　　　　(b)相量图　　　　　　(c)电压三角形

图 3-46　RLC 串联电路

由相量合成图求得总电压的有效值为

$$U = \sqrt{U_R^2 + (U_L - U_C)^2} \tag{3.43}$$

由电阻电路、电感电路、电容电路的电压与电流关系及相量合成图得

$$U = \sqrt{U_R^2 + (U_L - U_C)^2} = \sqrt{(IR)^2 + (IX_L - IX_C)^2} = I\sqrt{R^2 + (X_L - X_C)^2}$$

令 $|Z| = \sqrt{R^2 + (X_L - X_C)^2}$,称 $|Z|$ 为电路的阻抗的模,单位也是欧姆(Ω),则

$$I = U/|Z| \tag{3.44}$$

如图 3-46(b)所示,$\dot{U}$ 与 $\dot{I}$ 的夹角 φ 即为总电压 u 与电流 i 之间的相位差。由该相量图可得

$$\varphi = \arctan\frac{U_L - U_C}{U_R} = \arctan\frac{X_L - X_C}{R} \tag{3.45}$$

图 3-46(c)表征了总电压与有功电压、无功电压之间的关系,这个三角形称为电压三角形。

如果把电压三角形的各边同除以电流相量即得到表征电路阻抗与电阻、电抗之间关系的三角形,称为阻抗三角形,如图 3-47 所示。

　　复阻抗的阻抗角 φ 即为电压与电流的相位差 φ。求出了复阻抗的阻抗角，就求得了该电路电压与电流的相位差 φ。在电流频率一定时，电压与电流的大小关系、相位关系、电路性质完全由负载的电路参数决定。下面对阻抗角 φ 进行讨论。

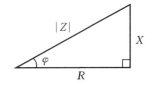

图 3 - 47　阻抗三角形

　　①如果 $X_L > X_C$，即 $U_L > U_C$，则 $\varphi > 0°$，电压 u 超前于电流 i 角度 φ，电感作用大于电容的作用，电路呈电感性，如图 3 - 46(b)所示。

　　②如果 $X_L < X_C$，即 $U_L < U_C$，则 $\varphi < 0°$，电压 u 滞后于电流 i 角度 φ，电容作用大于电感的作用，电路呈电容性，如图 3 - 48(a)所示。

　　③如果 $X_L = X_C$，即 $U_L = U_C$，则 $\varphi = 0°$，电压与电流 i 同相位，电感电压 U_L 与电容电压 U_C 正好平衡，互相抵消，电路呈电阻性，如图 3 - 48(b)所示。

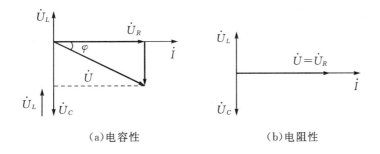

（a）电容性　　　　　　　　（b）电阻性

图 3 - 48　电容性与电阻性电路的相量图

　　注意：在分析与计算交流电路时必须时刻具有交流的概念，且首先要有相位的概念。在串联电路中，电源电压相量等于各参数上的电压相量之和，而电源电压的有效值不等于各参数上的电压有效值之和，即 $U \neq U_R + U_L + U_C$。

　　(2)相量运算分析法。设电流的瞬时值表达式为 $i = I_m \sin\omega t$，相量表达式为 $\dot{I} = I\angle 0°$。若 u_R、u_L、u_C 用相量表示，则

$$\dot{U} = \dot{U}_R + \dot{U}_L + \dot{U}_C \tag{3.46}$$

将 $\dot{U}_R = \dot{I}R$，$\dot{U}_L = j\dot{I}X_L$，$\dot{U}_C = -j\dot{I}X_C$ 代入上式可得

$$\dot{U} = \dot{I}R + j\dot{I}X_L - j\dot{I}X_C = \dot{I}[R + j(X_L - X_C)] = \dot{I}(R + jX) = \dot{I}Z$$

上式中，$X = X_L - X_C = \omega L - \dfrac{1}{\omega C}$，称为电抗，是感抗与容抗之差，单位是欧姆($\Omega$)；$Z = R + j(X_L - X_C) = R + jX = |Z|\angle\varphi$，称为复阻抗，是复数，其单位也是欧姆($\Omega$)。

　　所以 $\dot{U} = \dot{I}Z$ 也可表示为

$$\dot{U} = \dot{I}|Z|\angle\varphi \tag{3.47}$$

由图 3 - 47 所示的阻抗三角形得：$R = |Z|\cos\varphi$，$X = |Z|\sin\varphi$。

2)电路的功率

(1)有功功率。在前面的学习中,我们知道储能元件电感和电容是不消耗能量的,所以电路所消耗的功率就是电阻消耗的功率。因而电路的有功功率为

$$P = \frac{1}{T}\int_0^T (u_R i + u_L i + u_C i)\,dt = \frac{1}{T}\int_0^T u_R i\,dt = U_R I = I^2 R = \frac{U_R^2}{R} \tag{3.48}$$

由电压三角形可知

$$U_R = U\cos\varphi$$

所以

$$P = UI\cos\varphi \tag{3.49}$$

式(3.49)中 $\cos\varphi$ 称为功率因数,φ 角又称为功率因数角。因为 $-90° \leqslant \varphi \leqslant 90°$,所以 $0 \leqslant \cos\varphi \leqslant 1$,有功功率一般小于电压和电流有效值的乘积 UI。

(2)无功功率。由于电路中有储能元件电感和电容,它们不消耗能量,但与电源进行能量的交换,一般交流电路的无功功率是电路中全部电感和电容无功功率的代数和。应当注意:无论是串联还是并联电路,电感和电容的瞬时功率符号始终相反。所以电路的无功功率为

$$Q = Q_L - Q_C = I^2 X_L - I^2 X_C = U_L I - U_C I = (U_L - U_C)I$$

由图 3-46(c)所示的电压三角形可得 $U_L - U_C = U\sin\varphi$,则

$$Q = UI\sin\varphi \tag{3.50}$$

无功功率可正可负,对于感性电路,$Q = Q_L - Q_C > 0$;对于容性电路,$Q = Q_L - Q_C < 0$。为计算方便,取电感组件的无功功率为正值,电容组件的无功功率为负值。

(3)视在功率。在 RLC 串联交流电路中,端电压的有效值 U 和电流有效值 I 的乘积称为视在功率,用符号 S 表示,即

$$S = UI \tag{3.51}$$

视在功率用于表示发电机、变压器等电气设备的容量,交流电气设备是按照规定的额定电压 U_N 和额定电流 I_N 来设计和使用,电源向电路提供的容量就是额定电压与额定电流的乘积,称为额定视在功率 S_N,表示为

$$S_N = U_N I_N$$

视在功率的单位为伏安(V·A)或千伏安(kV·A)。

有功功率 P、无功功率 Q、视在功率 S 各代表不同的意义,各采取不同的单位,三者的关系式为

$$\begin{cases} P = UI\cos\varphi = S\cos\varphi \\ Q = UI\sin\varphi = S\sin\varphi \\ S = \sqrt{P^2 + Q^2} \end{cases} \tag{3.52}$$

三者之间的关系也可用三角形表示,称为功率三角形,如图 3-49所示。功率不是相量,三角形的三条边均不带箭头。

对于同一个交流电路,阻抗三角形、电压三角形和功率三角形是相似直角三角形,把这三个三角形画在一起如图 3-50 所示。借助于三个相似三角形可帮助分析、记忆、求解相关参数。

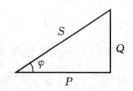

图 3-49　功率三角形

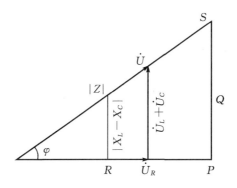

图 3-50　功率、电压、阻抗三角形

计算某一负载电路的功率因数可以用以下公式计算

$$\cos\varphi = \frac{P}{S} = \frac{U_R}{U} = \frac{R}{|Z|} \tag{3.53}$$

应当注意,根据电路的功率守恒定律,电路中总的有功功率等于各部分有功功率之和,即 $P_{总} = \sum P = \sum I^2 R$。总的无功功率等于各部分无功功率之和,即 $Q_{总} = \sum Q = \sum I^2 X_L - \sum I^2 X_C$。但是,一般情况下总的视在功率不等于各部分视在功率之和,即 $S \neq S_1 + S_2$。

【例 3-11】　电阻 $R=22\ \Omega$,电感 $L=0.6\ H$ 的线圈与电容 $C=63.7\ \mu F$ 串联后,接到 220 V、50 Hz 的交流电源上,求电路中的电流、电路的功率因数、有功功率、无功功率和视在功率。

【解】　感抗、容抗、阻抗分别为
$$X_L = 2\pi f L = 2 \times 3.14 \times 50 \times 0.6 = 188.4\ \Omega$$
$$X_C = \frac{1}{2\pi f C} = \frac{1}{2 \times 3.14 \times 50 \times 63.7 \times 10^{-6}} = 50\ \Omega$$
$$|Z| = \sqrt{R^2 + (X_L - X_C)^2} = \sqrt{22^2 + (188.4 - 50)^2} = 140.1\ \Omega$$

电流的有效值为
$$I = \frac{U}{|Z|} = \frac{220}{140.1} = 1.57\ A$$

电路的功率因数为
$$\cos\varphi = \frac{R}{|Z|} = \frac{22}{140.1} = 0.157$$

有功功率为
$$P = I^2 R = 1.57^2 \times 22 = 54\ W$$

无功功率为
$$Q = I^2(X_L - X_C) = 1.57^2 \times (188.4 - 50) = 341.1\ var$$

视在功率为
$$S = UI = 220 \times 1.57 = 345.4\ V \cdot A$$

【例 3-12】　在 RLC 串联交流电路中,已知 $R=5\ \Omega$,$L=10\ mH$,$C=200\ \mu F$,电源电压为 $u = 220\sqrt{2}\sin(1000t - 45°)\ V$,求:

(1) X_L、X_C、X、$|Z|$ 及阻抗角 φ；

(2)电流相量及其解析式；

(3)各个元件的电压相量、相量图及其解析式；

(4)有功功率、无功功率、视在功率及功率因数。

【解】 (1)
$$X_L = \omega L = 1000 \times 10 \times 10^{-3} = 10 \ \Omega$$

$$X_C = \frac{1}{\omega C} = \frac{1}{1000 \times 200 \times 10^{-6}} = 5 \ \Omega$$

$$X = X_L - X_C = 10 - 5 = 5 \ \Omega$$

$$|Z| = \sqrt{R^2 + X^2} = \sqrt{5^2 + 5^2} = 5\sqrt{2} \ \Omega$$

$$\varphi = \arctan\frac{X}{R} = \arctan\frac{5}{5} = 45°$$

(2)
$$\dot{I} = \frac{U}{Z} = \frac{220\angle -45°}{5\sqrt{2}\angle 45°} = 22\sqrt{2}\angle -90° \ \text{A}$$

其解析式为
$$i = 44\sin(1000t - 90°) \ \text{A}$$

(3)
$$\dot{U}_R = \dot{I}R = 110\sqrt{2}\angle -90° \ \text{V}$$

解析式为
$$u_R = 220\sin(1000t - 90°) \ \text{V}$$

$$\dot{U}_L = j\dot{I}X_L = 220\sqrt{2}\angle 0° \ \text{V}$$

解析式为
$$u_L = 440\sin 1000t \ \text{V}$$

$$\dot{U}_C = -j\dot{I}X_C = 110\sqrt{2}\angle -180° \ \text{V}$$

解析式为
$$u_C = 220\sin(1000t - 180°) \ \text{V}$$

相量图如图 3-51 所示。

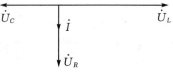

图 3-51　例 3-12 相量图

(4)有功功率为
$$P = U_R I = 110\sqrt{2} \times 22\sqrt{2} = 4840 \ \text{W}$$

无功功率为
$$Q = Q_L - Q_C = U_L I - U_C I = (U_L - U_C)I = 110\sqrt{2} \times 22\sqrt{2} = 4840 \ \text{var}$$

视在功率为
$$S = UI = 220 \times 22\sqrt{2} = 4840\sqrt{2} \ \text{V·A}$$

电路的功率因数为
$$\cos\varphi = \frac{R}{|Z|} = \frac{5}{5\sqrt{2}} = \frac{\sqrt{2}}{2}$$

4．功率因素的提高

在直流电路中功率 P 等于电压与电流的乘积，即 $P = UI$。而在交流电路中，有功功率不仅与电路电压、电流的有效值乘积有关，还与电路的功率因数有关，即 $P = UI\cos\varphi$，电路中电压与电流之间的相位差为多少，完全由负载本身的参数决定。只有在纯电阻的情况下，电压与电流才同相，即功率因数 $\cos\varphi$ 为 1。对其他负载来说，功率因数 $\cos\varphi$ 总介于 0 与 1 之间。

当电路中电压与电流之间有相位差时，即功率因数不等于 1 时，说明电源不仅要提供负载消耗的有功功率，还要负担与负载发生能量互换的无功功率，即 $Q = UI\sin\varphi$。下面分析提高电路功率因数的意义和提高功率因数的方法。

1）提高功率因数的意义

（1）电源设备得到充分利用。一般交流电源设备（发电机、变压器）都是根据额定电压 U_N 和额定电流 I_N 来进行设计、制造和使用的。它能够供给负载的有功功率为 $P_1 = U_N I_N \cos\varphi$。当 U_N 和 I_N 为定值时，若 $\cos\varphi$ 低，则负载吸收的功率低，因而电源供给的有功功率 P_1 也低，这样电源的潜力就没有得到充分发挥。例如，额定容量为 $S_N = 100 \text{ kV} \cdot \text{A}$ 的变压器，若负载的功率因数 $\cos\varphi = 1$，则变压器额定运行时，可输出有功功率 $P_1 = S_N \cos\varphi = 100 \text{ kW}$；若负载的 $\cos\varphi = 0.2$，则变压器额定运行时只能输出 $P_1 = S_N \cos\varphi = 20 \text{ kW}$。显然，这时变压器没有得到充分利用。因此，提高负载的功率因数，可以提高电源设备的利用率。

（2）降低线路损耗和线路压降。输电线上的损耗为 $P_1 = I^2 R_1$（R_1 为线路电阻），线路压降为 $U_1 = R_1 I$，而线路电流 $I = \dfrac{P_1}{U\cos\varphi}$。由此可见，当电源电压 U 及输出有功功率 P_1 一定时，提高 $\cos\varphi$，可以使线路电流减小，从而降低了传输线上的损耗，提高了传输效率；同时，线路上的压降减小，使负载的端电压变化减小，提高了供电质量。因此，在相同的线路损耗的情况下，可以节约铜材。这是因为 $\cos\varphi$ 提高，电流减小，在 P_1 一定时，线路电阻可以增大，故传输导线可以细些，从而节约了铜材。

【例 3-13】　有一额定容量 S_N 为 5000 V·A、额定电压 U_N 为 230 V、额定电流 I_N 为 22 A 的发电机向一组负载供电。如负载的总功率为 2500 W，额定电压 U_N 为 230 V，功率因数 $\cos\varphi = 0.5$。（1）求发电机的输出电流 I，并说明发电机是否已满载？（2）若采取一定措施，将负载的 $\cos\varphi$ 提高到 0.85，有功功率及额定电压都不变，求发电机的输出电流 I。

【解】　（1）
$$I_1 = \frac{P}{U\cos\varphi_1} = \frac{2500}{230 \times 0.5} = 21.7 \text{ A}$$

负载电流接近于发电机的额定电流 22 A，说明发电机已基本满载，不能再带其他负载。

（2）
$$I_2 = \frac{P}{U\cos\varphi_2} = \frac{2500}{230 \times 0.85} = 12.8 \text{ A}$$

可见，功率因数提高到 0.85 后，发电机只输出 12.8 A 的电流，比额定电流小了 9.2 A，说明发电机还有余量可带其他的负载。

2）提高功率因数的方法

如何提高功率因数呢？首先应了解负载功率因数低的原因。在供电系统的负载中，就其性质来说，多属于感性负载。如厂矿企业中大量使用的异步电动机，在额定负载时的功率因数为 0.7～0.9，在轻载和空载时更低，另外控制电路中的交流接触器，以及照明用的日光灯等，都是感性负载，而且功率因数都较低，电流总滞后于电压一个 φ 角。说明负载在需要有功功率的同时,还需要一定的无功功率。如何减小电源与负载之间的能量互换,而又能使感性负载获得所需的无功功率,这就是研究提高功率因数的目的。

提高功率因数的方法主要采用在感性负载两端并联电容器的方法对无功功率进行补偿。

如图 3 - 52(a)所示,设负载的端电压为 $\dot{U}$,在未并联电容时,感性负载中的电流为

$$\dot{I}_1 = \frac{\dot{U}}{Z_1} = \frac{\dot{U}}{R + jX_L} = \frac{\dot{U}}{|Z_1| \angle \varphi_1} = \frac{\dot{U}}{|Z_1|} \angle - \varphi_1$$

当给感性负载并联上电容后,$\dot{I}_1$ 不变,而电容支路有电流

$$\dot{I}_C = \frac{\dot{U}}{-jX_C} = j\frac{\dot{U}}{X_C}$$

故线路电流

$$\dot{I} = \dot{I}_1 + \dot{I}_C$$

相量图如图 3 - 52(b)所示。

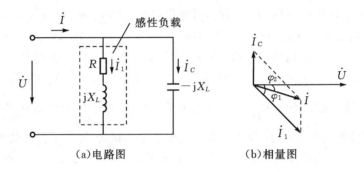

(a)电路图　　　　(b)相量图

图 3 - 52　感性负载并联电容提高功率因数

图 3 - 52(b)的相量图表明,在感性负载的两端并联适当的电容,可使电压与电流的相位差 φ 减小,即原来是 φ_1,现减小为 φ_2,$\varphi_2 < \varphi_1$,故 $\cos\varphi_2 > \cos\varphi_1$,同时线路电流由 I_1 减小为 I。这里能量互换部分发生在感性负载与电容器之间,因而使电源设备的容量得到充分利用,线路上的能耗和压降也减小了。

3)并联电容的选取

由于未并入电容时,电路的无功功率为

$$Q = UI_1 \sin\varphi_1 = UI_1 \frac{\sin\varphi_1 \cos\varphi_1}{\cos\varphi_1} = P\tan\varphi_1$$

而并入电容后,电路的无功功率为

$$Q' = UI \sin\varphi_2 = P\tan\varphi_2$$

因而电容需要补偿的无功功率为

$$Q_C = Q - Q' = P(\tan\varphi_1 - \tan\varphi_2)$$

又因

$$Q_C = I_C^2 X_C = \frac{U^2}{X_C} = \omega CU^2$$

故

$$C = \frac{Q_C}{\omega U^2} = \frac{P}{2\pi f U^2}(\tan\varphi_1 - \tan\varphi_2) \tag{3.54}$$

这就是所需并联电容器的电容量。式(3.54)中 P 是负载所吸收的功率，U 是负载的端电压，φ_1 和 φ_2 分别是补偿前和补偿后的功率因数角。

另外需注意的是，这里所讨论的提高功率因数是指提高电源或电网的功率因数，而某个感性负载的功率因数并没有变。在感性负载上并联了电容器以后，减少了电源与负载之间的能量交换。这里，感性负载所需要的无功功率，大部分或全部是就地供给(由电容器供给)，就是说能量的交换现在主要或完全发生在感性负载与电容器之间，因而使设备容量能得到充分利用；其次，由相量图可知，并联电容器以后线路电流也减小了，因而减小了线路的功率损耗。还需注意的是，采用并联电容器的方法，电路有功功率未改变，因为电容器是不消耗电能的，负载的工作状态不受影响，因此该方法在实际中得到了广泛应用。

【例 3 - 14】　一感性负载与 220 V、50 Hz 的电源相接，其功率因数为 0.7，消耗功率为 4 kW，若要把功率因数提高到 0.9，应加接什么元件？其元件值如何？

【解】　应并联电容，如图 3 - 52 所示。设并联电容前感性负载的功率因数角为 φ_1，并联电容后的电路的功率因数角为 φ_2，则并联电容前感性负载的无功功率

$$Q_1 = P\tan\varphi_1 = 4 \times 10^3 \times 1.02 = 4.08 \text{ kvar}$$

并联电容补偿后的无功功率

$$Q_2 = P\tan\varphi_2 = 4 \times 10^3 \times 0.484 = 1.936 \text{ kvar}$$

设所需电容的无功功率为 Q_C，则有 $P\tan\varphi_2 = P\tan\varphi_1 + Q_C$，而 $Q_C = -U^2\omega C$，因此

$$C = \frac{P}{\omega U^2}(\tan\varphi_1 - \tan\varphi_2) = \frac{1}{220^2 \times 314}(4080 - 1936) = 141 \text{ } \mu\text{F}$$

技能实训 5　*RLC* 串联交流电路的测试

1. 实训目的

掌握 *RLC* 串联交流电路中总电压与各分电压之间的关系。

2. 实训所需器材

(1)ZH - 12 型通用电学实验台。

(2)电阻、电感、电容。

(3)信号发生器、示波器、晶体管毫伏表。

3. 实验内容与步骤

(1)在实验线路板上按如图 3 - 46(a)所示电路连接线路，电路中电阻 $R = 100$ Ω，$L = 47$ mH，$C = 10$ μF，交流电源用函数信号发生器代替，$U = 5$ V，频率分别为 50 Hz、1 kHz、10 kHz。

(2)用双踪示波器的 CH1 测试电源两端的电压信号，分别用 CH2 测试电阻、电感、电容两端的电压信号，读出数据，填入表 3 - 8 中。

(3)用 CH2 测试电阻两端的电压信号，选择合适的水平和垂直标度，将触发电平设置到 CH1 上，即可得到相应的电压与电流的波形。

(4)用交流毫伏表测量频率分别为 50 Hz、1 kHz、10 kHz 时的电源、电阻、电感、电容两端的电压，读出数据，填入表 3 - 8 中。

表 3-8　**RLC 串联交流电路的测试**

测试项目	频率	用示波器测量的最大值	计算有效值	交流毫伏表测量值
电源电压 U	$f=50$ Hz			
	$f=1$ kHz			
	$f=10$ kHz			
电阻电压 U_R	$f=50$ Hz			
	$f=1$ kHz			
	$f=10$ kHz			
电感电压 U_L	$f=50$ Hz			
	$f=1$ kHz			
	$f=10$ kHz			
电容电压 U_C	$f=50$ Hz			
	$f=1$ kHz			
	$f=10$ kHz			

4. 分析思考

(1)总电压 U 与 $U_R+U_L+U_C$ 是否相等?

(2)U_R 与 U_L、U_R 与 U_C、U 与 U_R 波形的相位差分别是多少?

(3)三个同样的白炽灯,分别与电阻、电感、电容串联后接到相同的交流电源上,如果 $R=X_L=X_C$,那么三个白炽灯亮度是否一样? 为什么? 如果把它们改接在直流电源上,灯的亮度各有什么变化?

5. 评分

(1)操作是否符合规范(40%)。

(2)结果是否正确(30%)。

(3)分析是否正确(30%)。

六、照明电路的设计与安装

1. 荧光灯电路

1)荧光灯电路的结构

荧光灯电路由灯管、镇流器、启辉器、灯架和灯座等组成。荧光灯电路的连接如图 3-53 所示。

(1)灯管。灯管是内壁涂有荧光粉的玻璃管,灯管两端各有一个由钨丝绕成的灯丝,灯丝上涂有易发射电子的氧化物。管内抽成真空并充有一定量的氩气和少量水银。氩气具有使灯管易发光和保护电极、延长寿命的作用。当管内电压达到 500 V 时,会发生弧光放电,水银蒸气受激发辐射出大量紫外线,荧光物质受紫外线激发而发出可见光。

(2)镇流器。镇流器是具有铁芯的线圈,在电路中起如下作用:在接通电源的瞬间,使流过灯丝的预热电流受到限制,以防止预热电流过大烧断灯丝;荧光灯启动时,和启辉器配合产生

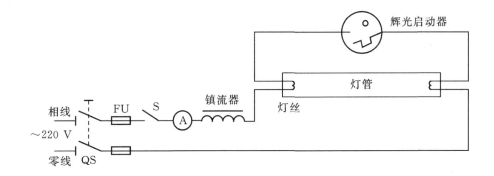

图 3-53　荧光灯电路连接图

一个瞬时高电压,促使管内水银蒸气发生弧光放电,致使灯管管壁上的荧光粉受激发而发光;灯管发光后,保持稳定放电,并将其两端电压和通过的电流限制在规定值内。

（3）启辉器。启辉器的作用是在灯管发光前接通灯丝电路,使灯丝通电加热后又突然切断电路,类似一个开关。启辉器的外壳是用铝或塑料制成的,壳内有一个充有氖气的小琉璃泡（也叫跳泡）和一个纸质电容器。跳泡装有两个电极,一个为固定电极（静触片）,一个为可动电极（U 型双金属片）。启辉器的启辉电压约为 140 V。启辉器跳泡的结构如图 3-54 所示。纸质电容器的作用是避免启辉器的触片断开时产生的火花将触片烧坏,同时也防止管内气体放电时产生的电磁波辐射对电视机等家用电器的干扰。

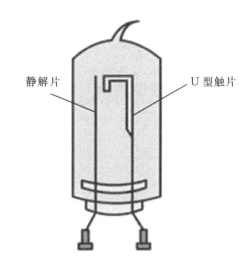

图 3-54　启辉器跳泡的结构

（4）灯架。灯架有木制和铁制两种,其规格应配合灯管长度。

（5）灯座。灯座有开启式和弹簧式两种。大型灯座适用于 15 W 及以上的灯管,小型灯座适用于 6 W、8 W、12 W 灯管。

2）荧光灯的工作原理

荧光灯的工作原理如图 3-53 所示。接通电源后,电源电压全部加在启辉器静触片和双金属片的两端,由于两触片间的高电压产生的电场较强,故使氖气游离而放电（红色辉光）,放电时产生的热量使双金属片弯曲与静触片连接,电流经镇流器、灯管的灯丝及启辉器构成通路。电流流过灯丝后,灯丝发热并发射电子,致使管内氖气电离,水银蒸发为水银蒸气。因启辉器玻璃泡内两触片连接,故电场消失,氖气也随之立即停止放电。随后,玻璃泡内温度下降,两金属片因此冷却而恢复原状,使电路断开,此时镇流器中的电流突变,故在镇流器两端产生一个很高的自感电动势,这个自感电动势和电源电压串联后,全部加到灯管两端,形成一个很强的电场,致使管内水银蒸气产生弧光放电,在弧光放电时产生的紫外线激发了灯管壁上的荧光粉,使之发出近似日光的灯光。灯管点亮后,由于镇流器的存在,灯管两端的电压比电源电压低得很多(具体数值与灯管功率有关,一般在 50~100 V 范围内),不足以使辉光启动器放电,其触点不再闭合。

2. 白炽灯电路

白炽灯是目前最常用的一种电光源。它用钨丝做成灯丝,并将其封入抽成真空的玻璃泡中,电流通过灯丝时将灯丝加热到白炽状态而发光。

插座是为移动照明电器、家用电器等其他用电设备提供电源的元件。

通常情况下,灯具的安装高度室外不低于 3 m,室内不低于 2.4 m。室内照明开关安装在门边便于操作的位置上,拉线开关距离地面 2.3 m,跷板暗装开关距离地面 1.3 m,与门框的距离为 150~200 mm。

1)圆木(木台)的安装

先加工圆木,在圆木表面上用电钻钻出三个孔,孔的大小根据导线的横截面积来确定,一般为 $\phi 3 \sim \phi 4$ mm。如果是护套明配线,应在圆木正对护套线的一面锯出一个豁口,将护套线卡入圆木的豁口中,用木螺钉穿过圆木,并将其固定在预埋木桩上,如图 3-55 所示。

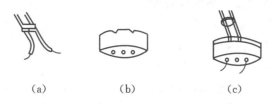

(a)　　　　　　　(b)　　　　　　　(c)

图 3-55　圆木(木台)的安装

2)挂线盒的安装

(1)将圆木上的导线端部从挂线盒底座中穿出,用木螺钉紧固在圆木上,如图 3-56(a)所示。

(2)将伸出挂线盒底座的端部剥去 15~20 mm 的绝缘层,弯成接线圈后,分别压接在挂线盒的两个接线桩上。

(3)根据灯具安装高度的要求,取一段塑料花线作为挂线盒与灯头之间的连接线,上端与挂线盒内的接线桩相连接;下端连接到灯头接线桩上,如图 3-56(b)所示。

(4)吊灯电源线在进入挂线盒盖后,在距离接线端头 40~50 mm 处打一个灯头扣,如图

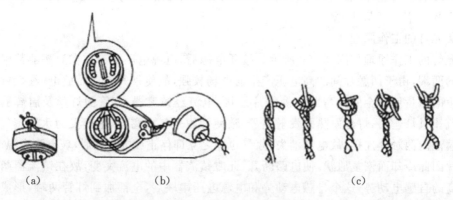

(a)　　　　　　　(b)　　　　　　　　　　　(c)

图 3-56　挂线盒的安装

3-56(c)所示,这个结扣正好卡在挂线盒里,承受悬吊部分灯具的重量。

3)灯座的安装

(1)平灯座的安装。平灯座上有两个接线柱,一个与电源的中性线(N)连接,另一个与来自开关的相线连接。插口平灯座上的两个接线柱可任意连接,而螺口平灯座的两个接线柱,必须把电源中性线(俗称零线)端部连接到通螺纹圈的接线柱上,把来自开关的线头连接到通中心簧片的接线柱上,如图3-57所示。

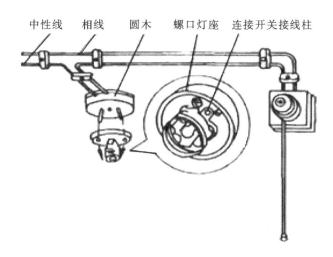

图 3-57   螺口平灯座的安装

(2)吊灯座的安装。吊灯灯座必须用两根绞合的塑料软线或花线作为与挂线盒的连接线。将导线两端的绝缘层削去,并把芯线绞紧。如图3-58(a)所示,先把上端导线穿入挂线盒,并在盒孔内打结穿入挂线盒底座的两个侧孔里,再分别连接到两个接线柱上,旋上罩盖。如图3-58(b)所示,然后将下端导线穿入吊灯座盖的孔内并打结,最后把接线端分别接在灯头的两

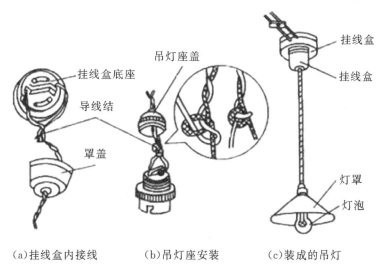

(a)挂线盒内接线   (b)吊灯座安装   (c)装成的吊灯

图 3-58   吊灯座的安装

个接线柱上,并罩上灯头座盖。安装好的吊灯如图 3-58(c)所示,灯泡的高度一般规定距离地面 2.5 m,也可以以成人向上伸手碰不到为准,且灯头线不宜过长,也不应打结。

4)开关的安装

开关一定要接在电源的相线上,即相线先通过开关才进灯头。这样在开关切断后,灯头不会带电,以保证在使用、维修中的安全。

(1)单联开关。应装在木台上,并加以固定,木台中的线头,一根是电源相线,另一根是进入灯头的相线。将木台固定在打有木榫的墙上,用木螺钉固定开关底座,使开关底座位于木台的中间,固定好底座后,将两个导线线头分别接在开关底座的两个接线端,旋上开关盖子即可。

(2)卡线式暗装开关。一般是在预埋好的铁制或塑料安装盒上进行安装,方法是:将来自电源的一根相线接在开关静触点的接线端子上,将连接灯头的一根线接在动触点的接线端子上。如果是双极或多极开关,将来自电源的一根相线连通所有开关的静触点接线端子,并将各灯头的线分别接在各开关的动触点接线端子上,再将开关分别固定在安装盒上,最后用螺钉固定盖板。

(3)跷板式暗装开关。一般接上端为开灯,接下端为关灯。

(4)扳式暗装开关。扳把向上为开灯,向下为关灯。

5)插座的安装

(1)安装一般要求。一般情况下,明装插座的安装高度应距离地面 1.4 m。在托儿所、幼儿园、小学等场所明装插座的安装高度应不低于 1.8 m;暗装插座应距离地面 3 m。同一场所安装插座的高度应保持一致,其高度差应不大于 5 mm,几个插座成排安装高度差应不大于 2 mm。

(2)插座的安装。接线方法如图 3-59 所示。

图 3-59　插座插孔的极性连接方法

插座安装方法与挂线盒基本相同,但要特别注意接线插孔的极性。

①双孔插座在双孔水平安装时,火线接右孔,零线接左孔(即左零右火);双孔竖直排列时,火线接上孔,零线接下孔(即下零上火)。

②三孔插座下边两孔是接电源线的,仍为左零右火,上边大孔接保护接地线,它的作用是一旦电气设备漏电到金属外壳时,可通过保护接地线将电流导入大地,消除触电危险。

③三相四孔插座下边三个较小的孔分别接三相电源相线,上边较大的孔接保护接地线。

3. 单相电能表

电能表是用于测量负载在一定时间内所耗电能多少的仪表。如图 3-60(a)所示为感应系电能表的外形。

(1)感应系电能表的结构。感应系电能表的主要结构有驱动元件、转动元件、制动元件和计度器。

驱动元件由一个线圈匝数多、线径小、与被测电路并联的电压线圈和一个线圈匝数少、线径大、与被测电路串联的电流线圈构成;转动元件由铝盘和转轴组成;制动元件由永久磁铁组成。

(2)工作原理。利用电压线圈和电流线圈中电流的变化,在铝盘中感应出涡流,此涡流在交变磁通的作用下产生电磁转矩,驱动铝盘转动。利用永久磁铁产生一个与驱动力矩大小相等、方向相反的制动转矩,使铝盘在一定的负载功率下以相应的转速匀速转动。最后通过计度器算出铝盘转数从而测定电能的多少。

(3)接线。单相电能表有专门的接线盒,盒内有四个端钮,连接时只要按照1、3端接电源,2、4端接负载即可,如图3-60(b)所示。

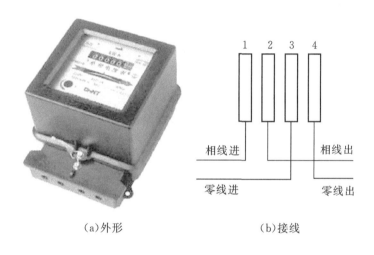

(a)外形　　　　　　　　　(b)接线

图3-60　感应系电能表

(4)读数。在电能表面板上方有一个长方形的窗口,窗口内装有机械式读数器,从左到右依次为千位、百位、十位、个位和十分位,如图3-61所示。两次读数之差即为某段时间内所用电的度数。

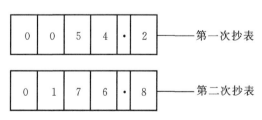

图3-61　电能表读数

技能实训6 照明电路的设计与安装

1. 实训目的

(1)学会按照电路图连接荧光灯电路和白炽灯电路。

(2)加深对复杂交流电路中总电压与分电压关系的理解。

(3)掌握电能表的接线方法并能正确读数。

2. 实训所需器材

(1)ZH-12型通用电学实验台。

(2)常用电工工具一套。

(3)MF47型万用表一个。

(4)单联开关220 V/10 A、双联开关220 V/10 A、交流电流表、开启式负荷开关、荧光灯、白炽灯、单相电度表、万用表。

3. 实验内容与步骤

1)连接两地控制单相照明电路

按照如图3-62所示的电路图连接电路。经检查无误后,方可通电。

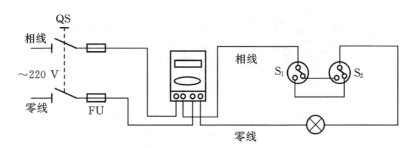

图3-62 两地控制单相照明电路

接下开关S_1,电路正常工作,观察电能表的工作情况;按下开关S_2,灯泡熄灭,再观察电能表的工作情况。

按下开关S_2,电路正常工作,观察电能表的工作情况;按下开关S_1,灯泡熄灭,再观察电能表的工作情况。

电路正常工作15 min,观察电能表的读数有何变化?

2)连接白炽灯电路

按照如图3-63所示的电路图连接电路。经检查无误后,方可通电。闭合开关S,使电路正常工作。用万用表分别测量电源电压U、白炽灯L_1两端电压U_{R_1}、白炽灯L_2两端电压U_{R_2},由交流电流表测量出白炽灯的工作电流I。把测量结果填入表3-9中。根据测量结果进行计算,并将计算结果填入表3-9中。将计算结果与实际的测量值进行比较,你能找到总电压与各个分电压的关系吗?

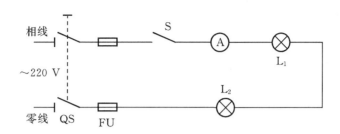

图 3-63　白炽灯电路连接图

表 3-9　测量与计算结果

测量结果				计算结果		
总电压 U/V	U_{R_1}/V	U_{R_2}/V	I/A	总电压 U'/V	等效电阻 R/Ω	有功功率 P/W

3)连接荧光灯电路

按照图 3-53 连接荧光灯电路。经检查无误后,方可通电。闭合开关 S,接通电路,使荧光灯电路正常工作后,用万用表分别测量电源电压 U、镇流器两端电压 U_L、灯管两端电压 U_R,由交流电流表测量出荧光灯的工作电流 I。把测量结果填入表 3-10 中。若镇流器的内阻不计,根据测量结果,计算出表 3-10 中的其他相关数据并填入表中。将计算结果与实际的测量值进行比较,你能找到总电压与各个分电压的关系吗?

表 3-10　测量与计算结果

测量结果				计算结果				
电源电压 U/V	镇流器电压 U_L/V	灯管电压 U_R/V	灯管电流 I/A	电源电压 U'/V	功率因数 $\cos\varphi$	灯管电阻 R/Ω	镇流器 L/H	有功功率 P/W

4. 分析思考

(1)比较荧光灯电路与白炽灯电路计算结果,说说为什么两种电路的总电压与分电压的关系不同?

(2)若是 RC 串联电路,总电压与分电压的关系又是如何?若是 RLC 串联电路呢?

5. 评分

(1)操作是否符合规范(40%)。

(2)结果是否正确(30%)。

(3)分析是否正确(30%)。

项目小结

(1)随时间按正弦规律周期性变化的电压、电流和电动势统称为正弦交流电。正弦交流电的三要素为:最大值、频率和初相位。根据三要素可以写出正弦量的瞬时值表达式,也可画出其波形图。同频率正弦电量的相位关系由它们之间的相位差决定。

(2)用于表示正弦电量的复数称为相量,即用复数的模表示正弦电量的有效值;用复数的辐角表示正弦量的初相位。同频率的正弦量之间的关系可借助相量图表示。相量法是分析和计算交流电路的重要工具。应掌握交流电瞬时表达式与相量的转换关系。

(3)分析交流电路时,主要找出电路中电压与电流之间的有效值关系、电压与电流相位关系及能量关系。

①对单一参数电路的电压与电流之间的关系及功率分别为:

纯电阻电路:$U = IR$, $\varphi_{ui} = 0°$, $P = I^2R$;

纯电感电路:$U = IX_L$, $\varphi_{ui} = 90°$,感抗 $X_L = \omega L$, $P = 0$, $Q_L = I^2 X_L$;

纯电容电路:$U = IX_C$, $\varphi_{ui} = -90°$,容抗 $X_C = 1/\omega C$, $P = 0$, $Q_L = I^2 X_C$ 。

电阻是耗能组件,电感和电容是储能组件。

②RLC 串联电路的电压与电流之间的关系及功率分别为:

总电压与电流有效值的关系为:$U = I|Z|$, $|Z| = \sqrt{R^2 + (X_L - X_C)^2}$;

总电压与电流之间的相位差为:$\varphi = \arctan \dfrac{X_L - X_C}{R}$,即阻抗角 φ(电压与电流相位差角或功率因数角);

各电压与各组件电压的有效值关系为:$U = \sqrt{U_R^2 + (U_L - U_C)^2}$;

有功功率为:$P = UI\cos\varphi = I^2 R$;

无功功率为:$Q = UI\sin\varphi = Q_L - Q_C = I^2 X_L - I^2 X_C$;

视在功率为:$S = UI = \sqrt{P^2 + Q^2}$ 。

(4)功率因数是电力系统的重要指标。提高电路的功率因数能充分利用电源设备,减小线路上的功率和电压损耗。提高功率因数的方法是在感性负载两端并联适当的电容器。

思考与练习

3-1 什么是正弦交流电的三要素?

3-2 家用电器一般采用正弦交流电供电,家用电器铭牌上的额定电压"220 V"指的是什么值?

3-3 用交流电压表测得某一交流电路的电压为 220 V,求此交流电压的最大值是多少?

3-4 一正弦波波峰到波谷值(即峰峰值)为 100 mV,请问其有效值是多少?

3-5 已知 $i = 1.5\cos(1000\pi t - 60°)$ A , $u = 120\sin(1000\pi t + 240°)$ V,求 i 比 u 超前或滞后多少角度?

3-6 已知一正弦交流电流 $i = 5\sin(\omega t - 30°)$ A , $f = 50$ Hz,问在 $t = 0.1$ s 时电流的瞬时值为多少?

3-7 一个工频正弦电压的振幅(最大值)为 311 V,在 $t = 0$ 时的值为 -155.5 V,试求它的三要素和瞬时值表达式。

3-8 3 个同频率的正弦交流电流 i_1、i_2、i_3 的最大值分别是 1 A、2 A、3 A。若 i_1 比 i_2

超前 30°，而较 i_3 滞后 150°，试以 i_3 为参考正弦量（注意：以某一正弦交流量为参考正弦交流量的意思是该正弦交流量的初相位可任意设定，为了分析方便，一般设该正弦量的初相位为"零"较妥）：(1)写出 3 个电流瞬时值表达式；(2)画出 i_1、i_2、i_3 的波形图。

3-9　已知 $i_1 = 42.3\sin(\omega t + 45°)$ A，$i_2 = 53.4\sin(\omega t - 45°)$ A，试用相量表示 i_1、i_2 和 $i = i_1 + i_2$。写出 i 的三角函数表达式，并画出波形图。

3-10　在如图 T3-1 中所示的相量图中，已知 $U = 220$ V，$I_1 = 10$ A，$I_2 = 5\sqrt{2}$ A，它们的角频率是 ω，试写出各正弦量 u、i_1、i_2 的瞬时值表达式及其相量 $\dot{U}$、$\dot{I}_1$、$\dot{I}_2$。

3-11　试将下列各时间函数用对应的相量来表示：

(1) $i_1 = 5\sin\omega t$ A，$i_2 = 10\sin(\omega t + 30°)$ A

(2) $i = i_1 + i_2$

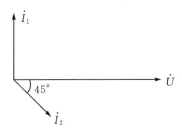

图 T3-1

3-12　试将下列各相量用对应的时间函数（角频率为 ω）来表示：

(1) $\dot{I} = 10\angle 30°$ A　(2) $\dot{U} = (4 + 4j)$ V　(3) $\dot{E} = e^{j60°}$ V

3-13　有一额定电压 220 V、额定功率 200 W 的灯泡，接在 $u = 220\sqrt{2}\sin 314t$ V 的电源上，试求：(1)流过灯泡的电流 I；(2)灯泡电阻 R；(3)若把该灯错接在 120 V 的交流电源上，灯泡的电流和功率。

3-14　有一个灯泡接在 $u = 311\sin(314t + 30°)$ V 的交流电源上，灯丝炽热时电阻为 484 Ω，试求流过灯丝的电流瞬时值表达式以及灯泡消耗的功率。

3-15　一个纯电感线圈的电感量 $L = 414$ mH，接在 $u = 275.8\sin(314t + 90°)$ V 的交流电源上。(1)求电路的电压和电流的有效值；(2)给出电压、电流的相量图；(3)求平均功率和无功功率。

3-16　已知：一个电感线圈 $L = 35$ mH，接在电压为 110 V、频率为 50 Hz 的电源上，试求：感抗 X_L、电流 i、有功功率 P、无功功率 Q，并画出相量图。

3-17　已知：一电容电路 $C = 10$ μF，电流 $i = 0.1\sqrt{2}\sin(100t + 60°)$ A，试求：该电路的容抗 X_C、电压 u_C、有功功率 P、无功功率 Q，并画出相量图。

3-18　已知：负载上的电压 $u = 220\sqrt{2}\sin(314t + 36.9°)$ V，负载电阻 $R = 4$ Ω，$X_L = 3$ Ω，试求：通过负载的正弦交流电流 i。

3-19　一个具有电阻的电感线圈，若接在 $f = 50$ Hz、$U = 12$ V 的交流电源上，通过线圈的电流为 2.4 A，如将此线圈改接在 $U = 12$ V 的直流电源上，则通过线圈的电流为 4 A。试求这个线圈的电阻、阻抗和感抗，并绘出阻抗三角形。

3-20　有一 JZ7 型中间继电器，其线圈数据为 380 V、50 Hz，线圈电阻为 2 kΩ，线圈电感为 43.3 H，试求线圈电流及功率因数。

3-21　有一交流接触器，其线圈数据为 380 V、30 mA、50 Hz，线圈电阻为 1.6 kΩ，试求线圈电感。

3-22　在如图 T3-2 所示的电路中，$R = X_L = X_C$，并已知电流表 A_1 的读数为 3 A，试

问电流表 A_2 和 A_3 的读数为多少?

3-23 RC 串联电路中 $R=4\ \Omega$, $X_C=3\ \Omega$, 电源电压 $\dot{U}=100\angle0°$ V, 试求电流 $\dot{I}$。

3-24 在图 T3-3 所示的电路中, 已知 $U=220$ V, $R=6\ \Omega$, $X_L=8\ \Omega$, $X_C=19\ \Omega$, 试求: (1)电路的总电流 I, 支路的电流 I_1、I_C; (2)线圈支路的功率因数和电路的总功率因数。

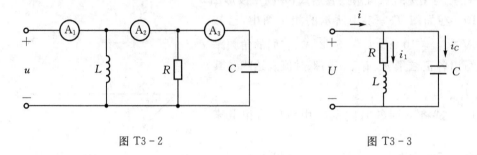

图 T3-2   图 T3-3

3-25 有一 RLC 串联的交流电路, 已知 $R=X_L=X_C=10\ \Omega$, $I=1$ A, 试求其两端的电压 U。

3-26 RLC 串联交流电路中, $R=8\ \Omega$, $X_L=10\ \Omega$, $X_C=4\ \Omega$, 电源电压 $U=150$ V, 求电路的总电流 I, 电阻上的电压 U_R, 电感上的电压 U_L, 电容上的电压 U_C, 有功功率 P, 无功功率 Q, 视在功率 S 和功率因素 $\cos\varphi$。

3-27 在 RLC 串联的交流电路中, 已知: $u=220\sqrt{2}\sin314t$ V, $R=40\ \Omega$, $L=197$ mH, $C=100\ \mu$F, 求: i、U_R、U_L、U_C 和 P、Q、S。

3-28 正弦交流电路中, $\dot{U}=10\angle30°$ V, $\dot{I}=5\angle-15°$ A, 试求电路中等效电阻 R、电抗 X、功率因素 $\cos\varphi$ 及有功功率 P。

3-29 欲使功率为 40 W、电压为 220 V、电流为 0.65 A 的荧光灯电路的功率因数提高到 0.92, 应并联多大的电容器? 这时电路的总电流是多少?(设电源频率为 50 Hz)

3-30 已知: 荧光灯的功率为 40 W、电压为 220 V、电流为 0.65 A, 试计算: (1)荧光灯支路的功率因数; (2)欲使整个电路的功率因数提高到 0.95, 需并联的电容器 C 的值为多大? (3)若给 40 W 的荧光灯并联的电容值为 4.7 μF 时, 问此时的功率因数为多少?

项目四　三相交流电动机的控制接线与测量

任务一　三相电路的功率计算与测量

一、三相电源的基本知识

在现代电网中,从电能的产生到输送、分配及应用,大多是采用三相交流电路。所谓三相交流电路是由幅值相等、频率相同、相位互差 120°的三个正弦交流电源同时供电的系统。由于三相交流电在发电、输电、配电、用电等各方面都比单相交流电优越,所以在各个领域得到广泛的应用。日常生活中使用的单相电源,实际上是三相电源中的一相。

1. 三相交流电源的产生

三相交流电动势通常是由三相交流发电机产生。图 4-1 为最简单的三相交流发电机结构示意图。它主要由电枢和磁极构成。

电枢是固定的,称为定子。定子铁芯由硅钢片叠成,其内圆周表面沿径向冲有嵌线槽,用以放置三个结构相同、彼此独立的三相绕组,三相绕组的始端分别标以 U_1、V_1、W_1,末端分别标以 U_2、V_2、W_2,三相绕组在定子内圆周上彼此之间相隔 120°。

磁极是转动的,称为转子。转子铁芯上绕

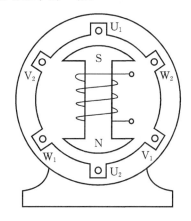

图 4-1　最简单的三相交流发电机结构示意图

有励磁线圈,通往直流电流励磁,选择合适的极面形状,可使空气隙中的磁场按正弦规律分布。当转子恒速转动时,每相定子绕组依次切割磁力线,产生频率相同、幅值相等、相位互差 120°的三相感应电动势 e_U、e_V、e_W。电动势的正方向选定为由绕组的末端指向始端。若以 e_U 为参考正弦量,则三相电动势的瞬时值表达式为

$$\begin{cases} e_U = E_m \sin\omega t \\ e_V = E_m \sin(\omega t - 120°) \\ e_W = E_m \sin(\omega t - 240°) = E_m \sin(\omega t + 120°) \end{cases}$$

若以相量形式表示,则它们的相量表达式为

$$\begin{cases} \dot{E}_U = E\angle 0° \\ \dot{E}_V = E\angle -120° \\ \dot{E}_W = E\angle -240° = E\angle 120° \end{cases} \tag{4.1}$$

三相交流电动势的波形和相量图如图 4 - 2 所示。由图 4 - 2(a)可知,对称电动势的特点是三相电动势瞬时值之和恒为零。三相交流电出现正幅值(或相应零值)的顺序称为相序。由图 4 - 2(b)可知,其相序为 U→V→W。

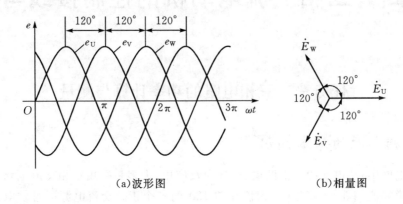

（a）波形图　　　　　　　（b）相量图

图 4 - 2　三相交流电动势的波形和相量图

2. 三相电源的连接

把三相交流电源的每一相用两根导线和负载连接起来,组成了三个互不相关的电路。这种连接需要用六根导线来输电,是很不经济的。因此,实际上都是采用"星形"(Y 形)或"三角形"(△ 形)的连接方式。

1)星形连接(Y 连接)

通常把发电机三相绕组的末端 U$_2$、V$_2$、W$_2$ 连接成一点 N;而把始端 U$_1$、V$_1$、W$_1$ 作为与外电路相连接的端点,这种连接方式称为电源的星形连接,如图 4 - 3 所示。N 点称为中性点。从中性点引出的导线叫中性线,当中性线接地时,由中性点引出的线叫零线。从始端(U$_1$、V$_1$、W$_1$)引出的三根导线称为端线或相线,俗称火线,用 L$_1$、L$_2$、L$_3$ 表示。U$_1$、V$_1$、W$_1$ 三相用黄、绿、红三色标记;零线用黑色;地线用黄绿双色线。注意,地线与零线不要混淆,地线是由接地装置引出的线,对人身或设备起保护作用。

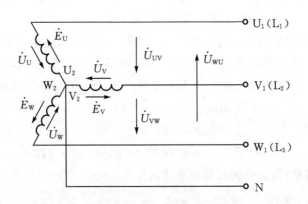

图 4 - 3　三相四线制电源

由三根相线和一根中性线构成的供电系统统称为三相四线制供电系统。通常低压供电网采用三相四线中性点接地供电系统。教学楼中见到的只有两根导线的单相供电线路,则是由一根相线和一根中性线组成。

星形连接方式在导线间存在着两种电压:相电压和线电压。相线与中性线之间的电压 U_U、U_V、U_W 称为相电压。相线与相线之间的电压 U_{UV}、U_{VW}、U_{WU} 称为线电压。通常规定电源各相电动势的参考方向从发电机绕组的末端指向始端(从中性线指向相线,即 $N \rightarrow U_1$、$N \rightarrow V_1$ 和 $N \rightarrow W_1$)。相电压的参考方向规定从发电机绕组的始端指向末端(从相线指向中性线,即 $U_1 \rightarrow N$、$V_1 \rightarrow N$ 和 $W_1 \rightarrow N$)。线电压的参考方向,例如 U_{UV},则是 U 端指向 V 端。由图 4-3 可知各线电压与相电压之间的关系为

$$\begin{cases} \dot{U}_{UV} = \dot{U}_U - \dot{U}_V \\ \dot{U}_{VW} = \dot{U}_V - \dot{U}_W \\ \dot{U}_{WU} = \dot{U}_W - \dot{U}_U \end{cases} \tag{4.2}$$

相电压与线电压的相量图如图 4-4 所示。作相量图时可先作出相电压相量,再根据式 (4.2) 分别作出线电压相量。由相量图 4-4 可知,由于三相电动势对称、相电压对称、则线电压也对称,线电压在相位上超前对应的相电压 $30°$。

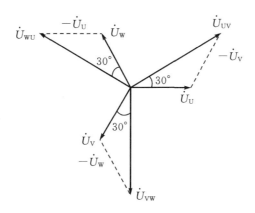

图 4-4 三相电源各电压相量之间的关系

线电压与相电压的大小关系为

$$U_{UV} = 2U_U \cos 30° = \sqrt{3}U_U$$

同理

$$U_{VW} = \sqrt{3}U_V, U_{WU} = \sqrt{3}U_W$$

线电压的有效值用 U_l 表示,相电压的有效值用 U_p 表示。由上面的分析可知

$$\dot{U}_l = \sqrt{3}\dot{U}_p \angle 30° \tag{4.3}$$

即线电压有效值是相电压的 $\sqrt{3}$ 倍,线电压超前与之对应的相电压 $30°$,且线电压之间在相位上互差 $120°$,也是对称的。

一般低压供电的线电压是 380 V,它的相电压是 $380/\sqrt{3} = 220$ V。可根据负载额定电压的大小决定其接法:若负载额定电压是 380 V,就接在两根相线之间;若额定电压是 220 V,就接在相线和中性线之间。必须注意:不加说明的三相电源和三相负载的额定电压都是指线电压。

【例 4 - 1】 已知星形连接的对称三相电源中 $u_{VW} = 380\sin(\omega t - 90°)$，试写出 u_{WU}、u_{UV}、u_U、u_V、u_W 的表达式。

【解】 因为 u_{UV} 超前 $u_{VW} 120°$，u_{WU} 滞后 $u_{VW} 120°$，所以

$$u_{WU} = 380\sin(\omega t - 90° - 120°) = 380\sin(\omega t - 210°) = 380\sin(\omega t + 150°) \text{ V}$$

$$u_{UV} = 380\sin(\omega t - 90° + 120°) = 380\sin(\omega t + 30°) \text{ V}$$

又因为线电压的有效值是相电压的 $\sqrt{3}$ 倍，线电压超前与之对应的相电压 30°，所以有

$$u_U = 220\sin\omega t \text{ V}$$

$$u_V = 220\sin(\omega t - 120°) \text{ V}$$

$$u_W = 220\sin(\omega t + 120°) \text{ V}$$

2)三角形连接(△ 连接)

如果把三相发电机的三相绕组，以一个绕组的末端和相邻一相绕组的始端按顺序连接起来，形成了一个三角形回路，再从各个连接点引出三根导线与负载相连，称为电源的三角形连接，如图 4 - 5 所示。

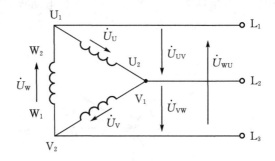

图 4 - 5 电源的三角形连接

由图 4 - 5 可知，电源接成三角形时，线电压 U_1 也就是相电压 U_p，即

$$\dot{U}_1 = \dot{U}_p \tag{4.4}$$

由于三角形连接仅在三相变压器中采用，三相交流发电机通常不采用，所以用到三相电源时，不作特别说明，均指星形连接方式。

【例 4 - 2】 已知某三相发电机三相电动势的大小为 220 V，求：(1)三相电源星形联结时相电压 U_p 与线电压 U_1 的大小；(2)三相电源三角形联结时相电压 U_p 与线电压 U_1 的大小。

【解】 (1)三相电源星形联结时

$$U_p = E = 220 \text{ V} , U_1 = \sqrt{3}U_p = 380 \text{ V}$$

(2)三相电源三角形联结时

$$U_p = U_1 = E = 220 \text{ V}$$

二、三相负载的连接

交流电路的负载可分为单相负载和三相负载。电灯、电视机等，工作时需要单相电源供电的电器称为单相负载。三相异步电动机、三相电炉等，工作时需要三相电源供电的电器称为三相负载。日常生活中单相负载所用的相线就是三相电源中的一相，因此严格来说单相负载也

是三相电源的负载。经过适当的连接,单相负载也可组成三相负载。如果三相负载完全相同(即各相负载的阻抗、阻抗角均相同)称为三相对称负载,例如三相异步电动机,否则称为三相不对称负载,例如三相照明电路。

下面的讨论中都假定三相电源是对称的星形连接。而三相负载的连接方式有星形连接和三角形连接两种,究竟采用哪种接法,要根据电源电压、负载的额定电压和负载的特点而定。

1. 三相负载的星形连接

如果将三相负载每相的末端连成一点,并与电源中性点 N 相连,同时将每相负载的始端分别接到电源三根相线上,就构成了三相四线制电路,如图 4-6 所示。

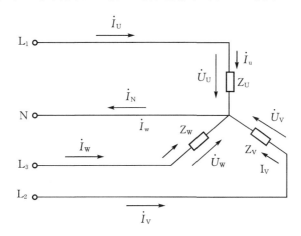

图 4-6　三相负载的星形连接

负载作星形连接时,电路有以下基本关系。

(1)相电压与线电压的关系。由图 4-6 可见,若忽略输电线上的阻抗,三相负载的线电压就是电源的线电压;三相负载的相电压就是电源的相电压。于是星形连接时负载的线电压和相电压在数值上也是 $\sqrt{3}$ 倍的关系,即
$$U_1 = \sqrt{3}U_p$$
在相位上,线电压超前相应的相电压30°。

(2)相电流与线电流的关系。相电流是指通过每相负载的电流,而线电流是指每根相线上通过的电流。星形连接时,由图 4-6 可见,线电流就是相电流,即
$$\dot{I}_1 = \dot{I}_p$$

(3)相电压和相电流的关系。根据欧姆定律的相量形式有
$$\begin{cases} \dot{I}_U = \dfrac{\dot{U}_U}{Z_U} \\[2mm] \dot{I}_V = \dfrac{\dot{U}_V}{Z_V} \\[2mm] \dot{I}_W = \dfrac{\dot{U}_W}{Z_W} \end{cases}$$

它们的有效值和相位关系为

$$\begin{cases} I_U = \dfrac{U_U}{|Z_U|} \\[2mm] I_V = \dfrac{U_V}{|Z_V|} \\[2mm] I_W = \dfrac{U_W}{|Z_W|} \end{cases} \text{及} \begin{cases} \varphi_U = \arctan\dfrac{X_U}{R_U} \\[2mm] \varphi_V = \arctan\dfrac{X_V}{R_V} \\[2mm] \varphi_W = \arctan\dfrac{X_W}{R_W} \end{cases}$$

如果三相负载对称,则各相电流的有效值相等,各相负载的阻抗角也相等,因此三个相电流也是对称的,即

$$\begin{cases} I_U = I_V = I_W = I_p = \dfrac{U_p}{|Z_p|} \\[2mm] \varphi_U = \varphi_V = \varphi_W = \varphi_p = \arctan\dfrac{X_p}{R_p} \end{cases}$$

(4)中性线电流及中性线的作用。

求出三个相电流后,根据基尔霍夫电流定律的相量形式,中性线电流是三相相电流之和,即

$$\dot{I}_N = \dot{I}_U + \dot{I}_V + \dot{I}_W$$

如果三相负载对称,则三个相电流是对称的,因此它们的相量之和等于 0,即 $\dot{I}_N = 0$。中性线上没有电流通过,说明中性线不起作用,这时即使取消中性线,也不会影响电路的正常工作。所以,对于对称负载也可采用三相三线制的星形连接方式,例如一台三相电动机,正常情况下,三相是对称的,如果额定电压符合要求,就可接入三相三线制电源。

如果三相负载不对称,则流过每相负载的相电流大小是不相等的,这时通过中性线的电流 $\dot{I}_N$ 也不等于 0。但由于中性线的存在,使各相负载的相电压仍保持不变,且三相电压大小相等。这样就使得星形连接的不对称负载的相电压保持对称,从而使负载正常工作。

由此也可看出,当三相负载不对称时,一旦中性线断开,则各相负载的相电压就不再相等。其中阻抗较小的,相电压减小,则该相可能无法正常工作;而阻抗较大的相电压增大,可能会因电压增大而把该相负载烧毁。所以低压照明设备都要采用三相四线制,且不能把熔断器和其他开关设备安装在中性线上。连接三相电路时应力求使三相负载对称。如三相照明电路中,应使照明负载尽量平均地接在三根相线上。

三相负载星形连接时的电流相量关系如图 4-7 所示。

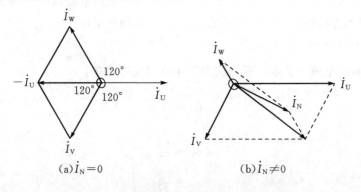

图 4-7 三相负载作星形连接时的电流相量图

【例 4 - 3】 图 4 - 8 所示为一星形连接的三相电路,电源电压对称,负载为电灯组。设电源线电压 $u_{AB} = 380\sqrt{2}\sin(314t + 30°)$ V ,(1)若 $R_A = R_B = R_C = 5\ \Omega$,求线电流及中性线电流 I_N ;(2)若 $R_A = 5\ \Omega,R_B = 10\ \Omega,R_C = 20\ \Omega$,求线电流及中性线电流 I_N 。

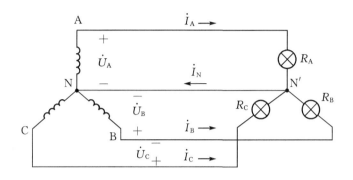

图 4 - 8 例 4 - 3 电路图

【解】 已知 $\dot{U}_{AB} = 380\angle 30°$ V ,则

$$\dot{U}_A = 220\angle 0°\ V$$

(1) $R_A = R_B = R_C = 5\ \Omega$

线电流

$$\dot{I}_A = \frac{\dot{U}_A}{R_A} = \frac{220\angle 0°}{5} = 44\angle 0°\ A$$

$$\dot{I}_B = 44\angle -120°\ A$$

$$\dot{I}_C = 44\angle 120°\ A$$

中线电流 $\dot{I}_N = \dot{I}_A + \dot{I}_B + \dot{I}_C = 0$

(2)已知 $R_A = 5\ \Omega$, $R_B = 10\ \Omega$, $R_C = 20\ \Omega$,则

线电流

$$\dot{I}_A = \frac{\dot{U}_A}{R_A} = \frac{220\angle 0°}{5} = 44\angle 0°\ A$$

$$\dot{I}_B = \frac{\dot{U}_B}{R_B} = \frac{220\angle -120°}{10} = 22\angle -120°\ A$$

$$\dot{I}_C = \frac{\dot{U}_C}{R_C} = \frac{220\angle 120°}{20} = 11\angle 120°\ A$$

中线电流

$$\dot{I}_N = \dot{I}_A + \dot{I}_B + \dot{I}_C = 44\angle 0° + 22\angle -120° + 11\angle 120° = 29\angle -19°\ A$$

【例 4 - 4】 如图 4 - 9(a)所示,某三相三线制供电系统中,接入三相电灯负载,星形连接。设线电压为 380 V ,每组电灯负载的电阻是 500 Ω ,试计算:

(1)在正常工作时,电灯负载的电压和电流为多少?

(2)A 相短路,其他两相负载的电压和电流为多少?

(3)A 相断路,其他两相负载的电压和电流为多少?

(4)如果采用三相四线制供电,如图 4-9(b)所示,试重新计算 A 相断开和 A 相短路时,其他各相负载的电压和电流?

【解】 (1)在正常情况上,三相负载对称,负载电压

$$U_p = 380/\sqrt{3} = 220 \text{ V}$$

负载电流

$$I_p = 220/500 = 0.44 \text{ A}$$

(2)A 相短路,其余两相负载电压

$$U_p = 380/2 = 190 \text{ V}$$

负载电流

$$I_p = 190/500 = 0.38 \text{ A(灯暗)}$$

(3)A 相断路,如图 4-9(c)所示,其余两相负载电压 $U_p = 380$ V,负载电流

$$I_p = 380/500 = 0.76 \text{ A(灯亮)}$$

(4)用三相四线制供电,如图 4-9(b)所示。一相断开,其余两相的负载电压 $U_p = 220$ V,电灯正常工作;一相短路,该相保险丝烧坏,其余两相正常工作。

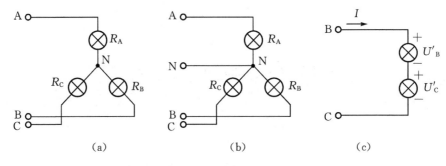

(a)　　　　　　　　　(b)　　　　　　　　　(c)

图 4-9　例 4-4 电路图

2. 三相负载的三角形连接

如图 4-10 所示,如果将负载首尾连接的方式叫做三相负载的三角形连接。

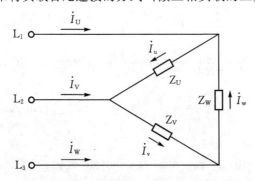

图 4-10　三相负载三角形连接

负载作三角形连接时,电路有以下基本关系。

(1)相电压与线电压的关系。由图 4-10 可见,当三相负载接成三角形时,每相负载的两

端跨接在两根电源的相线之间,所以各相负载两端的相电压与电源的线电压相等,即

$$\dot{U}_1 = \dot{U}_p$$

(2)相电流与线电流的关系。如图 4-10 所示电路中,根据基尔霍夫电流定律,可得到相电流和线电流的关系为

$$\begin{cases} \dot{I}_U = \dot{I}_{UV} - \dot{I}_{WU} \\ \dot{I}_V = \dot{I}_{VW} - \dot{I}_{UV} \\ \dot{I}_W = \dot{I}_{WU} - \dot{I}_{VW} \end{cases}$$

如果三相负载对称,则三个相电流和三个线电流都是对称的,它们的大小和相位都有特定的关系。如图 4-11 所示为三相对称负载三角形连接时电流相量图。

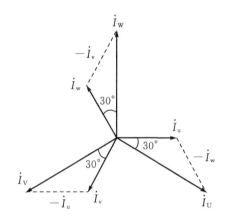

图 4-11　三相对称负载三角形连接电流相量图

由图 4-11 可知,相位上线电流滞后相应的相电流 30°,其大小可由相量图求得

$$\frac{I_U}{2} = I_{UV}\cos 30° = \frac{\sqrt{3}}{2} I_{UV} \Rightarrow I_U = \sqrt{3} I_{UV}$$

数值上线电流是相电流的 $\sqrt{3}$ 倍,即

$$I_1 = \sqrt{3} I_p$$

把相电流与线电流的关系写成相量表达式,即

$$\dot{I}_1 = \sqrt{3} \dot{I}_p \angle -30°$$

(3)相电压和相电流的关系。根据欧姆定律的相量形式有

$$\begin{cases} \dot{I}_{UV} = \dfrac{\dot{U}_{UV}}{Z_{UV}} \\ \dot{I}_{VW} = \dfrac{\dot{U}_{VW}}{Z_{VW}} \\ \dot{I}_{WU} = \dfrac{\dot{U}_{WU}}{Z_{WU}} \end{cases}$$

它们的有效值和相位关系为

$$\begin{cases} I_{UV} = \dfrac{U_{UV}}{|Z_{UV}|} \\ I_{VW} = \dfrac{U_{VW}}{|Z_{VW}|} \\ I_{WU} = \dfrac{U_{WU}}{|Z_{WU}|} \end{cases} 及 \begin{cases} \varphi_{UV} = \arctan \dfrac{X_{UV}}{R_{UV}} \\ \varphi_{VW} = \arctan \dfrac{X_{VW}}{R_{VW}} \\ \varphi_{WU} = \arctan \dfrac{X_{WU}}{R_{WU}} \end{cases}$$

如果三相负载对称,则各相电流的有效值相等,各相负载的阻抗角也相等,因此三个相电流也是对称的,即

$$\begin{cases} I_{UV} = I_{VW} = I_{WU} = I_p = \dfrac{U_p}{|Z_p|} \\ \varphi_{UV} = \varphi_{VW} = \varphi_{WU} = \varphi = \arctan \dfrac{X}{R} \end{cases}$$

【例 4 - 5】 如图 4 - 10 所示是负载三角形接法的三相三线制电路,各相负载的复阻抗 $Z = 6 + j8 \ \Omega$,外加线电压 $U_l = 380 \ V$,试求正常工作时负载的相电流和线电流。

【解】 由于正常工作时是对称电路,故可归结到一相来计算。其相电流为

$$I_p = U_p / |Z_p| = 380 / \sqrt{6^2 + 8^2} = 380/10 = 38 \ A$$

故线电流

$$I_l = \sqrt{3} I_p = \sqrt{3} \times 38 = 65.8 \ A$$

相电压与相电流的相位角

$$\varphi = \arctan(X/R) = \arctan(8/6) = 53.1°$$

三、三相电路的功率

在三相电路中,三相负载吸收的有功功率等于各相有功功率之和。

$$P = P_1 + P_2 + P_3 = U_{p1} I_{p1} \cos\varphi_1 + U_{p2} I_{p2} \cos\varphi_2 + U_{p3} I_{p3} \cos\varphi_3$$

在对称三相电路中,由于负载的电压、电流有效值和阻抗角都相等,故总的有功功率为

$$P = 3 U_p I_p \cos\varphi \tag{4.5}$$

式中,φ 为相电压与相电流的相位差。

当对称负载是星形连接时,则有

$$U_l = \sqrt{3} U_p, I_l = I_p$$

当对称负载是三角形连接时,则有

$$U_l = U_p, I_l = \sqrt{3} I_p$$

将两种连接方式的 U_p、I_p 代入式(4.5),可得相同的结果,即

$$P = \sqrt{3} U_l I_l \cos\varphi$$

同理,对称三相负载的无功功率和视在功率分别为

$$Q = 3 U_p I_p \sin\varphi = \sqrt{3} U_l I_l \sin\varphi$$

$$S = 3 U_p I_p = \sqrt{3} U_l I_l$$

【例 4 - 6】 有一个三相对称感性负载,其中每相的 $R = 12 \ \Omega$,$X_L = 16 \ \Omega$,接在线电压为 $U_l = 380 \ V$ 的三相电源上。(1)负载作星形连接时,计算 I_p、I_l 及 P;(2)负载改成三角形连接,再计算上述各量;(3)比较两种接法的计算结果。

【解】 每相负载的阻抗模为

$$|Z| = \sqrt{R^2 + X_L^2} = \sqrt{12^2 + 16^2} = 20 \ \Omega$$

负载的功率因数为

$$\cos\varphi = R/|Z| = 12/20 = 0.6$$

(1)负载作星形连接时

$$U_p = \frac{U_1}{\sqrt{3}} = \frac{380}{\sqrt{3}} = 220 \ V$$

$$I_1 = I_p = \frac{U_p}{|Z|} = \frac{220}{20} = 11 \ A$$

$$P_Y = \sqrt{3}U_1 I_1 \cos\varphi = \sqrt{3} \times 380 \times 11 \times 0.6 = 4.344 \ kW$$

(2)负载作三角形连接时

$$U_p = U_1 = 380 \ V$$

$$I_p = \frac{U_p}{|Z|} = \frac{380}{20} = 19 \ A$$

$$I_1 = \sqrt{3}I_p = \sqrt{3} \times 19 = 33 \ A$$

$$P_\Delta = \sqrt{3}U_1 I_1 \cos\varphi = \sqrt{3} \times 380 \times 33 \times 0.6 = 13.032 \ kW$$

(3)两种连接方法计算结果比较如下

$$\frac{U_{\Delta p}}{U_{Yp}} = \frac{380}{220} = \sqrt{3}, 即 \ U_{\Delta p} = \sqrt{3}U_{Yp}$$

$$\frac{I_{\Delta p}}{I_{Yp}} = \frac{19}{11} = \sqrt{3}, 即 \ I_{\Delta p} = \sqrt{3}I_{Yp}$$

$$\frac{I_{\Delta l}}{I_{Yl}} = \frac{33}{11} = 3, 即 \ I_{\Delta l} = 3I_{Yl}$$

$$\frac{P_\Delta}{P_Y} = \frac{13032}{4344} = 3, 即 \ P_\Delta = 3P_Y$$

技能实训1　三相负载的连接测试

1. 实训目的

(1)学会按照电路图连接三相负载星形及三角形连接方式。

(2)正确使用测试仪表。

(3)正确测量三相对称负载时的相电压、线电压、相电流和线电流。

(4)正确测量三相不对称负载时的相电压、线电压、相电流和线电流。

2. 实训所需器材

(1) ZH-12 型通用电学实验台。

(2)交流电压表。

(3)交流电流表。

(4)MF47 型万用表一个。

(5)白炽灯若干个。

3. 实验内容与步骤

1)三相负载作星形连接电路的测试

按照如图 4-12 所示的电路图连接电路,将电流表接在各相线及中线上。电源线电压 U_L=380 V。经教师检查后,接通电源进行实验。

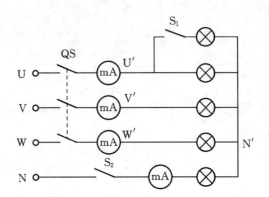

图 4-12 三相负载作星形连接的实验电路

(1)将开关 S_1 断开、S_2 闭合,形成三相四线制对称负载。然后合上电源开关 QS 测量各线电压、相电压、线电流、中点间电压、中线电流,将测试数据填入表 4-1 中。

(2)断开 QS、S_2,形成三相三线制对称负载。合上 QS 重复测量上述各量,将测试资料填入表 4-1 中,并与有中线时的测量结果相比较,比较相应各量有无变化。

(3)断开 QS,闭合 S_1、S_2,形成三相四线制不对称负载。合上 QS 重复测量上述测量各量,将测试资料填入表 4-1 中。

(4)断开 QS、S_2,形成三相三线制不对称负载,合上 QS 重复测量上述各量,将测试资料填入表 4-1 中,并与有中线时的测量结果相比较,比较相应各量有无变化。

表 4-1 三相负载星形连接时测量资料表

测量项目 负载情况		线电压/V			负载相电压/V			线电流/mA			中点间电压/V	中线电流/mA
		U_{UV}	U_{VW}	U_{WU}	$U_{U'N'}$	$U_{V'N'}$	$U_{W'N'}$	I_U	I_V	I_W	$U_{NN'}$	I_N
负载对称	有中线											
	无中线											
负载不对称	有中线											
	无中线											

2)三相负载三角形连接

将三相电源的线电压调至 220 V。

按如图 4-13 所示的电路图接线,在相应位置接入电流表。经教师检查后,接通电源继续实验操作。

(1)断开 S,形成对称负载。合上 QS 测量相电压、线电流、相电流各量,将测试资料填入表 4-2 中。

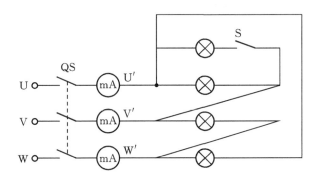

图 4-13　三相负载作三角形连接的实验电路

(2)闭合 S,形成不对称负载,合上 QS 重复测量上述各量,观察相应各量有无变化,将测试资料填入表 4-2 中。

表 4-2　三相负载三角形连接时测量资料表

测量项目 负载情况	负载相电压/V			线电流/mA			相电流/mA		
	$U_{U'V'}$	$U_{V'W'}$	$U_{W'U'}$	I_U	I_V	I_W	$I_{U'V}$	$I_{V'W}$	$I_{W'U}$
负载对称									
负载不对称									

操作时应注意:

(1)由于三相电源电压较高,实验线路必须经教师检查并同意后方可通电进行实验。

(2)接线要仔细、牢靠,使用多股线时要防止裸线带毛刺,导线连接处要用绝缘胶带包好,以确保绝缘。

(3)测量电流和电压时,一定要注意仪表在线路中的正确联机和量程的选择。特别是用万用表测量时,操作一定要细心、谨慎,防止烧坏仪表或发生触电事故等。

(4)由于三相三线制不对称负载接成星形连接时各相所承受的相电压不等,在实验中,有些灯泡承受的电压已超过其额定值。因此测量、读数要迅速,读数完毕马上断电,以免损坏设备。

(5)更换实验内容时,必须先切断电源,严禁带电操作。

4. 分析思考

(1)三相负载在什么情况下应接成星形连接? 在什么情况下应接成三角形连接? 在什么情况下应接成有中线的星形连接?

(2)三相四线制接法的照明电路中,忽然有两相电灯变暗,一相变亮,试判断是何故障?

(3)三相对称负载作三线制星形连接时,有一相断开或短路,对其他两相各有何影响?

(4)三相总的视在功率为什么不等于各相视在功率之和?

(5)你能否从实验中观察到的现象,说明在三相四线制供电线路中,中线上一定不能安装熔断器的道理?

5. 评分

(1)操作是否符合规范(40%)。

(2)结果是否正确(30%)。

(3)分析是否正确(30%)。

任务二 三相交流电动机的控制接线与测量

电动机是把电能转换成机械能的设备,它是利用通电线圈在磁场中受力转动的现象制成。现代各种生产机械都广泛采用电动机来驱动,电动机按使用电源不同分为直流电动机和交流电动机,交流电动机又分为同步电动机和异步电动机(电机定子磁场转速与转子旋转转速不保持同步速率)。异步电动机又有三相异步电动机和单相异步电动机之分。

三相异步电动机具有结构简单、坚固耐用、使用方便、价格低廉等优点,因而大部分的生产机械(各种机床、起重机、搅拌机、水泵、通风机等)都使用三相异步电动机来驱动。

一、三相异步电动机的结构及工作原理

1. 三相异步电动机的结构

三相异步电动机的主要部件如图 4-14 所示,分为定子(固定部分)和转子(转动部分)两部分。

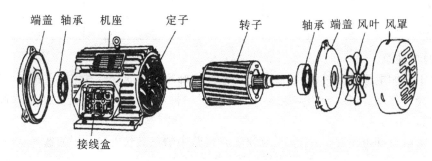

端盖 轴承 机座 定子 转子 轴承 端盖 风叶 风罩

接线盒

图 4-14 三相异步电动机的主要部件

1)定子

定子是电动机静止的部分,包括定子铁芯、定子绕组、机座等部件。

(1)定子铁芯。定子铁芯是电动机磁路的一部分,并放置定子绕组。为了减少定子铁芯的磁滞损耗和涡流损耗,铁芯一般由表面涂有绝缘漆的硅钢片叠制而成,硅钢片的厚度一般在 0.35～0.5 mm 之间。硅钢片内圆表面有均匀分布的槽,用于安放定子绕组。

(2)定子绕组。将漆包铜线绕成匝数相同的线圈,分成三组并按一定的规律对称放置在定子铁芯的轴向线槽内,其中每一组称为一相绕组。定子绕组的作用是产生旋转磁场,并从电网中吸收电能。

(3)机座。机座用铸铁或铸钢制成,起支撑作用。

2)转子

转子是电动机的旋转部分,包括转子铁芯、转子绕组和转轴等部件。

(1)转子铁芯是由外圆周表面冲有线槽的硅钢片叠压而成的圆柱体,装在转轴上。转子铁芯是电动机磁路的一部分,并用来放置转子绕组。

（2）转子绕组旋转在转子铁芯槽内。转子绕组的作用是切割定子旋转磁场产生感应电动势及电流，并形成电磁转矩而使电动机旋转。根据构造的不同，转子绕组分为鼠笼式和绕线式。

①鼠笼式转子绕组。在转子铁芯的每个槽内放一根铜条，在铁芯两端槽口处，用两个导电的铜环分别把所有槽里的铜条短接成一个回路，抽掉铁芯，其形状很像"鼠笼"，所以叫鼠笼式转子绕组。

②绕线式转子绕组。与定子绕组相似，绕线式转子绕组是对称的三相绕组。这种转子绕组中可以串联外接启动电阻或调速电阻。

2. 三相异步电动机的工作原理

三相异步电动机转动原理如下：三相交流电通往定子绕组，产生旋转磁场；静止的转子绕组同旋转磁场有相同运动，从而使磁力线切割转子导条使导条两端出现感应电动势，闭合的导条中便有感应电流通过；在感应电流与旋转磁场的相互作用下，转子导条受到电磁力并形成电磁转矩，从而使转子转动。

1）旋转磁场的产生

将三相异步电动机定子绕组接成星形连接，如图 4 - 15(a)所示。定子绕组中通入三相对称交流电流，其波形图如图 4 - 15(b)所示。三相对称交流电电流的表达式分别为

$$i_U = I_m \sin\omega t$$
$$i_V = I_m \sin(\omega t - 120°)$$
$$i_W = I_m \sin(\omega t + 120°)$$

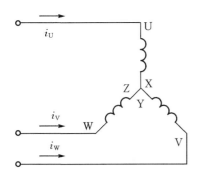

（a）三相绕组的星形接法

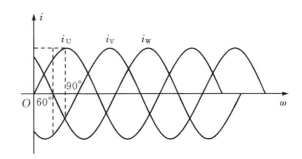

（b）三相对称交流电流波形图

图 4 - 15　三相绕组通入对称电流

从图 4 - 15(b)可以看出，三相对称交流电流的相序（即电流出现正幅值的顺序）为 U→V→W。不同时刻三相对称交流电流的正负方向如表 4 - 3 所示。

表 4 - 3　不同时刻电流的正负方向

ωt	i_U	i_V	i_W
0°	0	－	＋
60°	＋	－	0
90°	＋	－	－

由表 4-3 可知,不同时刻,三相电流正负不同,也就是三相电流的实际方向不同。在某一时刻,将每相电流所产生的磁场相加,便得出三相电流的合成磁场。不同时刻合成磁场的方向也不同,如图 4-16 所示。

由图 4-16 可知,当定子绕组中通入三相交流电流后,它们共同产生的合成磁场是随电流的交变而在空间不断地旋转着,这就是旋转磁场。若满足两个对称(即绕组对称、电流对称)条件,则此旋转磁场的大小便恒定不变(称为圆形旋转磁场),否则将产生椭圆形旋转磁场(磁场大小不恒定)。

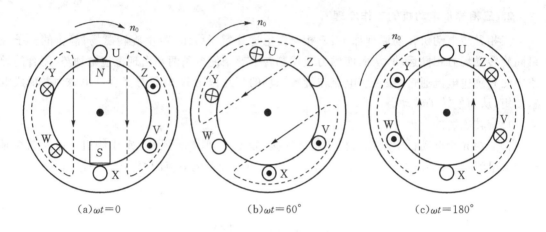

图 4-16 三相电流产生的旋转磁场($p=1$)

由图 4-16 可看出,旋转磁场是沿顺时针方向旋转的,同 U→V→W 的顺序一致(这时 i_U 通入 U_1-U_2 绕组,i_V 通入 V_1-V_2 绕组,i_W 通入 W_1-W_2 绕组)。如果将定子绕组接到电源三根端线中的任意两根对调一下,例如将 V、W 两根对调,也就是说通入 V_1-V_2 绕组的电流是 i_W,而通入 W_1-W_2 绕组的电流是 i_V,则此时三个绕组中电流的相序是 U→W→V,因而旋转磁场的旋转方向就变为 U→W→V,即沿逆时针方向旋转,与未对调端线时的旋转方向相反。由此可知,旋转磁场的旋转方向总是与定子绕组中三相电流的相序一致。所以,只要将三相电源线中的任意两相与绕组端的连接顺序对调,就可改变旋转磁场的旋转方向。

2)转动原理

三相异步电动机工作原理如图 4-17 所示。

(1)电生磁。N、S 表示由通入定子的三相交流电产生的旋转磁场的两极。转子中只表示出分别靠近 N 极和 S 极的两根导条(铜或铝)。三相交流电流通入三相定子绕组,产生了旋转磁场,假设其旋转方向为顺时针方向。

(2)磁生电。定子的旋转磁场旋转切割转子绕组,在转子绕组中产生了感应电动势和感应电流,其方向可以根据右手定则来判断,判断的结果如图 4-17 所示。在这里应用右手定则时,可假设磁极不动,而转子导条向逆时针旋转切割磁力线,这与实际上磁极顺时针方向旋转时磁力线切割转子导条是相当的。

(3)电磁力。转子绕组感应电流在定子旋转磁场的作用下产生电磁力,其方向可以由左手定则确定,如图 4-17 所示。靠近 N 极和 S 极的两根导条产生的电磁力形成电磁转矩,它的方向与定子的旋转磁场一致,于是电动机在电磁转矩的驱动下,以 n 的速度顺着旋转磁场的方向旋转。

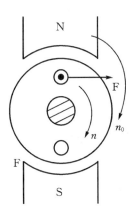

图 4-17 三相异步电动机运转原理

三相异步电动机的转速 n 恒小于定子旋转磁场的转速 n_0，只有这样，转子绕组与定子旋转磁场之间才有相对运动（即转速差），转子绕组才能感应电动势和电流，从而产生电磁转矩。因而 $n<n_0$（有转速差）是异步电动机旋转的必要条件，异步的名称也由此而来。

三相异步电动机的旋转磁场的转速又称为同步转速，它除了和电源的频率有关以外，还与定子绕组的结构有关。如图 4-16 中，每相绕组只有一个线圈，各绕组的首端间相差 120°，这时产生的旋转磁场具有 1 对磁极，磁极对数用 p 来表示，即此时 $p=1$。若电动机的每相定子绕组由两个线圈串联构成，则三相绕组的首端之间就互差 60°，从而形成了两对磁极，此时 $p=2$。旋转磁场的转速 n_0 的计算公式为

$$n_0 = \frac{60f_1}{p}$$

式中：n_0——旋转磁场转速，单位是转/分（r/min）；

  f——电源频率，单位是赫兹（Hz）；

  p——磁极对数，量纲是 1。

因此，旋转磁场的转速 n_0 决定于电动机电源频率 f_1 和磁场的极对数 p。对于某一异步电动机来说，f_1 和 p 通常是一定的，所以磁场转速 n_0 是个常数。

在我国，交流电的频率又称为工频，$f_1=50$ Hz，于是对应于不同极对数 p 的旋转磁场转速 n_0 如表 4-4 所示。

表 4-4 旋转磁场的转速

p	1	2	3	4	5	6
n_0/(r/min)	3000	1500	1000	750	600	500

三相异步电动机的转速略低于同步转速，它们之间的关系可以通过转差率来反映。三相异步电动机的同步转速 n_0 与转子速度 n 的差值除以同步转速 n_0 的值称为异步电动机的转差率，即

$$s = \frac{n_0 - n}{n_0} \times 100\%$$

或写成

$$n = (1-s)n_0$$

转差率是三相异步电动机的一个重要的参数。由于电动机正常运转时的转速和同步转速相差很小,因此转差也很小,通常在 $1\% \sim 9\%$。在电动机启动瞬间,$n=0$,$s=1$,然后逐渐减小到额定转差率(转速上升到额定转速)。异步电动机的转差率不会为 0(n 不可能等于 n_0)。

【例 4 - 7】 有一台工频三相异步电动机,其额定转速 $n_N = 1440$ r/min,求电动机的极数和额定转差率 s_N。

【解】 由于电动机的转速应略低于同步转速,而由 $n_0 = \dfrac{60f_1}{p} = \dfrac{60 \times 50}{p} = \dfrac{3000}{p}$ 与 $n_N = 1440$ r/min 知,电动机的磁极对数 p 必然为 2,因此电动机为四极电动机。

额定转差率为

$$s = \frac{n_0 - n}{n_0} \times 100\% = \frac{1500 - 1440}{1500} \times 100\% = 4\%$$

3. 三相异步电动机的铭牌

1)型号

为了适应不同用途和不同工作环境的需要,电动机被制成不同的系列,每种系列用各种不同的型号来表示。其型号说明如图 4 - 18 所示。

图 4 - 18 电动机型号说明

三相异步电动机机座长度代号表示:S 为短机座,M 为中机座,L 为长机座。三相异步电动机产品名称代号如表 4 - 5 所示。

表 4 - 5 异步电动机产品名称代号

产品名称	新代号	汉字意义	老代号
异步电动机	Y	异	J,JO
线绕式异步电动机	YR	异绕	JR,JRO
防爆型异步电动机	YV	异爆	JV,JVS
高启动转矩异步电动机	YQ	异起	JQ,JQO

2)电压

铭牌上所标的电压值是指电动机在额定运行时定子绕组上应加的线电压的有效值。三相异步电动机的额定电压有 380 V,3000 V 及 6000 V 等多种。一般规定电动机的工作电压不应高于或低于额定值的 5%。

3)电流

铭牌上所标的电流值是指电动机在额定运行时定子绕组的线电流的有效值。当电动机空载时,转子转速接近于旋转磁场的转速,两者之间相对转速很小,所以转子电流近似为零,这时定子电流几乎全是建立旋转磁场的励磁电流。当输出功率增大时,转子电流和定子电流都相应增大。

4)功率与效率

铭牌上所标的功率值是指电动机在额定运行时输出的机械功率值。输出功率与输入功率不等,其差值等于电动机本身的损耗功率,包括铜损(P_{Cu})、铁损(P_{Fe})及机械损耗等。效率 η 就是输出功率与输入功率的比值。以 Y132M-4 型电动机为例:

输入功率:$P_1 = \sqrt{3}U_l I_l \cos\varphi = \sqrt{3} \times 380 \times 15.4 \times 0.85 = 8.6$ kW;

输出功率:$P_2 = 7.5$ kW;

效率:$\eta = P_2/P_1 = (7.5/8.6) \times 100\% = 87\%$。

一般鼠笼式电动机在额定运行时的效率约为 72%～93%。在额定功率的 75% 左右时效率最高。

5)功率因数

因为电动机是感性负载,定子相电流比相电压滞后一个 φ 角,$\cos\varphi$ 就是电动机的功率因数。三相异步电动机的功率因数较低,在额定负载时约为 0.7～0.9,而在轻载和空载时更低,空载时只有 0.2～0.3。因此,必须正确选择电动机的容量,防止"大马拉小车",并力求缩短空载的时间。

6)转速

由于电动机的负载对转速要求不同,需要生产不同磁极数的异步电动机,因此有不同的转速等级。最常用的是四极电动机,其同步转速 $n_0 = 1500$ r/min。

7)温升与绝缘等级

温升是指电动机运行时绕组温度允许高出周围环境温度的数值,即电动机温度与周围环境温度之差。温度之差由该项电动机绕组所用绝缘材料的耐热程度决定,绝缘材料的耐热程度称为绝缘等级,不同绝缘材料,其最高允许温升是不同的。按耐热程度不同,将电动机的绝缘等级分为 A、E、B、F、H、C 等,它们允许的最高温度如表 4-6 所示,其中最高允许温升是按环境温度 40 ℃ 计算出来的。

表 4-6 绝缘材料温升限值

绝缘等级	A	E	B	F	H	C
最高允许温度/℃	105	120	130	155	180	>180

8)接法

这是指定子三相绕组(U_1U_2、V_1V_2、W_1W_2)的接法。如果 U_1、V_1、W_1 分别为三相绕组的始端(头),则 U_2、V_2、W_2 是相应的末端(尾)。鼠笼式电动机的接线盒中有三相绕组的六个引出线端,连接方法有星形(Y形)连接和三角形(△形)连接两种,如图 4-19 所示。通常三相异步电动机为 3 kW 以下的,连成星形;为 4 kW 以上的,连成三角形。

二、三相异步电动机的电磁转矩和机械特性

如前面所述,异步电动机之所以能转动,是因为转子绕组中产生感应电流,而这感应电流同旋转磁场的磁通作用产生电磁转矩。因此,电磁转矩是三相异步电动机最重要的物理量之一,机械特性是它的主要特性。对电动机进行分析往往离不开它们。而且在讨论电动机转矩之前,必须弄清转子电路中各物理量以及它们之间的相互关系。

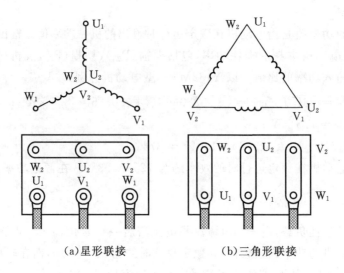

（a）星形联接 （b）三角形联接

图 4-19 定子绕组的星形连接和三角形连接

1. 定子电路与转子电路

如图 4-20 所示为三相异步电动机每相电路图。在图 4-20 中,三相异步电动机定子绕组接上三相电源(相电压为 u_1)时,则有三相电流(相电流为 i_1)通过。定子三相电流产生旋转磁场,其磁力线通过定子和转子铁芯而闭合。这个旋转磁场不仅在转子每相绕组中要感应出电动势 e_2(由此产生感应电流为 i_2),而且在定子每相绕组中也要感应出电动势 e_1。(实际上三相异步电动机中的旋转磁场是由定子电流和转子电流共同产生的。)此外,定子绕组和转子绕组中的漏磁通还分别产生漏磁电动势 $e_{\sigma1}$ 和 $e_{\sigma2}$。定子和转子每相绕组的匝数分别为 N_1 和 N_2;定子电流的频率和转子电流的频率分别为 f_1 和 f_2。

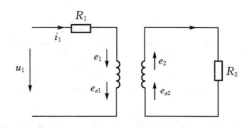

图 4-20 三相异步电动机的每相电路图

转子电路的各个物理量,如电动势、电流、频率、感抗及功率因数等都与转差率有关,亦即与转速有关。在电动机启动瞬间($n=0$,$s=1$),转子与旋转磁场间的相对转速最大,转子导体被旋转磁力线切割得最快。所以这时转子频率 f_2 最高,转子电动势 E_2、感抗 X_2、电流 I_2 都分别为最大,但功率因数 $\cos\varphi_2$ 最小。电动机启动后,随着转速升高,转差率 s 减小,旋转磁力线切割转子导体变慢,转子频率、电动势、电流及感抗都逐渐减小,而功率因数逐渐提高。

2. 电磁转矩

三相异步电动机的电磁转矩是指电动机转子受到电磁力的作用而产生的转矩,它由旋转磁场的每极磁通 Φ 与转子电流 I_2 相互作用而产生的。由于转子绕组中不仅有电阻,还有电感存在,使转子电流滞后于感应电动势一个相位角 φ_2 ,所以电磁转矩还与转子电路的功率因数 $\cos\varphi_2$ 有关。异步电动机的电磁转矩为

$$T = K_T \Phi I_2 \cos\varphi_2$$

式中, K_T 是一个常数,它与电动机的结构有关。

为了进一步对电磁转矩进行分析,三相异步电动机的电磁转矩还有下面的关系式

$$T = K'_T \frac{sR_2 U_1^2}{R_2^2 + (sX_{20})^2} \tag{4.6}$$

式(4.6)中, U_1 为电源电压有效值; s 为电动机的转差率; R_2 为转子每相绕组的电阻; X_{20} 为转子静止时每相绕组的感抗; R_2 和 X_{20} 基本上是常数。

由式(4.6)可见, T 与 U_1 的平方成正比,即

$$T \propto U_1^2$$

所以电源电压的波动对电动机的电磁转矩及运行将产生很大的影响。例如电动机轴上所带的负载转矩不变,而电压降低时,将使电磁转矩大大下降。如果电磁转矩小于负载转矩,则电动机转速降低,从而旋转磁场对转子的相对切割速度增大,使转子电流 I_2 增大。因此,电磁转矩会随着 I_2 的增大而增大,直到与负载转矩相平衡为止。这时电动机的转子电流与定子电流都比电压未降低时大得多,因而电动机发热增加,容易引起过载运行。

在一定的电源电压 U_1 和转子电阻 R_2 下,电动机的电磁转矩与转差率的关系 $T=f(s)$ 曲线称为异步电动机的转矩特性。由式(4.6)可画出 $T=f(s)$ 的转矩特性曲线,如图 4-21 所示。

3. 机械特性

为了正确合理地使用电动机,必须了解它的机械特性。在实际生产中,人们更关心电磁转矩与转速 n 之间的关系,而 $n=f(T)$ 曲线只是间接地表示了电磁转矩 T 与转速 n 的关系。把 $T=f(s)$ 曲线顺时针旋转 $90°$ 并相应地转换坐标轴,可得电磁转矩与转速之间的关系 $n=f(n)$,此曲线称为异步电动机的机械特性,如图 4-22 所示,用它来分析电动机的工作情况更为方便。在机械特性曲线上,要讨论三个转矩。

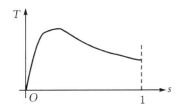
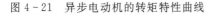

图 4-21　异步电动机的转矩特性曲线

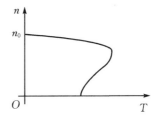

图 4-22　异步电动机的机械特性曲线

1)额定转矩 T_N

额定转矩是电动机在额定负载时的转矩,它可从电动机铭牌上的额定功率 P_2 和额定转速 n_N 求得,额定转矩 T_N 为

$$T_N = 9550 \frac{P_2}{n_N} \tag{4.7}$$

式(4.7)中,功率 P_2 的单位是 kW(千瓦),转速 n_N 的单位是 r/min(转每分),转矩 T_N 的单位是

N·m(牛·米)。

2)最大转矩

从机械特性曲线上看,转矩有一个最大值 $T_{\max}$,称为最大转矩或临界转矩。当电动机的转矩超过其额定转矩时,称电动机过载。电动机的最大过载可以接近最大转矩。但当负载转矩超过最大转矩时,电动机就带不动了,即发生所谓"闷车"现象。出现"闷车"现象后,电动机的电流马上升高六七倍,使电动机严重过载,以致烧坏。

如果电动机过载时间较短,电动机不至于立即过热,是容许的。因此最大转矩也表示电动机容许短时过载能力。电动机的最大转矩 $T_{\max}$ 与额定转矩 T_N 之比称为过载系数 λ,即

$$\lambda = \frac{T_{\max}}{T_N}$$

在选用电动机时,必须考虑可能出现的最大负载转矩,而后根据所选电动机的过载系数算出电动机的最大转矩,它必须大于最大负载转矩,否则,就要重新选择电动机。

3)启动转矩 T_{st}

电动机刚启动时的转矩称为启动转矩 T_{st}。由式(4.6)可知,T_{st} 与 U_1 及 R_2 有关。当电源电压 U_1 降低时,T_{st} 会减小;当转子电阻 R_2 适当增大时,T_{st} 会增大。

【例 4 - 8】 有一台三相笼型异步电动机,其额定功率为 30 kW,额定转速为 1470 r/min,$T_{st}/T_N = 1.2$,$T_{\max}/T_N = 2$。求这台电动机的额定转矩、起动转矩和最大转矩各为多少?

【解】 额定转矩

$$T_N = 9550 \frac{P_2}{n_N} = 9550 \times \frac{30}{1470} = 194.9 \text{ N·m}$$

起动转矩为

$$T_{st} = 1.2 T_N = 1.2 \times 194.9 = 233.9 \text{ N·m}$$

最大转矩为

$$T_{\max} = 2 T_N = 2 \times 194.9 = 388.8 \text{ N·m}$$

技能实训2　三相交流电动机的控制接线与测量

1. 实训目的

(1)学会三相交流电动机启动。

(2)学会三相交流电动机的反转。

2. 实训所需器材

(1)ZH - 12 型通用电学实验台。

(2)三相异步电动机。

(3)钳形电流表。

3. 实验内容与步骤

(1)三相异步电动机的启动。三相异步电动机星形-三角形换接降压启动,按如图 4 - 23 所示的接线图连接线路,线接好后把调压器退到零位。三刀双掷开关合向右边(Y 接法)。合上电源开关,逐渐调节调压器使升压至电动机额定电压 220 V,打开电源开关,待电动机停转。

合上电源开关,观察启动瞬间电流,然后把 QS 合向左边(△形接法),使电动机正常运行,整个启动过程结束。观察启动瞬间电流表的显示值以与其他启动方法定性比较。

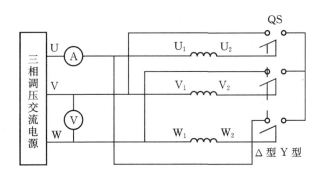

图 4-23　三相异步电动机星形-三角形降压启动接线图

(2)三相异步电动机的反转。换接三相电源两根线,观察三相异步电动机的旋转方向。

4. 分析思考

如何使三相异步电动机反转?

5. 评分

(1)操作是否符合规范(40%)。

(2)结果是否正确(30%)。

(3)分析是否正确(30%)。

项目小结

(1)目前电力系统普遍采用三相电路,三相电源的电动势是三相对称电动势,即幅值相同、频率相同、相位互差 120°。电源通常采用 Y 形连接。

(2)三相对称负载即三相负载的阻抗值相等、阻抗角相同。在三相对称负载作 Y、△形接法时,线电压与相电压,线电流与相电流关系分别为:

Y 形接法: $U_1 = \sqrt{3}U_p$,线电压超前相应的相电压 30°; $\dot{I}_1 = \dot{I}_p$ 。

△形接法: $\dot{U}_1 = \dot{U}_p$; $I_1 = \sqrt{3}I_p$,线电流滞后相应的相电流 30°。

三相对称负载作星形连接时,中线电流为零,故可取消中线,构成三相三线制电路。若负载不对称时,应采用三相四线制,中线在任何情况都不能断开,以保证各相相电压对称。中线上不能安装开关、熔断器等。

三相电路的有功功率等于每相的有功功率之和,无功功率分别等于每相的无功功率之和。

在三相负载对称时: $P = 3U_p I_p \cos\varphi = \sqrt{3}U_1 I_1 \cos\varphi$, $Q = 3U_p I_p \sin\varphi = \sqrt{3}U_1 I_1 \sin\varphi$, $S = \sqrt{P^2 + Q^2} = \sqrt{3}U_1 I_1$ 。式中, φ 是相电压和相电流的相位差。

(3)电动机是将电能转换为机械能的旋转电气设备,基本结构有:定子和转子。这两部分之间由气隙隔开。转子按其结构形式的不同,分为鼠笼式和绕线式:前者结构简单,价格便宜,运行、维护方便,使用广泛;后者启动、调速性能好,但结构复杂,价格高。

(4)异步电动机又称为感应电动机,它的转动是依据电生磁、(动)磁生电、电磁力(矩)而运转的;转子感应电流(有功分量)在旋转磁场作用下产生电磁力并形成转矩,驱动电动机旋转。

转子转速 n 恒小于旋转磁场转速 n_1,即转差的存在是异步电动机旋转的必要条件。转子转向与旋转磁场方向(即三相电流相序)一致,这是异步电动机改变转向的原理。转差率实质上是反映转速快慢的一个物理量。

(5)三相异步电动机的电磁转矩的参数表达式为 $T = K'_T \dfrac{sR_2U_1^2}{R_2^2 + (sX_{20})^2}$,由此可描绘出异步电动机的转矩特性曲线和机械特性曲线,它们是分析异步电动机运行性能的依据。

额定转矩与额定功率、额定转速的关系为 $T_N = 9550 \dfrac{P_2}{n_N}$;运行中电网电压波动对电磁转矩影响很大,电磁转矩与电源电压的二次方成正比,即 $T \propto U_1^2$。

思考与练习

4-1　为什么用三相交流电?三相交流电是怎样产生的?

4-2　什么是对称三相电动势?什么是相序?

4-3　当发电机的三相绕组连成星形时,设线电压 $u_{UV} = 380\sqrt{2}\sin(\omega t + 30°)$ V,试写出相电压 u_U 和 u_V 的三角函数表达式。

4-4　中性线的作用是什么?中性线是否就是零线?中性线上能否接开关或熔断器?

4-5　三相对称负载作三角形连接时,已知相电流 $\dot{I}_{VW} = 10\angle -10°$A,则三个线电流分别是多少?

4-6　三相对称负载作星形连接时,已知相电压 $\dot{U}_V = 220\angle 15°$ V,则三个线电压分别是多少?

4-7　现有 220 V、60 W 的白炽灯 99 个,应如何将它们接入三相四线制电路?求负载在对称情况下的线电流及中线电流。

4-8　三个完全相同的线圈采用星形连接,接在线电压为 380 V 的三相电源上,线圈的电阻 $R = 3$ Ω,感抗 $X_L = 4$ Ω。试求:(1)各线圈的电流;(2)每相功率因数;(3)三相总功率。

4-9　三相对称负载,每相负载的电阻 $R = 8$ Ω,感抗 $X_L = 6$ Ω。(1)如果将负载连成星形接于线电压 $U_L = 380$ V 的三相电源上,试求相电压、相电流及线电流,并作出相量图。(2)如将负载连成三角形接于线电压 $U_L = 220$ V 的电源上,试求相电压、相电流及线电流并将所得的结果与(1)的结果进行比较。

4-10　三相对称负载的功率为 5.5 kW,采用三角形连接在线电压为 220 V 的三相电源上,测得线电流为 19.5 A。(1)求负载的相电流、功率因数、每相阻抗角。(2)若将该负载的连接方式改为星形连接,接至线电压为 380 V 的三相电源上,则负载的相电流、线电流、吸收的功率各为多少?

4-11　三相对称负载连接成 △ 形,每相负载的电阻 $R = 4$ Ω,感抗 $X_L = 3$ Ω,接在线电压 $U_L = 190$ V 的三相电源上,试求三相负载吸收的总功率 P。

4-12　电机分哪些种类?各类电机的特点和用途是什么?如何正确选择电动机?

4-13　三相异步电动机的原理是什么?

4-14　一台三相六极异步电动机的数据如下:$U_N = 3000$ V,$n_N = 980$ r/min,$P_N = 75$ kW,$I_N = 18.5$ A,定子额定功率因数 $\cos\varphi = 0.87$,求在额定情况下的转矩 T_N、转差率 s_N 及效率 η。

4-15　一台三相异步电动机铭牌上写明,额定电压为 380 V/220 V,定子绕组接法为 Y/△形,试问:

(1)使用时,如果将定子绕组接成 △ 形连接,接于 380 V 的三相电源上,能否空载运行或带额定负载运行,这样做时会发生什么现象? 为什么?

(2)使用时,如果将定子绕组接成 Y 形连接,接于 220 V 的三相电源上,能否空载运行或带额定负载运行,这样做时会发生什么现象? 为什么?

(3)三相异步电动机一相断电为什么转动不起来? 原来运转的三相异步电动机一相断电时为什么转速变慢? 电动机若带额定负载继续运行将会产生什么问题?

项目五　变压器测试与分析

任务一　磁路分析

1. 磁场和磁力线

我们知道,把两个磁铁的磁极靠近时,它们之间会产生相互作用的磁力:同名磁极互相推斥,异名磁极互相吸引。为什么两个没有接触的磁极却产生了相互作用力? 这是因为在磁体的周围存在着一种特殊的物质,叫做磁场。磁极之间相互作用的磁力,不是在磁极之间直接发生的,而是通过磁场作用的。

磁场具有方向性,在磁铁周围不同的位置,小磁针受力的方向是不同的,因此在磁体的不同位置放上小磁针,其静止时 N 极(S 极)指的方向是不相同的。物理学上规定,在磁场中的任一点,小磁针 N 极受力的方向,亦即小磁针静止时 N 极所指的方向,就是该点的磁场方向。为了形象地描述磁场,我们在磁场中画出一系列带箭头的曲线,使曲线上每一点与该曲线指向一致的切线方向,都跟该点的磁场方向相同,这些曲线就称为磁力线,如图 5-1 所示。

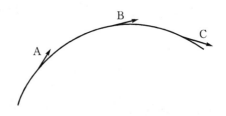

图 5-1　磁力线

磁力线可以形象直观地反映磁场的分布情况,磁力线上各点的切线方向反映了各点的磁场方向。此外磁力线的疏密可以直观地反映磁场的强弱:磁力线密的地方磁场强;磁力线疏的地方磁场弱。磁力线在磁体外部由 N 极出来,进入 S 极,在磁体内部由 S 极指向 N 极,组成不相交的闭合曲线。

2. 电流的磁场

1820 年,丹麦的物理学家奥斯特在静止的磁针上方拉一根与磁针平行的导线,给导线通电时,磁针立刻偏转一个角度,如图 5-2 所示,就好像磁针受到磁铁的作用一样,这说明电流也能产生磁场,电和磁是有密切联系的。奥斯特的发现极大地推动了电磁学的发展,在此基础上以安培为代表的法国科学家很快取得了研究成果,总结出了电流产生磁场的规律。

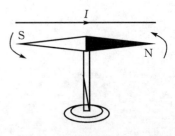

图 5-2　奥斯特实验

1)通电直导线周围的磁场

直线电流的磁场如图 5-3(a)所示。其磁力线是一些以导线上各点为圆心的同心圆,这些同心圆都在与导线垂直的平面上。直线电流的方向跟它的磁力线方向之间的关系可以用安培定则(也叫右手螺旋法则)来判定:用右手握住直导线,让伸直的大拇指所指方向与电流方向一致,则弯曲的四指所指方向就是磁力线的环绕方向。

2)环形电流周围的磁场

将直导线弯曲成圆环形,通电后形成环形电流。环形电流的磁场如图 5-3(b)所示。环形电流磁场的磁力线是一些围绕环形导线的闭合曲线。在环形导线的中心轴线上,磁力线和环形导线的平面垂直。环形电流的方向跟它的磁力线方向之间的关系,也可以用安培定则来判定:让右手弯曲的四指和环形电流的方向一致,那么伸直的大拇指所指的方向就是环形导线中心轴线上磁力线的方向。

3)通电螺线管产生的磁场

螺线管线圈可看做是由 N 匝环形导线串联而成的,通电螺线管的磁场如图 5-3(c)所示。螺线管通电以后表现出来的磁性,很像是一根条形磁铁,一端相当于 N 极,另一端相当于 S 极,改变电流方向,它的两极就对调。通电螺线管外部的磁力线和条形磁铁外部的磁力线相似,也是从 N 极出来,进入 S 极。通电螺线管内部具有磁场,内部的磁力线跟螺线管的轴线平行,方向由 S 极指向 N 极,并和外部的磁力线连接,形成闭合曲线。通电螺线管的电流方向跟它的磁力线方向之间的关系,也可用安培定则来判定:用右手握住螺线管,让弯曲的四指所指方向跟电流的方向一致,那么大拇指所指方向就是螺线管内部磁力线的方向,也就是说,大拇指指向通电螺线管的 N 极。

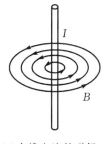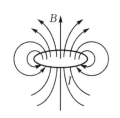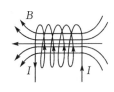

(a)直线电流的磁场　　　　(b)环形电流的磁场　　　　(c)通电螺线管的磁场

图 5-3　电流的磁场

3. 描述磁场的基本物理量

1)磁通 Φ

磁通是定量地描述磁场在一定面积分布情况的物理量。通过与磁场方向垂直的某一面积上的磁力线的总数,称为通过该面积的磁通量,简称磁通,用字母 Φ 表示,单位是 Wb(韦〔伯〕)。以前在工程上有时用电磁制单位 Mx(麦克斯韦),其换算公式为

$$1 \text{ Wb} = 10^8 \text{ Mx}$$

当面积一定时,通过该面积的磁通越大,则磁场越强。

2)磁感应强度 B

磁感应强度是定量描述磁场中各点磁场的强弱和方向的物理量,它是一个矢量。磁场内某一点的磁感应强度可用该点磁场作用于 1 m 长、通有 1 A 电流的导体上的力 F 来衡量,该导体与磁场方向垂直。磁感应强度 B 与电流 l 之间的方向关系可用安培定则来确定,其大小与导体的长度 l、通过导体的电流 l、导体受到的电磁力 F 之间的关系,可以表示为

$$B = \frac{F}{Il} \qquad (5.1)$$

式中,磁感应强度 B 的单位为 T(特[斯拉])。在电机中,气隙中的磁感应强度 B 通常为 $0.4 \sim 0.5$ T,铁芯中约为 $1 \sim 1.8$ T。

磁感应强度 B 有时也可用与磁场垂直的单位面积的磁通来表示,即

$$B = \frac{\Phi}{S} \qquad (5.2)$$

故 B 又称为磁通密度(简称磁密),式(5.2)中 Φ 的单位为 Wb(韦[伯]),S 的单位为 m^2(平方米),则

$$1 \text{ T} = 1 \text{ Wb/m}^2$$

工程中常用一个较小的单位 Gs(高斯)来表示磁感应强度,它们之间的关系为

$$1 \text{ Gs} = 10^{-4} \text{ T}$$

3)磁导率 μ

实验证明,在通电线圈中放入铁、钴、镍等物质后,通电线圈周围的磁场将大大增强,磁感应强度 B 增大;若放入铜、铝、木材等物质,通电线圈周围的磁场几乎没有什么变化。这个现象表明,磁感应强度 B 与磁场中的介质导磁性质有关。

可以用磁导率 μ 来表示磁场中介质的导磁性能,单位为 H/m(亨[利]每米)。

磁导率值大的材料,导磁性能好。所谓的导磁性能好,指的是这类材料被磁化后能产生很大的附加磁场。这类物质有铁、钴、镍及其合金,通常把这类物质叫做铁磁性物质或磁性物质。

由实验测出,真空的磁导率 $\mu_0 = 4\pi \times 10^{-7}$ H/m 。

将一种物质的磁导率 μ 和真空的磁导率 μ_0 的比值定义为该物质的相对磁导率 μ_r,即

$$\mu_r = \mu/\mu_0 \qquad (5.3)$$

主要导磁物质的相对磁导率如表 5-1 所示。

表 5-1 主要导磁物质的相对磁导率

物质	μ_r/(H/m)	物质	μ_r/(H/m)
空气	1.000000365	硅钢片	10^3
铝	1.000214	坡莫合金	10^4

根据导磁能力的好坏,也就是根据 μ 的大小,自然界的物质可分为两类。一类导磁性能好,磁导率 μ 值很大,$\mu_r \gg 1$,如硅钢片、坡莫合金,还有钢、镍、钴等,为铁磁材料;另一类为非铁磁材料,如铜、铝、纸、空气等,此类材料导磁性能差,μ 值小而且每种非磁性材料的磁导率都是常数,即 $\mu \approx \mu_0$,$\mu_r \approx 1$。

应该指出:同一铁磁物质的 μ_r 并不是常数,它随励磁电流的大小和温度的高低而变化。

4)磁场强度 H

由于磁场中各点的磁感应强度 B 的大小与磁介质的性质有关,并且同一磁介质的磁导率并不是一个常数,这就使磁场的计算显得比较复杂。因此,为了使磁场的计算简单,常用磁场强度这个物理量来表示磁场的性质。在磁场中,各点磁场强度的大小只与电流的大小和导体的形状有关,而与磁介质的性质无关。

磁场中某点的磁感应强度 B 与媒介质磁导率 μ 的比值,叫做该点的磁场强度,用 H 来表示,即

$$H = \frac{B}{\mu} \tag{5.4}$$

磁场强度也是一个矢量,在均匀的媒介质中,它的方向是和磁感应强度的方向一致的。在国际单位制中,它的单位为 A/m(安每米)。

4. 铁磁材料的磁性能

1)铁磁材料的磁化曲线

实验表明:将铁磁材料(如铁、镍、钴等)置于某磁场中,会大大加大原磁场。这是由于铁磁材料在外加磁场的作用下,能产生一个与外磁场同方向的附加磁场,正是由于这个附加磁场促使了总磁场的加强,这种现象叫做磁化。

不同种类的铁磁材料,其磁化性能是不同的。工程上常用磁化曲线(或表格)表示各种铁磁材料的磁化特性。磁化曲线是铁磁材料的磁感应强度 B 与外磁场的磁场强度 H 之间的关系曲线,所以又叫做 $B-H$ 曲线。

如图 5-4 所示的 $B-H$ 曲线是在铁芯原来没有被磁化,即 B 和 H 均从零开始增加时所测得的。这种情况下作出的 $B-H$ 曲线叫做起始磁化曲线,起始磁化曲线大体上可以分为四段,即 0~1 段、1~2 段、2~3 段和 3 点以后。下面分别加以说明。

0~1 段:此段斜率较小,当 H 增加时,B 增加缓慢。这是由于磁畴(磁性小区域)有"惯性",较小的外磁场不能使它转向为有序排列,曲线上升缓慢,称为起始磁化段。

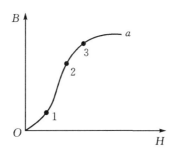

图 5-4　起始磁化曲线

1~2 段:此段可以近似看成是斜率较大的一段直线。随着 H 的增大,B 几乎直线上升,这是因为在外磁场作用下,大部分磁畴迅速转动趋向于 H 方向,B 增加很快,曲线很陡,称为线性段。

2~3 段:此段的斜率明显减小,即随着 H 的加大,B 增大缓慢。这是由于绝大部分磁畴已转向为外磁场方向,所以 B 增大的空间不大。2 点附近叫做 $B-H$ 曲线的膝部。在膝部可

以用较小的电流(较小的 H),获得较大的磁感应强度(B)。所以电机、变压器的铁芯常设计在膝部工作,以便用小电流产生较强的磁场。

3 点以后:3 点以后随着 H 加大,B 几乎不再增大。这是由于几乎所有磁畴都已转向为外磁场方向,即使 H 加大,附加磁场也不可能再增大。这个现象叫做铁磁材料的磁饱和,3 点以后的区域叫饱和区。

2)磁滞回线

起始磁化曲线只反映了铁磁材料在外磁场(H)由零逐渐增加的磁化过程。在很多实际应用中,外磁场(H)的大小和方向是不断改变的,即铁磁材料受到交变磁化(反复磁化),实验表明交变磁化的曲线如图 5-5 所示,这条曲线称为磁滞回线。

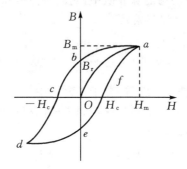

图 5-5　磁滞回线

(1)H 增大,B 随 H 变化曲线为 Oa 段,在 a 点 B 达到饱和值。

(2)当 H 由最大值开始减小时,B 随 H 变化曲线为 ab 段。当 H 减小为零时,$B \neq 0$,而保留一定的值 B_r,称为剩磁。

(3)当 H 由零反向增大时,反向磁场增强,B 减小;当反向磁场增大到一定值时,$B=0$,剩磁完全消失,如图 5-5 中 bc 段,bc 段曲线称为退磁曲线,这时为克服剩磁的磁场强度,称为矫顽力,用 H_c 表示。矫顽力的大小反映了铁磁材料保存剩磁的能力。永久磁铁就是利用剩磁很大的铁磁材料制成的。

(4)当 H 继续反向增大时,B 从 O 开始沿曲线 cd 变化,并达到反向饱和点 d。

(5)当 H 由反向最大值减小到 0 时,B-H 曲线沿 de 段变化,在 e 点 $H=0$,$B=-B_r$。再逐渐增大正向磁场,B-H 曲线沿 efa 变化,完成一个循环。经过多次循环,可得到一个关于原点对称的闭合曲线($abcdefa$)。

从整个过程看,B 的变化总是落后于 H 的变化,这种现象称为磁滞现象。磁滞现象可以用磁畴来解释。所谓磁畴,就是由分子电流形成的磁性小区域,每个磁畴就像一个很小的永久磁体。在无外磁场作用时,这些磁畴排列杂乱无章,它们的磁性相互抵消,对外不显磁性。在外磁场的作用下,磁畴趋向外磁场的方向,产生一个很大的附加磁场和外磁场相加。所以,图 5-4 中 1~2 段磁感应强度 B 上升很快;随着 H 增加,大部分磁畴已趋向外磁场方向排列,B 增长很慢,出现了饱和现象。

根据以上分析可知,铁磁材料具有以下磁性能。

(1)高导磁性:铁磁材料的磁导率很高,$\mu_r \gg 1$,这就使它们具有被强烈磁化(呈现磁性)

的特性。铁磁材料的高导磁性被广泛地应用于电工设备中,如电机、变压器及各种铁磁元件的线圈中都放有铁芯。在这种具有铁芯的线圈中通入不太大的励磁电流,便可以产生较大的磁通和磁感应强度,这就解决了既要磁通大,又要励磁电流小的矛盾,利用优质的铁磁材料可使同一容量的电器的质量和体积大大减轻和减小。

(2)磁饱和性:铁磁材料由于磁化所产生的磁化磁场不会随着外磁场的增强而无限的增强。当外磁场增大到一定程度时,磁性物质的全部磁畴的磁场方向都转向与外部磁场方向一致,磁化磁场的磁感应强度将趋向某一定值。

(3)磁滞性:在铁磁材料的反复磁化过程中,B 的变化总是落后于 H 的变化,这就是铁磁材料的磁滞性。剩磁现象就是铁磁材料磁滞性的表现。

(4)磁滞损耗:铁磁材料在反复磁化过程中,磁畴要来回翻转,导致铁磁材料发热,损耗一部分能量,这种损耗称为磁滞损耗。磁滞损耗正比于磁滞回线所包围的面积,即磁滞回线包围的面积越大,磁滞损耗就越大,所以剩磁和矫顽力越大的铁磁材料,其磁滞损耗就越大。

3)铁磁材料的分类

铁磁材料根据磁滞回线的形状及其在工程上的用途可以分为三类:软磁材料、硬磁材料、矩磁材料,具体见表5-2。

表5-2 铁磁材料的分类

名称	软磁材料	硬磁材料	矩磁材料
磁滞回线	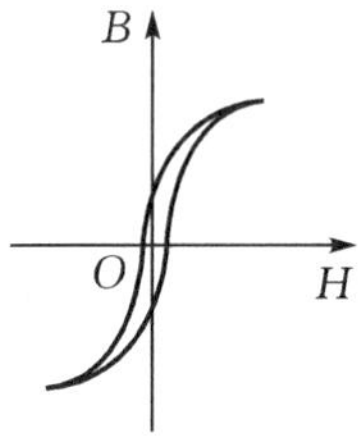	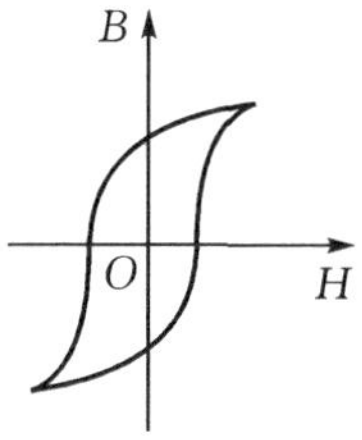	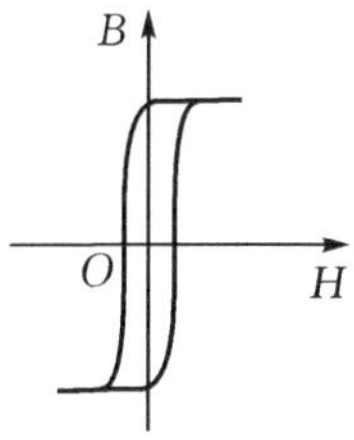
优点	磁导率高,磁滞回线狭长,磁滞损耗小	磁滞回线较宽,剩磁和矫顽力都较大,不易磁化也不易去磁	磁滞回线近似于一个矩形,受较小的外磁场作用就能达到磁饱和,去掉外磁场后,仍保持磁饱和状态
用途	主要用于制造交流电磁铁、电机、变压器的铁芯	适用于做永久磁铁	适于做记忆性元件,如计算机存储器的磁芯、乘客乘车的凭证、各种银行卡

5. 磁路

诸如变压器、电机、磁电式仪表等电工设备,为了获得较强的磁场,常常将线圈缠绕在具有一定形状的铁芯上,如图5-6所示。铁芯是一种铁磁材料,它的磁导率比周围空气或其他物质的磁导率高得多,能使绝大部分的磁通从铁芯中通过,同时铁芯被线圈磁场磁化后能产生较强的附加磁场,它叠加在线圈磁场上,使磁场大为加强,或者说,线圈通过较小的电流便可产生较强的磁场。有了铁芯,可使磁通集中地通过一定的闭合路径。所谓磁路,主要是由铁磁材料构成而为磁通集中通过的闭合回路。集中在一定路径上的磁通叫主磁通,如图5-6所示的

Φ，主磁通经过的磁路通常由铁芯（铁磁材料）及空气隙组成。磁通的极少部分穿出铁芯，经过周围物质（包括空气隙）闭合，称为漏磁通 Φ_S。由于实际中采取了很多措施来减小漏磁通，所以在磁路的计算中，可将漏磁通忽略不计。

主磁通磁路有纯铁芯磁路，如图 5-6(b)、(c)所示；也有包含有气隙的磁路，如图 5-6(a)所示；磁路有不分支磁路，如图 5-6(a)、(b)所示；也有分支磁路，如图 5-6(c)所示。磁路中的磁通可由线圈通过的电流产生，如图 5-6 所示。用来产生磁通的电流叫励磁电流，流过励磁电流的线圈叫励磁线圈。由直流电流励磁的磁路叫直流磁路，由交流电流励磁的磁路叫交流磁路。

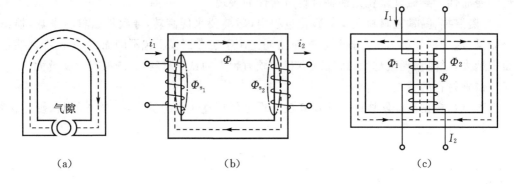

| (a) | (b) | (c) |

图 5-6 磁路的几种形式

6. 交流铁芯线圈

线圈又叫绕组，由导线缠绕而成，缠绕一圈称为一匝。这里的导线不是裸线，而是包有绝缘层的铜线或铝线，因此，线圈的匝与匝之间是彼此绝缘的。变化的磁场可产生感应电动势。如铁芯线圈通入直流电来励磁，则产生的磁通是恒定的，在线圈和铁芯中不会感应出电动势来，在一定的电压下，线圈中电流的大小和线圈的电阻有关。

变压器、交流电动机及各种交流电器的铁芯线圈都是通入交流电来励磁的。如图 5-7 所示为交流铁芯线圈电路，线圈匝数为 N，线圈的电阻为 R，当在线圈两端加上交流电压时，磁动势产生的磁通绝大部分通过铁芯而闭合，此外还有很少的一部分漏磁通。

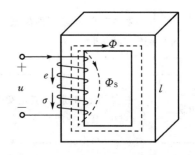

图 5-7 交流铁芯线圈电路

在交流电路中，电压和磁通的波形非常接近于时间的正弦函数。可采用闭合铁芯磁路作为模型来描述磁性材料稳态交流工作的励磁特性。如图 5-7 所示，磁路长度为 l，贯穿铁芯长度的横截面积为 S。此外，假设铁芯磁通 Φ 正弦变化，因此

$$\Phi = \Phi_m \sin\omega t = B_m S \sin\omega t$$

式中，Φ_m 为铁芯磁通的幅值；B_m 为磁感应强度的幅值；ω 为角频率；s 为横截面积。在 N 匝绕组中感应的电势为

$$e = -\frac{\mathrm{d}\psi}{\mathrm{d}t} = -N\frac{\mathrm{d}\Phi}{\mathrm{d}t} = -\omega N\Phi_{\mathrm{m}}\cos\omega t = -2\pi fN\Phi_{\mathrm{m}}\sin(\omega t + 90°)$$

电路中电源电压等于主磁通变化产生的感应电动势、线圈压降、漏磁通变化产生的感应电动势之和,而大多数情况下,线圈的电阻 R 很小,漏磁通 Φ_{S} 较小,可以忽略不计,即

$$u = -e$$

所以电压与磁通的关系为

$$u = 2\pi fN\Phi_m\sin(\omega t + 90°)$$

电压的有效值为

$$U = \frac{1}{\sqrt{2}}\omega N\Phi_{\mathrm{m}} = \frac{2\pi}{\sqrt{2}}fN\Phi_{\mathrm{m}} = 4.44fN\Phi_{\mathrm{m}}$$

即当铁芯线圈上加以正弦交流电压时,铁芯线圈中的磁通也是按正弦规律变化的;在相位上,电压超前于磁通 $90°$;在数值上,端电压的有效值为 $U = 4.44fN\Phi_{\mathrm{m}}$ 。

任务二　变压器测试与分析

一、变压器的结构和工作原理

变压器是利用电磁感应原理来改变交流电压的装置,其主要功能包括电压变换、电流变换、阻抗变换、隔离、稳压(磁饱和变压器)等。按用途可以分为电力变压器、开关变压器、功放变压器、单相变压器、电炉变压器、整流变压器等。变压器在电力系统和电子电路中得到了广泛的应用。

1. 变压器的基本结构

变压器主要由铁芯和绕组两个基本部分组成,变压器的结构示意图和符号如图 5 - 8 所示。图 5 - 8 所示的是一个简单的双绕组变压器,在一个闭合的铁芯上套有两个绕组,绕组与绕组之间及绕组与铁芯之间都是绝缘的。

铁芯是变压器的机械骨架,又是变压器的磁路部分。为了提高磁路的磁导率,降低铁芯内的涡流损耗,变压器的铁芯大多采用 $0.35 \sim 0.5$ mm 的硅钢片交错叠装而成;在电子线路中由于工作频率较高,所以所使用的变压器铁芯多采用铁镍合金或铁氧体制成。

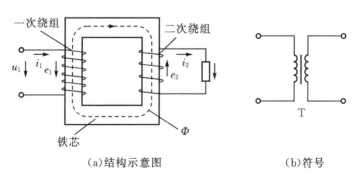

（a）结构示意图　　　　　　（b）符号

图 5 - 8　变压器

变压器所用的绕组常用绝缘的铜线或铝线制成,是变压器的电路部分,作用是接收和输出电能,通过电磁感应实现电压、电流的变换。每台变压器中,凡接到电源端吸取电能的绕组叫做原绕组(或称初级绕组、一次绕组);输出电能端的绕组叫做副绕组(或称次级绕组、二次绕组)。有时又将变压器中接收电压等级较高一侧的绕组叫做高压绕组,接收较低电压一侧的绕组叫做低压绕组,原、副绕组的匝数分别为 N_1 和 N_2。

按铁芯和绕组的组合结构,通常又把变压器分为芯式变压器和壳式变压器,如图 5-9 所示。芯式变压器的铁芯被绕组包围,而壳式变压器的铁芯则包围绕组。

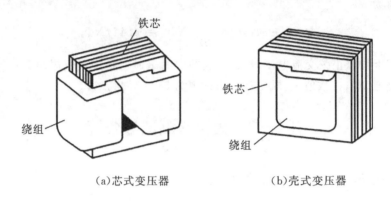

（a)芯式变压器　　　　　　　　　　（b)壳式变压器

图 5-9　变压器的结构形式

2. 变压器的额定值

变压器的额定值是保证变压器能够长期可靠地运行工作,并且有良好的工作性能的技术限额,它也是厂家设计制造和试验变压器的依据,其内容包括以下几个方面。

(1)额定电压 U_{1N}/U_{2N}。U_{1N} 和 U_{2N} 分别为原、副边额定电压,是指变压器空载时端电压的保证值,以有效值表示。对三相变压器来说,均指线电压,单位为 V。

(2)额定电流 I_{1N}/I_{2N}。I_{1N} 和 I_{2N} 分别为原、副边额定电流,是指变压器连续运行时原、副绕组允许通过的最大电流有效值。三相变压器的额定电流是指线电流,单位为 A。

(3)额定容量 S_N。S_N 是变压器在额定状态下的电功率输出能力。其单位为 V·A。

对于单相变压器,则有

$$S_N = U_{1N}I_{1N} = U_{2N}I_{2N}$$

对于三相变压器,则有

$$S_N = \sqrt{3}U_{1N}I_{1N} = \sqrt{3}U_{2N}I_{2N}$$

(4)额定频率 f_N。f_N 是指变压器应接入的电源频率。其单位为 Hz,我国电力系统的标准频率为 50 Hz。

【例 5-1】　某照明变压器的额定容量为 500 V·A,额定电压为 220 V/36 V。求:

(1)原、副边的额定电流。

(2)在副边最多可接"36 V 100 W"的白炽灯几盏?

【解】　(1)原边额定电流

$$I_{1N} = S_N/U_{1N} = 500/220 = 2.27 \text{ A}$$

副边额定电流

$$I_{2N} = S_N/U_{2N} = 500/36 = 13.9 \text{ A}$$

（2）每盏白炽灯的额定电流

$$I_N = P/U = 100/36 = 2.78 \text{ A}$$

最多允许接白炽灯的盏数为

$$13.9/2.78 = 5 \text{ 盏}$$

3. 变压器的工作原理

变压器是按电磁感应原理工作的。如果把变压器的原绕组接在交流电源上，在原绕组中就会产生一个交流电流，这个电流在铁芯中产生交变磁通，磁通在铁芯中构成磁路，同时穿过变压器的原、副绕组，从而在原、副绕组中产生感应电动势，其中在原绕组中产生自感电动势，在副绕组中产生互感电动势。此时，如果在副绕组上接上负载，那么在感应电动势的作用下，变压器就要向负载输出功率。

如图 5-10 所示是变压器的工作原理图，原绕组的匝数为 N_1，副绕组的匝数为 N_2，输入电压、电流为 u_1 和 i_1，输出电压、电流为 u_2 和 i_2，负载为 Z_L。为了便于讨论变压器的工作原理和基本作用，图 5-10 中把原边绕组和副边绕组分别画在铁芯的两侧，采用理想变压器模型，即假设变压器漏磁、铜损（导线电阻产生的功率损耗）、铁损（铁芯的磁滞损耗与涡流损耗）均忽略。

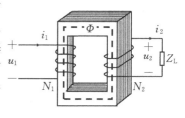

图 5-10　变压器的工作原理图

1）空载运行和电压变换

变压器空载运行就是原绕组加额定电压而副绕组开路（不接负载）时的工作情况。例如，某用户的全部用电设备停止工作时，专给此用户供电的变压器就处于空载运行状态。

在图 5-10 中，如果在原绕组两端加有交流电压 u_1，并断开负载 Z_L，则副绕组所流过的电流 $i_2 = 0$，这时原绕组有电流 i_0，i_0 称为空载电流。大、中型变压器的空载电流约为原边额定电流的 $3\% \sim 8\%$。

根据电磁感应定律，原边绕组、副边绕组的感应电动势分别为

$$E_1 = 4.44 f \Phi_m N_1 , E_2 = 4.44 f \Phi_m N_2$$

由以上两式可得到

$$\frac{E_1}{E_2} = \frac{N_1}{N_2} = k$$

即原、副绕组的感应电动势之比等于原、副绕组匝数之比。

由于变压器的空载电流 i_0 很小，原绕组中的电压降可略去不计，故原绕组的感应电动势 E_1 近似地与外加电压 U_1 相平衡，即 $U_1 \approx E_1$。而副绕组是开路的，其端电压 U_2 就等于感应电动势，即 $U_2 = E_2$，则

$$\frac{U_1}{U_2} \approx \frac{E_1}{E_2} = \frac{N_1}{N_2} = k \qquad (5.5)$$

由式（5.5）可见，变压器空载运行时，原、副绕组上电压的比值等于两者的匝数比，这个比值 k 称为变压器的变压比，简称变比。当原、副绕组匝数不同时，变压器就可以把某一数值的交流电压变换为同频率的另一数值的电压，这就是变压器的电压变换作用。当 $k > 1$ 时，$U_1 > U_2$，变压器起降压作用，称此变压器为降压变压器；当 $k < 1$ 时，$U_1 < U_2$，变压器起升压作

用,称此变压器为升压变压器。

2)负载运行和电流变换

变压器的原绕组接交流 u_1,副绕组接负载 Z_L,这种运行状态称为负载运行。这时副边的电流为 i_2,原边电流由 i_0 增大为 i_1。对于理想变压器,由于忽略其内部损耗,则原绕组的容量与副绕组的容量相等,即

$$U_1 I_1 = U_2 I_2$$

所以

$$\frac{I_1}{I_2} = \frac{U_2}{U_1} = \frac{N_2}{N_1} = \frac{1}{k} \tag{5.6}$$

由式(5.6)可见,当变压器额定运行时,原、副边的电流之比等于其匝数比的倒数。改变原、副绕组的匝数,可以改变原、副绕组电流的比值,这就是变压器的电流变换作用。

变压器的电压比与电流比互为倒数。所以匝数多的绕组电压高,电流小;匝数少的绕组电压低,电流大。

【例 5 - 2】 已知一变压器 $N_1 = 800$,$N_2 = 200$,$U_1 = 220$ V,$I_2 = 8$ A,负载为纯电阻,忽略变压器的漏磁和损耗,求变压器的副边电压 U_2,原边电流 I_1。

【解】 变压比 $k = N_1 / N_2 = 800/200 = 4$

副边电压 $U_2 = U_1 / k = 220/4 = 55$ V

原边电流 $I_1 = I_2 / k = 8/4 = 2$ A

输入功率 $S_1 = U_1 I_1 = 440$ V·A

输出功率 $S_2 = U_2 I_2 = 440$ V·A

可见变压器的功率损耗忽略不计时,它的输入功率与输出功率相等,这是符合能量守恒定律的。

3)阻抗变换

变压器除了变压和变流的作用外,还有变阻抗的作用。假设阻抗为纯阻性。如图 5 - 11(a)所示,变压器原边接电源 u_1,副边接负载电阻 R,对于电源来说,图中虚线框内的电路可用另一个电阻 R' 来等效代替,如图 5 - 11(b)所示。所谓等效,就是它们从电源吸取的电流和功率相等。当忽略变压器的漏磁和损耗时,等效阻抗可由下式求得。

$$R' = \frac{U_1}{I_1} = \frac{(N_1/N_2) U_2}{(N_2/N_1) I_2} = \left(\frac{N_1}{N_2}\right)^2 R = k^2 R \tag{5.7}$$

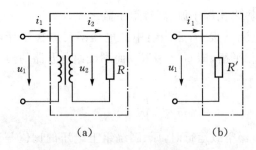

图 5 - 11 变压器的阻抗变换

式(5.7)中,$R = U_2/I_2$ 为变压器副边的负载阻抗。式(5.7)说明,在变比为 k 的变压器副

边接阻抗为 R 的负载,相当于在电源上直接接一个阻抗 $R' = k^2R$,也可以说变压器把负载阻抗 R 变换为 R' 。通过选择合适的变比 k ,可把实际负载阻抗变换为所需的数值,这就是变压器的阻抗变换作用。

对于电子线路,如收音机电路,我们可以把它看成一个信号源加一个负载。要使负载获得最大功率,其条件是负载的电阻等于信号源的内阻,此时,称之为阻抗匹配。但实际电路中,负载电阻并不等于信号源内阻,这时我们就需要用变压器来进行阻抗变换。

【例5-3】　如图 5-12 所示电路中,某交流信号源电动势 $E = 120$ V,内阻 $R_0 = 800$ Ω,负载电阻 $R_L = 8$ Ω。试求:

(1)如图 5-12(a)所示,信号源输出多大功率? 负载电阻 R_L 吸收多大功率? 信号源的效率多大?

(2)若要信号源输给负载的功率达到最大,负载电阻应等于信号源内阻。今用变压器进行阻抗变换,则变压器的匝数比应选多少? 阻抗变换后信号源的输出功率多大? 负载吸收的功率多大? 此时信号源的效率又为多少?

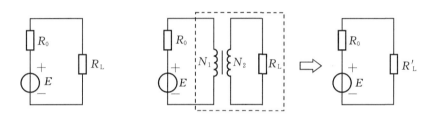

(a)负载与信号源直接相连　　　　　(b)用变压器进行阻抗变换

图 5-12　例 5-3 电路图

【解】　(1)由图 5-12(a)可得信号源的输出功率为

$$P_i = IE = \frac{E}{R_0 + R_L}E = \frac{E^2}{R_0 + R_L} = \frac{120^2}{800 + 8} = 17.8 \text{ W}$$

负载吸收的功率为

$$P = I^2R_L = \left(\frac{E}{R_0 + R'_L}\right)^2 R_L = \left(\frac{120}{800 + 8}\right)^2 \times 8 = 0.176 \text{ W}$$

效率为

$$\eta = \frac{P}{P_i} \times 100\% = \frac{0.176}{17.8} \times 100\% = 9\%$$

(2)如图 5-12(b)所示,变压器把负载 R_L 变换为等效电阻,即

$$R'_L = R_0 = 800 \text{ Ω}$$

变压器的匝数比应为

$$\frac{N_1}{N_2} = \sqrt{\frac{R'_L}{R_L}} = \sqrt{\frac{800}{8}} = 10$$

这时信号源输出功率为

$$P_i = \frac{E^2}{R_0 + R'_L} = \frac{120^2}{800 + 800} = 9 \text{ W}$$

负载吸收的功率为

$$P = I^2 R'_L = \left(\frac{E}{R_0 + R'_L}\right)^2 R'_L = \left(\frac{120}{800 + 800}\right)^2 \times 800 = 4.5 \text{ W}$$

效率为

$$\eta = \frac{P}{P_i} \times 100\% = \frac{4.5}{9} \times 100\% = 50\%$$

通过(1)、(2)两题的计算和比较后可以得出：利用变压器进行阻抗变换后，电源效率由 9% 增加到 50%。如果在电源输出同一信号功率下，负载将会得到最大的输出功率，这就是电子线路中的阻抗匹配。

二、变压器的外特性及效率

在变压器原边绕组接入额定电压 U_1，副边绕组开路时的开路电压为 U_{20}。变压器副边绕组接入负载后，有电流 I_2 输出，副边绕组中产生电抗压降，输出电压 U_2 随输出电流 I_2 的变化而变化，即 $U_2 = f(I_2)$，该关系称为变压器的外特性，如图 5-13 所示。图 5-13 表明，当负载为电阻性和电感性时，U_2 随 I_2 的增加而下降，且感性负载比阻性负载下降更明显；对于容性负载，U_2 随 I_2 的增加而上升。

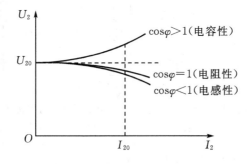

图 5-13 变压器的外特性

从空载到额定负载，副边绕组输出电压 U_2 随输出电流 I_2 的增加而下降（或上升）的程度用电压调整率 ΔU 表示，即

$$\Delta U = \frac{|U_{20} - U_2|}{U_{20}} \times 100\%$$

电压调整率 ΔU 越小，变压器的稳定性越好。

在额定功率时，变压器的输出功率 P_2 和输入功率 P_1 的比值称为变压器的效率。

$$\eta = \frac{P_2}{P_1} \times 100\%$$

变压器没有转动部分，也就没有机械摩擦损耗，因此它的效率很高，大容量变压器最高效率可达 98% ~ 99%。但变压器传输电能时总要产生损耗，即 $P_1 - P_2$，这种损耗主要有铜损和铁损。

铜损是指变压器线圈电阻所引起的损耗。当电流通过线圈电阻发热时，一部分电能就转换为热能而损耗。由于线圈一般都由带绝缘的铜线缠绕而成，因此称为铜损。

铁损包括两个方面：一方面是磁滞损耗，当交流电流通过变压器时，通过变压器硅钢片的磁力线的方向和大小随之变化，使得硅钢片内部分子相互摩擦，放出热能，从而损耗了一部分电能，这便是磁滞损耗。另一方面是涡流损耗,当变压器工作时,铁芯中有磁力线穿过,在与磁力线垂直的平面上就会产生涡流损耗。涡流的存在使铁芯发热,消耗能量,这种损耗称为涡流损耗。

变压器的效率与变压器的功率等级有密切关系,通常功率越大,损耗与输出功率之比就越小,效率也就越高;反之,功率越小,效率也就越低。

三、几种常见的变压器

1. 自耦变压器

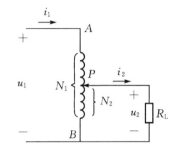

普通双绕组变压器原、副绕组之间仅有磁耦合,并无电的直接联系。自耦变压器只有一个绕组,如图 5-14 所示,即原、副绕组公用一部分绕组,所以自耦变压器原、副绕组之间除有磁的耦合外,又有电的直接联系。实质上自耦变压器就是利用一个绕组抽头的办法来实现改变电压的一种变压器。常见自耦变压器的外形图如图 5-15 所示。

图 5-14 自耦变压器的电路原理图

以图 5-14 所示的自耦变压器为例,将匝数为 N_1 的原绕组与电源相接,其电压为 u_1;匝数为 N_2 副绕组(原绕组的一部分)接通负载,其电压为 u_2。自耦变压器的绕组也套在闭合铁芯的芯柱上,工作原理与普通变压器一样,原边和副边的电压、电流与匝数的关系仍为

$$\frac{U_1}{U_2} \approx \frac{N_1}{N_2} = k, \frac{I_1}{I_2} = \frac{N_2}{N_1} = \frac{1}{k}.$$

可见,适当选用匝数 N_2,副边就可得到所需的电压。

图 5-15 常见自耦变压器的外形图

小型自耦变压器常用来启动交流电动机,在实验室和小型仪器上常作为调压设备,也可用在照明装置上来调节亮度。电力系统中也应用自耦变压器作为电力变压器。

因为自耦变压器的原、副绕组有直接的电的联系,一旦公共部分断开,高压将引入低压边,造成危险。所以自耦变压器的变比不宜过大,通常选择变比 $k<3$,而且不能用自耦变压器作为 36 V 以下安全电压的供电电源。

2. 电压互感器

电压互感器是用来测量电网高压的一种专用变压器，可以利用它将线路的高电压变为一定数值的低电压。通过测量低电压，将低电压乘以互感器的变压比，即可间接地测得高电压数值。使用时，电压互感器的高压绕组跨接在需要测量的供电线路上，低压绕组则与电压表相连，如图 5-16 所示。

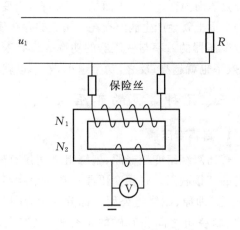

根据变压器的变压原理，被测电压 U_1 与电压表电压 U_2 之间存在 $U_1 = kU_2$ 的关系，这样一方面实现了用低量程的电压表测量高电压，另一方面使仪表和所接设备与高电压隔离，从而保障了操作人员的安全。通常电

图 5-16　电压互感器原理图

压互感器副绕组的额定电压为 100 V，如互感器上标有 10000 V/100 V，电压表读数为 78 V，则 $U_1 = kU_2 = 100 \times 78 = 7800$ V。

使用电压互感器时应注意：二次绕组不能短路，以防止烧毁线圈；副绕组的一端和铁壳应可靠接地，以确保安全。

3. 电流互感器

电流互感器是用来专门测量大电流的专用变压器，可以利用它将线路的大电流变为一定数值的小电流。使用时将原绕组串接在电路中，将副绕组与电流表串联，如图 5-17 所示。

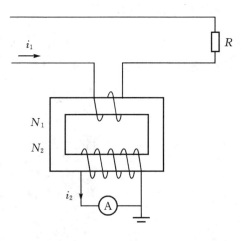

电流互感器的原绕组匝数很少，甚至有时候只有一匝，线径较粗；副绕组匝数很多，线径较细，相当于一台小型升压变压器。它也满足双绕组的电流变换关系，即 $I_1 = I_2/k$。

通常电流互感器副绕组的额定电流为 5 A。如果电流互感器上标有 100/5 A，电流表的读数为 4 A，则 $I_1 = I_2/k = (100 \times 4)/5 = 80$ A。

图 5-17　电流互感器原理图

使用电流互感器时应注意：二次绕组绝对不允许开路，且铁芯和二次绕组必须可靠接地。

测量交流电流的钳形电流表（又称钳表）是电流互感器的一种变形。它的铁芯如同一钳形，用弹簧压紧。测量时将钳口压开而引入被测导线。这时该导线就是原绕组，副绕组绕在铁芯上并与电流表接通。利用钳形电流表可以随时随地测量线路中的电流，不必像普通电流互感器那样必须固定在一处，或者像普通电流表在测量时要断开电路才能将电流表串联接入，钳形电流表的原理图如图 5-18 所示。

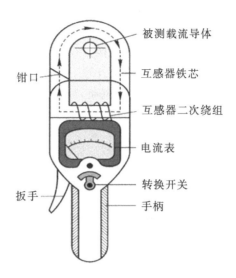

图 5-18　钳形电流表原理图

任务三　小型单相变压器的检测

一、变压器同名端的测定

有些变压器的一次、二次绕组分别具有几个线圈,这样可适应不同的电源电压和供给几个不同的输出电压。在使用这种变压器时,需要先判断出绕组的同极性端(又称同名端),而后才能正确连接。所谓同名端(瞬时同极性端)是指:当电流分别从两个绕组的两个接线端流入时,产生的磁通在磁路中方向一致(即彼此的感应电压极性一致),互为增强,则这两个对应接线端称为同名端,用记号"*"标记,反之称为异名端。

如图 5-19(a)所示的两个绕组 L_1、L_2 的接线端分别为 1、2 和 3、4。如果从 1 端和 3 端分别流入电流 i,用右手定则可判断出磁通方向都是向上的,互为增强,所以 1 端和 3 端为同名端,当然 2 端和 4 端也是同名端,而 1 端和 4 端、2 端和 3 端则分别为异名端。为了便于区别,

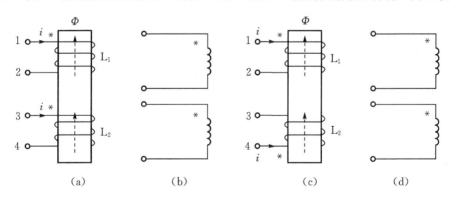

图 5-19　同名端的判别

仅在两个绕组的一对同名端上打上"＊",如图5-19(b)所示。显然,同名端与绕组的绕向有关,如图5-19(c)所示,绕组L_2反绕,则同名端将不同,如图5-19(d)所示。

线圈绕组可以串联或并联使用,但要注意连接方式。

以如图5-19(a)所示的两个绕组为例,若要串联,则应把两个绕组的异名端连在一起,即L_1、L_2串联时,2端和3端相连,1端和4端接外电路,或反之;若要并联,则应把两个绕组对应的同名端连在一起接外电路,即1端和3端相连,2端和4端相连,如图5-20所示。

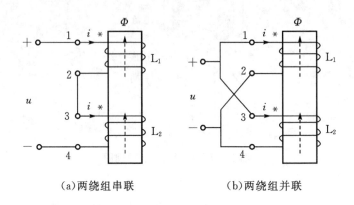

(a)两绕组串联　　　　　　　　　(b)两绕组并联

图5-20　变压器绕组的正确接法

如果一次侧两绕组接错,两绕组的磁通互相抵消,铁芯中基本无磁通产生,绕组中感应电动势等于0,这时只有很小的线圈线电阻和漏电抗的压降与外加电源电压相平衡,因此,在一次侧电路中将引起很大的电流,导致变压器一次绕组烧坏。如果二次侧绕组串联时出错,则两个绕组的感应电动势互相抵消,输出电压为0;如果二次绕组并联时接错,则二次侧两绕组之间形成短路电流,导致二次绕组烧坏。

若已知绕组的绕向,则绕组的同名端不难辩论。但变压器绕组经过浸漆处理,且封闭安装,从它们的外观上看不出具体的绕向。因此,同名端也就不容易判断。这时可用实验的方法来判断绕组的同名端。

实验法测定同极性端有直流法和交流法两种。

(1)直流法。如图5-21(a)所示,是用直流法为测定线圈的同极性端,图中1、2为一个线圈,用A表示,3、4为另一个线圈,用B表示,把线圈A通过开关S与电源连接,线圈B与直流电压表(或直流电流表)连接。当开关S迅速闭合时,就有随时间逐渐增大的电流i从电源的正极流入线圈A的1端,若此时电压表(或电流表)的指针正向偏转,则线圈A的1端和线圈B的3端(即线圈B与电压表"＋"端相接的一端)为同名端。这是因为当电流刚流进线圈A的1端时,1端的感应电动势为"＋",而电压表正向偏转,说明3端此时也为"＋",所以1、3端为同名端。若电压表反向偏转,则1、3为异名端。

(2)交流法。如图5-21(b)所示,是用交流法来测量线圈的同名端。把两个线圈的任意两个接线端连在一起,例如2和4,并在其中一个线圈(如A),加上一个较低的交流电压。用交流电压表分别测量U_{12}、U_{13}、U_{34},如果测得:$U_{13}=U_{12}-U_{34}$,则1和3端为同名端。这是因为只有1端和3端同时为"＋"或同时为"－"时,才可能使U_{13}等于U_{12}与U_{34}之差,所以,1端和3端为同名端。若测得:$U_{13}=U_{12}+U_{34}$,则1端和3端为异名端。

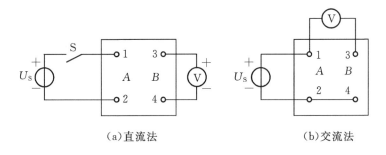

（a）直流法　　　　　　　　　（b）交流法

图 5-21　同名端的测定

二、变压器的常见故障及检修

（1）引出线端头断裂。

如果一次回路有电压而无电流，一般是一次线圈的端头断裂；若一次回路有较小的电流而二次回路既无电流也无电压，一般是二次线圈端头断裂。通常是由于线头折弯次数过多，或线头遇到猛拉，或焊接处霉断（焊剂残留过多），或引出线过细等原因所造成的。

如果断裂线头处在线圈的最外层，可掀开绝缘层，挑出线圈上的断头，焊上新的引出线，包好绝缘层即可；若断裂线端头处在线圈内层，一般无法修复，需要拆开重绕。

（2）线圈的匝间短路。

存在匝间短路，短路处的温度会剧烈上升。如果短路发生在同层排列左右两匝或多匝之间，过热现象稍轻；若发生在上下层之间的两匝或多匝之间，过热现象就很严重。通常是由于线圈遭受外撞击，或漆包线绝缘老化等原因所造成的。

如果短路发生在线圈的最外层，可掀去绝缘层后，在短路处局部加热（指过浸过漆的线圈，可用电吹风加热），待漆膜软化后，用薄竹片轻轻挑起绝缘已破坏的导线，若线芯没有损伤，可插入绝缘纸，裹住后揿平；若线芯已损伤，应剪断，去除已短路的一匝或多匝导线，两端焊接后垫妥绝缘纸，揿平。用以上两种方法修复后均应涂上绝缘漆，吹干，再包上外层绝缘。如果故障发生在无骨架线圈两边沿口的上下层之间，一般也可按上述方法修复。若故障发生在线圈内部，一般无法修理，需拆开重绕。

（3）线圈对铁芯短路。

存在这一故障，铁芯就会带电，这种故障在有骨架的线圈上较少出现，但在线圈的最外层会出现这一故障；对于无骨架的线圈，这种故障多数发生在线圈两边的沿口处，但在线圈最内层的四角处比较常出现，在最外层也会出现。其原因通常是由于线圈外形尺寸过大而铁芯窗口容纳不下，或因绝缘裹垫得不佳或遭到剧烈跌碰等所造成的。

修理方法可参照匝间短路的有关内容。

（4）铁芯噪声过大。

铁芯噪声有电磁噪声和机械噪声两种。电磁噪声通常是由于设计时铁芯磁通密度选得过高，或变压器过载，或存在漏电故障等原因所造成的；机械噪声通常是由于铁芯没有压紧，在运行时硅钢片发生机械振动所造成的。

如果是电磁噪声，属于设计原因的，可换用质量较佳的同规格硅钢片；属于其他原因的应减轻负载或排除漏电故障。如果是机械噪声,应压紧铁芯。

(5)线圈漏电。

线圈漏电的基本特性是铁芯带电和线圈温升增高,通常是由于线圈受潮或绝缘老化所引起的。若是受潮,只要烘干后即可排除故障;若是绝缘老化,严重的一般较难排除,轻度的可拆去外层包缠的绝缘层,烘干后重新浸漆。

(6)线圈过热。

线圈过热通常是由于过载或漏电引起的,或因设计不佳所致;若是局部过热,则是由于匝间短路所造成的。

(7)铁芯过热。

铁芯过热通常是由于过载、设计不佳、硅钢片质量不佳或重新装配硅钢片时少插入片数等原因造成的。

(8)输出侧电压下降。

输出侧电压下降通常是由于一次侧输入的电源电压不足(未达到额定值)、二次绕组存在匝间短路、对铁芯短路或漏电或过载等原因造成的。

技能实训　小型单相变压器的检测

1. 实训目的

(1)学会单相变压器高、低压绕组的判别方法。

(2)学会单相变压器同名端的判定。

2. 实训所需器材

(1)ZH-12型通用电学实验台。

(2)单相变压器。

(3)兆欧表。

(4)万用表。

3. 实验内容与步骤

1)变压器外观的检查

变压器外观检查包括能够看得见摸得到的项目,如线圈引线是否断线、脱焊,绝缘材料是否烧焦,机械是否损伤和表面是否破损等。

2)变压器绕组同极性端的测定

(1)直流测定法。测试电路如图5-21(a)所示,合上开关S,观察电压的偏置情况,判定绕组同极性端,将测试结果填入表5-3中。

表5-3　同极性端直流测定法记录表

测试项目	电压表偏置情况	同极性端
S闭合		

(2)交流测定法。测试电路如图5-21(b)所示,把两个线圈的任意两个接线端连在一起,例如2和4,并在其中一线圈(例如A),加上一个较低的交流电压,用交流电压表分别测量

U_{12}、U_{13}、U_{34},根据测得的电压,判定绕组的同极性端,将测试结果填入表5-4中。

表5-4　同极性端直流测定法记录表

U_{13}/V	U_{12}/V	U_{34}/V	同极性端

3)检测变压器绝缘电阻

变压器绝缘电阻的检测包括原、副边之间,线圈与铁芯之间,线圈匝间三个方面的绝缘检测。用兆欧表测绝缘电阻,其值应大于几十兆欧,将测量结果填入表5-5中。

4)测直流电阻

用万用表的欧姆挡测变压器的一、二次绕组的直流电阻值,可判断绕组有无断路或短路现象,将测量结果填入表5-5中。

(1)检查变压器的绕组是否有开路。一般中、高频变压器的线圈匝数不多,其直流电阻应很小,在零点几欧到几欧之间。音频和电源变压器由于线圈圈数较多,直流电阻可达几百欧至几千欧以上。用万用表测变压器的直流电阻只能初步判断变压器是否正常,所以还必须进行短路检查。

(2)检查变压器的绕组是否有短路。由于变压器的一、二次之间是交流耦合,直流还是断路的,如果变压器两绕组之间发生短路,会造成直流电压直通,可用万用表检测出来。

5)对变压器进行通电检查

(1)开路检查。将变压器一次绕组与220 V/50 Hz正弦交流电源相连,用万用表测量变压器的输出电压,用交流电流表测量原边电流是否正常,测量变压器的变比是否正常,并记录数据。

(2)带额定负载检查。将变压器一次绕组与220 V/50 Hz正弦交流电源相连,二次绕组接额定负载,测量原副边电流和电压,看是否正常,并记录数据。

将检测的有关数据填入表5-5中。

6)温升

让变压器在额定输出电流下工作一段时间,然后切断电源,用手摸变压器的外壳,即可判断温升情况。如温热,表明变压器的温升符合要求;若感觉非常烫手,则表明变压器温升指标不合要求。

表5-5　小型单相变压器检测的有关数据记录

铭牌内容	型号		额定电压		额定电流	
	容量		副边电压		变压比	
检查内容	绝缘电阻/MΩ			直流电阻/Ω		
	原、副边间	线圈与铁芯间	线圈匝间	原绕组	副绕组	原、副边间
	空载			额定负载		
	副边电压/V	原边电流/A	原边电流/A	原边电压/V	副边电流/A	副边电压/V

4. 分析思考

(1)查阅资料,如何正确使用变压器? 如何选择变压器的容量?

(2)查阅资料,了解设计和制作一台小型变压器的方法。

5. 评分

(1)操作是否符合规范(40%)。

(2)结果是否正确(30%)。

(3)分析是否正确(30%)。

项目小结

(1)磁路是磁通集中通过的路径,由于铁磁性物质具有高导磁性,所以很多电气设备均用铁磁材料构成磁路。磁路与电路有对偶性。磁通—电流、磁通势—电动势、磁阻—电阻——对应,甚至磁路欧姆定律—电路欧姆定律也相对应。但由于铁磁性物质的磁阻不是常数,故磁路欧姆定律常用于定性分析。

(2)变压器是根据电磁感应原理制成的静止电气设备,它主要由用硅钢片叠成的铁芯和套在铁芯柱上的绕组构成。只要原、副绕组匝数不等,变压器就具有变电压、变电流和变换阻抗的功能,这些物理量与匝数的关系如下:

$$\frac{U_1}{U_2} = \frac{N_1}{N_2} = k, \frac{I_1}{I_2} = \frac{N_2}{N_1} = \frac{1}{k}, |Z'_L| = \left(\frac{N_1}{N_2}\right)^2 |Z_L| = k^2 |Z_L|$$

(3)常用的变压器有三相变压器、自耦变压器、仪用互感器、电焊变压器,其基本结构、工作原理与普通变压器基本相同,但又各有特点。

(4)在使用变压器或者其他有磁耦合的互感线圈时,要注意线圈的正确连接。如果连接错误,则有可能使得绕组中的电流过大,导致烧毁变压器。变压器的检测包括外观、开路与短路、直流电阻、绝缘电阻的检测。小型变压器的故障主要有铁芯故障和绕组故障。

思考与练习

5-1 描述磁场强弱和方向的物理量有哪些? 哪个不受磁场媒质的影响?

5-2 为什么空芯线圈的电感是常数,而铁芯线圈的电感不是常数?

5-3 变压器的铁芯是起什么作用的? 不用铁芯行不行?

5-4 为什么变压器的铁芯要用硅钢片叠成? 用整钢行不行?

5-5 变压器能否用来变换直流电压? 如果将变压器接到与它的额定电压相同的直流电源上,会产生什么后果?

5-6 接在 220 V 交流电源上的单相变压器,其副绕组电压为 110 V,若副绕组匝数 350 匝,求:(1)变压比;(2)原绕组匝数 N_1。

5-7 已知:某台单相变压器的容量为 1.5 kV·A,电压为 220/110 V。(1)试求原、副绕组的额定电流。(2)如果副绕组电流是 13 A,原绕组电流约为多少?

5-8 一台 220/36 V 的行灯变压器,已知原绕组匝数 N_1=1100 匝;(1)试求副绕组匝数。(2)若在副绕组接一盏 36 V、100 W 的白炽灯,问原绕组电流为多少(忽略空载电流和漏阻抗压降)?

5-9　一台晶体管收音机的输出端要求最佳负载阻抗值为 450 Ω,即可输出最大功率。现负载是阻抗为 8 Ω 的扬声器,问:输出变压器应采用多大的变比?

5-10　一台变压器,原绕组电压 $U_1 = 3\,000$ V,副绕组电压 $U_2 = 220$ V。如果负载是一台 220 V、26 kW 的电阻炉,试求变压器原绕组、副绕组的电流各为多少?

5-11　机修车间的单相行灯变压器,原绕组的额定电压为 220 V,额定电流为 4.55 A,副绕组的额定电压为 36 V,试求副绕组可接 36 V、60 W 的白炽灯多少盏?

5-12　把电阻 $R = 8$ Ω 的扬声器接于输出变压器的副绕组上,设变压器原绕组的匝数为 $N_1 = 500$ 匝,副绕组。的匝数为 $N_2 = 100$ 匝。(1)试求扬声器折合到原绕组的等效电阻。(2)如果变压器的原绕组接上电动势 $E = 10$ V、内阻 $R_0 = 250$ Ω 的信号源上,求输出到扬声器的功率。(3)若不经过变压器,直接把扬声器接到 $E = 10$ V、内阻 $R_0 = 250$ Ω 的信号源上,求输送到扬声器上的功率。(4)证明:负载从电动势获得最大功率的条件为 $R'_L = R_0$。

5-13　某晶体管收音机输出变压器的原绕组匝数 $N_1 = 300$ 匝,副绕组的匝数为 $N_2 = 80$ 匝。原配扬声器阻抗为 6 Ω,现欲改接阻抗为 10 Ω 的扬声器,若原绕组匝数不变,问副绕组匝数应如何变动,才能使阻抗匹配?

5-14　自耦变压器为什么能改变输出电压?它有何优缺点?使用时应注意什么事项?

5-15　电压互感器和电流互感器各有何作用?使用时应注意什么?

5-16　使用电压比为 6 000:100 的电压互感器和电流比为 100:5 的电流互感器来测量电路时,电压表的读数为 96 V,电流表的读数为 3.5 A,求被测电路的实际电压和电流各为多少?

项目六　电机控制线路的设计与装接

任务一　认识并拆装常用低压电器

电器是根据外界特定的信号和要求，自动或手动接通和分断电路，断续或连续地改变电路参数，在实现电能的产生、输送、分配和应用中起着切换、控制、保护和调节作用，广泛应用于电力输配、电力拖动和自动控制系统中的电气设备。按照工作电压的不同又分为高压电器和低压电器。前者是指额定电压在 3 kV 及以上的电器；后者是指工作在交流 1000 V 或直流 1200 V 及以下的电器。低压电器按照其控制对象的不同又分为配电电器和控制电器。低压配电电器主要用于低压配电系统和动力回路，具有工作可靠、热稳定性能好和电动力稳定性好，能承受一定电动力作用等优点。低压控制电器主要用于电力传输系统，具有工作准确可靠、操作效率高、寿命长、体积小等优点。

低压电器的两大类型按照其功能不同主要有 10 个类别，它们的名称和作用如表 6-1 所示。

表 6-1　低压电器的分类和作用

名称		作用
配电电器	开关电器	用于不频繁地接通和分断电路
	熔断器	用于线路或设备的短路和过载保护
控制电器	接触器	用于远距离频繁地启动或控制交直流电机以及接通或分断电路
	继电器	用于控制系统中，控制其他电器动作或主电路保护
	启动器	用于交直流电动机启动和正反转控制
	控制器	用于控制电动机的启动、换向、调速
	主令电器	用于发布命令或程序控制以接通、分断电路
	电阻器	用于改变电路参数
	变阻器	用于发电机调压以及电动机平滑启动和调速
	电磁铁	用于起重、操纵或牵引机械装置

一、开关电器

开关电器是用来接通或分断电源的电器，起控制、转换、保护和隔离的作用。常用的开关电器有刀开关、组合开关和自动空气开关。

1. 刀开关

刀开关是结构最简单、应用最广泛的手动电器。它主要是用于接通或分断长期工作的电器设备的电源,也可用于不频繁地接通与分断小电流配电电路或直接控制小容量电动机的起动和停止。常见的刀开关有胶盖闸刀开关(开启式负荷开关)和铁壳开关(封闭式负荷开关)。

(1)胶盖闸刀开关。胶盖闸刀开关又称开启式负荷开关,主要由手柄、动触刀、静夹座、进线座、出线座、熔丝等组成。这种开关结构简单,安装、使用、维修方便,但其不具有灭弧装置,因此一般不宜带负载操作。若带小负载操作时应迅速动作,以免电弧产生危害。常用的HK1、HK2系列胶盖闸刀开关的实物、结构和符号如图6-1所示。

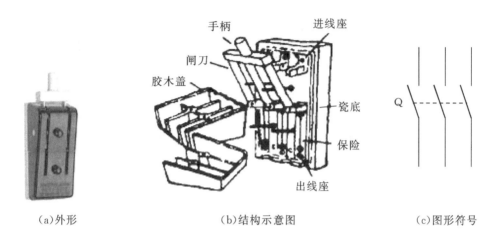

(a)外形　　　　　　　(b)结构示意图　　　　　　　(c)图形符号

图6-1　胶盖闸刀开关的外形、结构示意图和图形符号

胶盖闸刀开关安装时,瓷底座应与地面垂直,操作手柄向上推为合闸,不得倒装和平装。在接线时,电源进线必须接闸刀上方的进线座,连接负载的导线应接在闸刀下方的出线座。连接导线时需用螺丝刀拧紧,以保证接线柱与导线接触良好。

胶盖闸刀开关的选用应注意以下几点:

①根据被控制电气设备为单相负载还是三相负载选择220 V(或250 V)的二极开关和380 V的三极开关。

②合理选择刀开关的额定电流。当刀开关控制照明电路或其他电阻性负载时,其额定电流应不小于各用电设备的额定电流之和;若控制小容量电动机等感性负载时,因为电动机的启动电流比较大,因此刀开关的额定电流一般不小于电动机额定电流的2.5倍。

③选择胶盖闸刀开关时,应注意刀片与夹座是否是直线接触,夹座的压力是否足够,分断是否灵活等。

(2)铁壳开关。铁壳开关又称封闭式负荷开关,主要由触刀、熔断器、操作机构和铁外壳等构成。这种开关操作方便,使用安全,通断性能好,可用于不频繁地接通和分断负荷电路,还可以用做15 kW以下电动机不频繁启动的控制开关。铁壳开关还具有灭弧装置,其操作机构的优点是:一是装有速断弹簧,缩短了开关的通断时间,改善了灭弧性能;二是设有联锁装置,它的刀片在铁壳里面,闭合和断开的操纵手柄在铁壳外面。当铁壳盖打开时,手柄不能推上,无法使开关闭合;当开关闭合时,铁壳盖不能打开,保证了安全用电。常见的HH3、HH4、HH10系列的铁壳开关结构如图6-2所示,其符号与胶盖闸刀开关相同。

铁壳开关在安装时,应先埋紧紧固件,并将木质配电用板用紧固件固定在墙壁或柱子上,再将铁壳开关固定在木质配电板上。铁壳开关也应垂直于地面安装,其安装高度以手动操作方

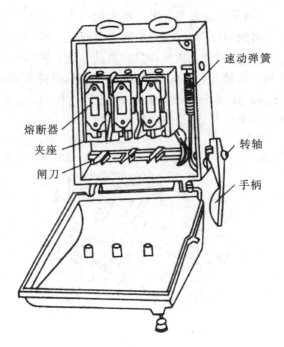

速动弹簧

熔断器
夹座
闸刀

转轴
手柄

图 6-2   HH 系列铁壳开关结构图

便为宜,通常在 1.3~1.5 m 左右。外壳上的接地螺栓应就近可靠接地。接线时,电源进线、出线都应分别穿入铁壳上方的进、出线孔。100 A 以下的铁壳开关,电源进线应接开关的下接线柱,出线应接开关的上接线柱。100 A 以上的铁壳开关接线与此相反。操作铁壳开关时,不得面对其拉闸或合闸,一般应用左手掌握手柄。在更换熔丝时,必须在闸刀分断情况下进行,并要求更换同种规格的熔丝。

铁壳开关的选用原则可参照胶盖闸刀开关的选用原则。

2. 组合开关

组合开关又称转换开关,它实质上也是一种特殊的刀开关,只不过一般刀开关的操作手柄是在垂直安装面的平面向上或向下转动,而组合开关的操作手柄则是在平行于安装面的平面内向左或向右转动而已。它的功能是接通或者断开电源,直接起动、停止小容量电动机和控制局部照明设备。其外形、符号及结构如图 6-3 所示。

组合开关是由数层动触片和静触片分别装在胶木盒内组成的。动触片装在操作手柄的转轴上,静触片一端接电源,另一端接负载,当手柄转动时,动触片随转轴转动而改变角度与静触片接通或断开。由于转轴上装有弹簧和凸轮机构,在手柄转动时可使动、静触片快速脱离,能快速熄灭切断电路时产生的电弧。国产 HZ10 系列组合开关额定电压分为交流 380 V、直流 220 V 两种,额定电流有:10 A、25 A、60 A 和 100 A。

组合开关对控制小容量电动机(5.5 kW 以下)来说,结构简单、体积小、操作方便可靠,但它不便用于远距离控制,一般装在电动机附近,而且灭弧性能较差,若动触片、静触片动作频繁,引起的电弧容易把触片烧坏。所以,组合开关一般用作机床的电源开关等。

选用组合开关时,应根据用电设备的耐压等级、容量和极数综合考虑。组合开关用于控制照明或电热设备时,其额定电流应不小于被控制电路中各个负载额定电流之和;用于控制小型

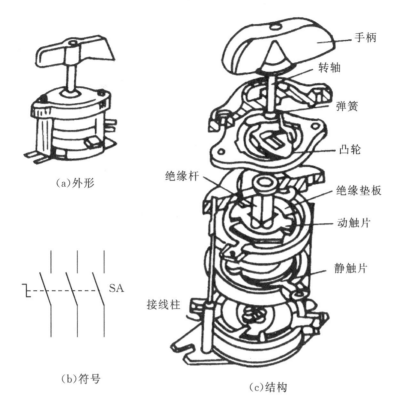

（a）外形

（b）符号

（c）结构

图 6-3　组合开关的外形、符号及结构图

电动机不频繁地全压启动时，其额定电流应大于电动机额定电流的 1.5～2.5 倍，每小时切换次数不宜超过 15～20 次；如果用于控制电动机正反转，在从正转切换到反转的过程中，必须经过停止位置，待电动机停转后，再切换到反转位置。

刀开关型号的意义如图 6-4 所示。

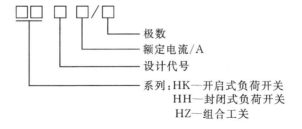

图 6-4　刀开关型号的意义

3. 自动空气开关

自动空气开关即自动空气断路器，主要用于保护交流 500 V 和直流 400 V 以下的低压配电网，可以实现短路、过载和欠压保护，其功能相当于刀开关、欠压继电器和熔断器的组合作用。自动空气开关按用途分有配电（照明）、限流、漏电保护等几种，按动作时间分有一般型和

快速型,按结构分有框架式(万能式)DW 系列和塑壳式(装置式)DZ 系列。DZ 系列低压断路器动作时间小于 0.02 s,DW 系列自动空气开关动作时间大于 0.02 s。

如图 6-5 所示,自动空气开关主要由触点、脱扣机构组成。主触点通常是由手动的操作机构来闭合的,开关的脱扣机构是一套连杆装置,当主触点闭合后就被锁扣扣住。

自动空气开关利用脱扣机构使主触点处于"分"与"合"状态,正常工作时,脱扣机构处于"合"位置,此时触点连杆被搭钩锁住,使触点保持闭合状态;扳动脱扣机构置于"分"位置时,主触点处于断开状态,自动空气开关的"分"与"合"在机械上是互锁的。

当被保护电路发生一般性过载时,过载电流虽不能使电磁脱扣器动作,但能使热元件产生一定热量,促使双金属片受热向上弯曲,推动杠杆使搭钩与锁扣脱开,将主触头分断,切断电源。当线路发生短路或严重过载电流时,短路电流超过瞬时脱扣整定电流值,电磁脱扣器产生足够大的吸力,将衔铁吸合并撞击杠杆,使搭钩绕转轴座向上转动与锁扣脱开,锁扣在反力弹簧的作用下将三副主触头分断,切断电源。过载越严重,主触点断开越快,但由于热惯性,主触点不可能瞬时动作。

当被保护电路欠压或电压过低时,欠压脱扣器中衔铁因吸力不足而将被释放,经过杠杆将搭钩顶开,主触点被断开;当电源恢复正常时,必须重新合闸后才能工作,从而实现了欠压和失压保护。

(a)外形

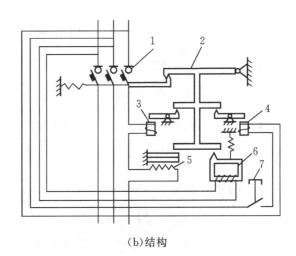

(b)结构

1—主触点;2—自由胶扣机构;3—过电流胶扣器;4—分励脱扣器;5—加热电阻丝;
6—欠电压脱扣器;7—脱扣按钮

图 6-5　自动空气开关

选用自动空气开关时,其额定电流应大于线路的额定电流。自动空气开关用于控制照明电路时,电磁脱扣器的瞬时脱扣整定电流通常为负载额定电流的 6 倍;用于电动机保护时,装置式自动开关的电磁脱扣器的瞬时脱扣整定电流应为电动机启动电流的 1.7 倍。万能式自动开关的上述电流应为电动机启动电流的 1.35 倍;用于分断或接通电路时,其额定电流和热脱扣器整定电流均应不小于电路各种负载的额定电流之和。选用自动空气开关作多台电动机短路保护时,电磁脱扣器整定电流应为容量最大一台电动机启动电流的 1.3 倍与其余电动机的额定电流之和。

二、低压熔断器

熔断器是一种保护电器,常用于低压线路和电动机控制电路中的短路保护(有时也作过载保护)。熔断器主要由熔体和安装熔体的熔管和熔座两部分组成。熔断器的外形结构和图形符号如图6-6所示。使用时应将熔断器串联在被保护的电路中。电路正常工作时,熔体发热的温度低于熔体的熔化温度,故长期不熔化。一旦发生短路或严重过载时,熔体温度急剧上升而熔断,切断电源,从而保护了电路和设备。但若是电路轻度过载,熔断器需长时间才能熔断,甚至不熔断,因此熔断器一般不作过载保护。

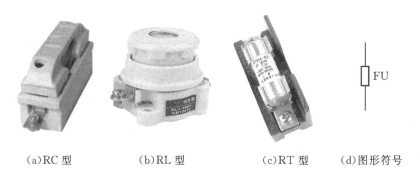

(a)RC型　　　　　(b)RL型　　　　　(c)RT型　　　(d)图形符号

图6-6 熔断器外形结构和图形符号

熔体的材料有两种:在小容量电路中,一般由熔点较低的铅、铅锡合金、锌等材料制成;在大容量电路中,一般由熔点较高的银、铜等材料制成。低压熔断器按形状可分为管式、插入式、螺旋式和羊角保险等,按结构可分为半封闭插入式、无填料封闭管式、有填料封闭管式等。常用熔断器的特点与用途如表6-2所示。

表6-2　常用熔断器的特点与用途

名称	类别	特点与用途
瓷插式熔断器	RC1A	价格便宜,更换方便。广泛用于照明和小容量电动机短路保护
螺旋式熔断器	RL	熔丝周围石英砂可熄灭电弧,熔断管上端红点随熔丝熔断而自动脱落。体积小,多用于机床电气设备中
无填料封闭管式熔断器	RM	在熔体中人为引入窄截面熔片,提高断流能力。用于低压电力网络和成套配电装置中的短路保护
有填料封闭管式熔断器	RTO	分断能力强,使用安全,特性稳定,有明显指示器。广泛用于短路电流较大的电力网或配电装置中
快速熔断器	RLS	用于小容量硅整流元件的短路保护和某些适当过载保护
	RSO	用于大容量硅整流元件的保护
	RS3	用于晶闸管元件短路保护和某些适当过载保护

低压熔断器的选用原则如表6-3所示。

表 6-3　低压熔断器的选用原则

保护对象	选用原则
电炉和照明等电阻性负载短路保护	熔体额定电流等于或稍大于电路的工作电流
单台电动机	考虑到电动机所受启动电流的冲击,熔体的额定电流应大于电动机额定电流的1.5～2.5倍。一般轻载启动或启动时间较短时选用1.5倍,重载启动或启动时间较长时选用2.5倍
多台电动机	熔体额定电流大于等于容量最大的电动机额定电流的1.5～2.5倍与其余电动机的额定电流之和
配电电路	防止熔断器越级动作而扩大断路范围,后一级的熔体的额定电流比前一级熔体的额定电流要大一级

三、接触器

接触器是一种适用于远距离频繁接通和分断交直流主电路和控制电路的自动控制电器。其主要控制对象是电动机,也可用于其他电力负载,如电热器、电焊机等。接触器还具有欠电压释放保护、零电压保护、控制容量大、工作可靠、寿命长等优点,是自动控制系统中应用最多的一种电器。接触器的工作原理是利用电磁铁吸力及弹簧反作用力配合动作,使触头接通或断开。按其触头控制交流电还是直流电,分为交流接触器和直流接触器,两者之间的差异主要是灭弧方法不同。本项目中只介绍交流接触器。

交流接触器主要由电磁系统、触头系统、灭弧装置及辅助部件组成,其结构示意图如图6-7所示。

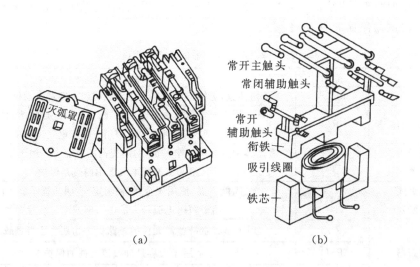

图 6-7　交流接触器结构示意图

(1)电磁系统。交流接触器的电磁系统主要由线圈、铁芯(静铁芯)和衔铁(动铁芯)三部分组成。为了减少工作过程中的涡流及磁滞损耗,交流接触器的铁芯和衔铁一般采用E形硅钢片叠压而成。为了消除衔铁振动而产生的噪声,E形铁芯的端部各有一个短路环(也称减振环或分磁环)。

(2)触头系统。交流接触器触头按通断能力划分,可分为主触头和辅助触头,触头的图形符号和文字符号如图6-8所示。主触头的接触面较大,用于通断电流较大的主电路,一般由三对常开触头组成。辅助触头的接触面较小,用于通断电流较小的控制电路,一般由两对常开和两对常闭触头组成。所谓常开和常闭是指交流接触器未动作时触头的通断状态。当线圈通电时,常闭触头先断开,常开触头后闭合;而线圈断电时,常开触头先恢复断开,常闭触头后恢复闭合。

(a)线圈　(b)主触头　(c)常开辅助触头　(d)常闭辅助触头

图6-8　交流接触器的符号

(3)灭弧装置。交流接触器在断开大电流或高电压电路时,动、静触头之间会产生很强的电弧,灭弧装置的作用就是使电弧尽快熄灭。对于容量较大的交流接触器,常采用灭弧栅灭弧。

(4)辅助部件。交流接触器的辅助部件有弹簧、传动机构、底座和接线柱等。

交流接触器的工作原理为当其线圈通电后,流过线圈的电流产生磁场,磁场使铁芯产生足够大的吸力,克服反作用弹簧的弹力,将衔铁吸合,衔铁带动触头动作,使常闭触头先断开,常开触头后闭合。当线圈断电后,由于电磁力消失,衔铁在反作用弹簧的作用下复位,带动触头恢复到原始状态。

目前常用的交流接触器有CJ10、CJ12、CJ20等系列,使用时可根据不同需要选择不同型号,如表6-4所示。

表6-4　交流接触器型号选择

系列	特点	用途
CJ10	一般任务型	适用于一般电动机的启动和控制,如机床等
CJ10Z	重任务型	适用于频繁启动、正反转及反接制动的鼠笼式异步电动机
CJ12	用于冶金、轧钢、起重机控制系统中	适用于频繁启动、正反转及反接制动的绕线式异步电动机
CJ20	一种性能较优的新型交流接触器	适用于频繁启动和控制三相交流电动机

交流接触器在安装时应垂直安装在底板上,安装位置不得受到剧烈振动,并保持清洁。选用交流接触器时,其工作电压不得低于被控制电路的最高电压,交流接触器主触头的额定电流应大于被控制电路的最大工作电流。用交流接触器控制电动机时,电动机的最大电流不得超过交流接触器的额定电流。用于控制可逆运转或频繁启动电动机时,交流接触器要增大一级至二级使用。交流接触器电磁线圈的额定电压应与被控制辅助电路电压一致;简单电路多用220 V或380 V;在线路较复杂、有低压电源的场合或工作环境有特殊要求时,也可以选用36 V、127 V等。此外,选用交流接触器时触头数量、触头类型应满足控制电路要求。

四、继电器

继电器是一种根据某种输入信号的变化,而接通或断开控制电路,实现自动控制和保护控制电路系统的电器。继电器的输入信号可以是电流、电压等电量,也可以是温度、速度、时间、压力等非电量,而输出通常是触头的接通或断开动作。

继电器一般不用来直接控制有较大电流的主电路,而是通过接触器或其他电器对主电路进行控制。因此同接触器相比较,继电器的触头断流容量很小,一般不需灭弧装置,结构简单、体积小、重量轻、但对继电器动作的准确性则要求较高。

继电器的种类很多,按其用途可分为控制继电器和保护继电器;按动作时间可分为瞬时继电器和延时继电器;按输入信号的性质可分为电压继电器、电流继电器、时间继电器、温度继电器、速度继电器、压力继电器等;按工作原理可分为电磁式继电器、感应式继电器、电动式继电器、热继电器和电子式继电器。下面将重点介绍继电接触控制中用得较多的热继电器。

热继电器是利用流过继电器的电流所产生的热效应而引起动作的继电器。它主要用于电动机的过载保护。电动机过载时间过长,绕组温升超过允许值,将会加剧绕组绝缘的老化,缩短电动机的使用年限,严重时会使电动机绕组烧毁。由于热惯性,当电路短路时,热继电器不能立即动作使电路立即断开。因此,在继电接触器控制系统主电路中,热继电器只能用做电动机的过载保护,而不能起到短路保护的作用。同时,在电动机启动或短时过载时,热继电器也不会动作,这可避免电动机不必要的停车。

热继电器主要由热元件、双金属片和触头三部分组成,其外形和结构如图6-9所示。热继电器的图形符号如图6-10所示。

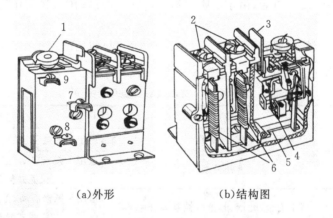

(a)外形　　　　　　　　(b)结构图

1—电流整定装置;2—主电路接线柱;3—复位按钮;4—常闭触头;5—动作机构;
6—热元件;7—常闭触头接线柱;8—公共动触头接线柱;9—常开触头接线柱
图6-9　热继电器外形和结构图

热继电器的原理示意图如图6-11所示。图中热元件是一段电阻不大的电阻丝,使用时与电动机主回路串联。双金属片是由两种受热后有不同热膨胀系数的金属辗压而成,其中下层金属的热膨胀系数大,上层的小。电动机长期过载时,电流长期超过容许值,热元件产生的热量使双金属片中的下层金属的膨胀变长,速度大于上层金属的膨胀速度,从而使双金属片向上弯曲。经过一定时间后,弯曲位移增大,使双金属片与扣板分离脱扣。扣板在弹簧的拉力作

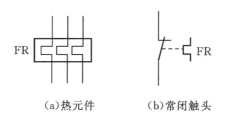

（a）热元件　　　　　（b）常闭触头

图6-10　热继电器图形符号

用下,将常闭触头断开。常闭触头是串接在电动机的控制电路中的,控制电路断开使接触器的线圈断电,从而断开电动机的主电路。若要使热继电器复位,则按下复位按钮即可。

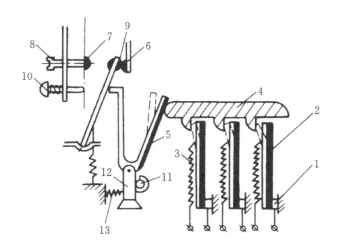

1—接线端子;2—主双金属片;3—热元件;4—推动导板;5—补偿双金属片;6—常闭触头;
8—复位调节螺钉;9—动触头;10—复位按钮;11—偏心轮;12—支撑件;13—弹簧

图6-11　热继电器原理示意图

热继电器根据热元件整定电流的大小,有多种规格。整定电流是指当热元件中通过的电流超过整定值的20%时,热继电器应在20 min内动作。选用时,应根据电动机的额定电流选择具有相应整定电流值的热元件。

五、主令电器

主令电器主要用来切换控制电路,即用它来控制接触器、继电器等电器的线圈得电与失电,从而控制电力拖动系统的启动与停止,以及改变系统的工作状态,如正转与反转等。由于它是一种专门发号施令的电器,故称其为主令电器。主令电器应用广泛、种类繁多。常用的主令电器有按钮、行程开关、万能转换开关等。下面将重点介绍继电接触控制中用得较多的按钮。

按钮又叫控制按钮或按钮开关,是一种手动的、具有自动复位功能的主令电器。按钮的外形和结构如图6-12所示。按钮的触头允许通过的电流较小,一般不超过5 A,因此,按钮不能直接控制主电路,而在控制电路中发出手动"指令"去控制接触器、继电器等电器,再用它们去控制主电路。按钮也可用来转换各种信号线路与电气联锁线路等。按钮的结构和符号如表

6-5所示,主要由按钮帽、复位弹簧、常闭静触头、常开静触头、接线柱及外壳等组成。

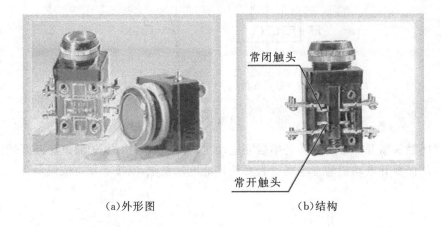

(a)外形图　　　　　　　　　　(b)结构

图6-12　按钮的外形和结构

表6-5　按钮的结构和符号

结构			
符号	E---SB	E--SB	E-SB
名称	常闭按钮 (停止按钮)	常开按钮 (起动按钮)	复合按钮

常开按钮未按下时,触头3-4是断开的,按下时触头3-4被接通;当松开后,按钮在复位弹簧的作用下复位断开。

常闭按钮与常开按钮相反,未按下时,触头1-2是闭合的,按下时触头1-2被断开;当松开后,按钮在复位弹簧的作用下复位闭合。

复合按钮是将常开与常闭按钮组合为一体。未按下时,触头1-2是闭合的,触头3-4是断开的。按下时触头1-2首先断开,继而触头3-4闭合;当松开后,按钮在复位弹簧的作用下,首先将触头3-4断开,继而触头1-2闭合。

选用按钮时,应根据使用场合、被控制电路所需触头数目及按钮帽的颜色来综合考虑。使用前应检查按钮帽弹性是否正常、动作是否灵活、触头接触是否良好等。按钮安装在面板上,应合理布局、排列整齐,停止按钮选用红色,启动按钮选用绿色或黑色。

技能实训 1 认识并拆装常用低压电器

1. 实训目的

(1)提高专业意识,培养良好的职业道德和职业习惯。

(2)熟悉常用低压电器的结构和拆装工艺,能正确进拆卸和装配。

2. 实训所需器材

按钮、胶盖闸刀开关、交流接触器、热继电器、万用表等。

3. 实验内容与步骤

1)按钮的拆装与检测

把一个按钮开关拆开,观察其内部结构,将主要零部件的名称及作用记入表 6-6 中。然后将按钮开关组装还原,用万用表电阻挡测量各触点之间的接触电阻,将测量结果记录表6-6中。

表 6-6 按钮开关的结构与测量记录

型号		额定电流/A		主要零部件	
				名称	作用
触头数量/副					
常开			常闭		
触头电阻/Ω					
常开			常闭		
最大值	最小值		最大值	最小值	

2)开关的拆装与检测

把一个胶盖闸刀开关拆开,观察其内部结构,将主要零部件的名称及作用记入表 6-7 中。然后合上闸刀开关,用万用表电阻挡测量各触头之间的接触电阻,用兆欧表测量每两相触头之间的绝缘电阻。测量后将开关组装还原,将测量结果记录在表 6-7 中。

表 6-7 胶盖闸刀开关的结构与测量记录

型号		极数		主要零部件	
				名称	作用
触头接触电阻/Ω					
L_1相		L_2相		L_3相	
相间绝缘电阻/Ω					
L_1—L_2间		L_1—L_3间		L_2—L_3间	

3)交流接触器的拆装与检测

把一个交流接触器拆开,观察其内部结构,将拆装步骤、主要零部件的名称及作用、各对触头动作前后的电阻值、各类触头的数量、线圈的数据等记入表 6−8 中。然后再将这个交流接触器组装还原。

表 6−8　交流接触器的结构与测量记录

型号	容量/A	主要零部件	
		名称	作用
触头数量/副			
主触头	辅助触头	常开触头	常闭触头
触头电阻/Ω			
常开		常闭	
动作前	动作后	动作前	动作后
电磁线圈			
线径	匝数	工作电压/V	直流电阻/Ω
拆卸步骤			

4)热继电器的拆装与检测

把一个热继电器拆开,观察其内部结构,用万用表测量各发热元件的电阻值,将主要零部件的名称、作用及有关电阻值记入表 6−9 中。然后再将热继电器组装还原。

表 6−9　热继电器的结构与测量记录

型号	极数	主要零部件	
		名称	作用
发热元件电阻/Ω			
L_1 相	L_2 相	L_3 相	
整定电流调整值/A			

4. 分析思考

(1)除了教材中所讲的低压电器,请自己查阅资料学习其他低压电器(如时间继电器、中间继电器),并说明作用。

(2)常用低压电器(如按钮、交流接触器、热继电器等)在使用中有哪些常见故障？可能的原因是什么？如何检修和排除？

5. 评分

(1)操作是否符合规范(40%)。

(2)结果是否正确(30%)。

(3)分析是否正确(30%)。

任务二　三相异步电动机点动正转控制线路的设计与装接

一、电气识图常识

电路和电气设备的设计、安装、调试与维修都要有相应的电路图作依据和参考。电路图是以国家统一规定的电气图形符号和文字符号为标准,按电气设备和电器的工作顺序,详细表示电路设备或成套装置的全部基本组成和直接关系,而不考虑其实际位置的一种简图。认识电路图是进行电工和电气连接、维护所必须掌握的技能之一。

1. 电路图的绘制

电路图的绘制应符合以下规定。

(1)电路图一般分主电路、控制电路、辅助电路三部分。

主电路是指某一生产设备中的动力部分,通过的电流较大,它由电源开关、电动机、交流接触器主触头、主熔断器、热继电器热元件等组成。电源画成水平,三相交流电的相序自上而下依次是 L_1、L_2、L_3,中线 N 和保护地线 PE 依次画在相线之下。直流电源的"+"端在上,"-"端在下。其他画在电路图的左侧并垂直电源电路。

控制电路反映控制主电路工作的控制电器的动作顺序以及用作其他控制要求的控制电器的动作顺序,它由按钮、交流接触器线圈及辅助触头、继电器辅助触头、控制电路熔断器等组成。控制电路电流一般不超过 5 A,画在主电路右侧,且电路中下方画与电源线相连的线圈。

辅助电路是指设备中的信号、照明等电路。这部分一般包括控制按钮、信号灯、照明灯等。辅助电路要依次画在控制电路的右侧,且电路中下方画与电源线相连的耗能元件(信号灯、照明灯等)。

(2)电路图中各元件、器件的工作状态,按下列规定操作。

①接触器和继电器的触点,以吸持线圈未通电状态来表示。

②各种开关以在没有受外力作用的断开位置或零位位置来表示。

③电路图中采用国家统一规定的电气图形符号。

④电路图中,同一电器的各个元件按其在线路中的作用画在不同支路中,但它的动作却是相互关联的。

2. 电路图的编号

为了便于电气控制电路的识读、安装、维修,应对电路中的各个接点用字母或数字进行编号。

(1)主电路在电源开关的出线端按相序依次编号为U11、V11、W11,然后按从上到下,从左到右的顺序,每经过一个电气元件,编号依次递增,如 U12、V12、W12;U13、V13、W13;…直到电动机的三根引出线端为止。单台电动机的三根引出线编号为 U、V、W,多台电动机的引出端,可在字母前用不同的数字加以区别,如 1U、1V、1W;2U、2V、2W;…

(2)控制电路的编号按从上到下,从左到右的顺序用数字依次编码,每经过一个电气元件,编号要依次递增,如 1、2、3、4、5…

(3)辅助电路的编号从 101 开始,不同功能的辅助电路从左到右依次递增 100 进行编号,如照明电路编号从 101 开始、指示电路编号从 201 开始等。

3. 电路图的识读

对于各种电路,只有当其构成闭合回路时,电流才能流通,电气设备或元器件才能正常工作。因而,在阅读电路图时,应该找出电流流通的路径。如图 6-13 所示的电路中有二个回路,一个是主电路,其电流路径是:三相电源 L_1、L_2、L_3 的一端→电源开关 QS→主熔断器 FU_1→接触器 KM 的主触头→热继电器 FR→电动机定子绕组→三相电源另一端,构成闭合电流通路。另一个是控制回路,其电流路径是:电源 L_1→主熔断器 FU_1→控制回路熔断器 FU_2→热继电器常闭触头 FR→停止按钮 SB_2→起动按钮 SB_1(操作按钮时)或 KM 辅助常开触头(闭合自锁时)→线圈 KM→控制回路熔断器 FU_2→主熔断器 FU_1→电源 L_2→电源 L_1,构成闭合电路。

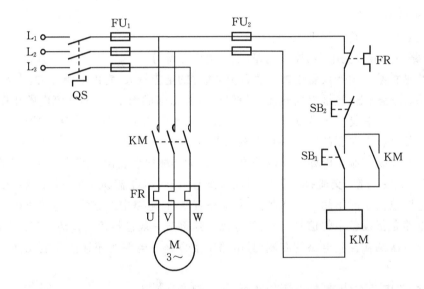

图 6-13   三相异步电动机接触器自锁正转控制电路图

要读懂电路图,应掌握一个原则,即控制电路按电力拖动要求程序去控制用电设备的工作状态。这样才能使脉路清楚,关系通顺。

要全面读懂电路图、还应注意以下几点。

(1)电气控制电路图是根据被控制设备的要求而设计的,所以在阅读前,首先要了解被控制对象的工作程序和对控制电路的基本要求,然后按阅读规则去读图;要先读主电路图,后读控制电路图。

(2)对于电气控制电路中的同一电器的各元件,不按它们的实际位置画在一起,而是按线路中所起的作用不同分别画在不同的支路中,但它们的动作却是相互关联的。用相同的文字符号标注或用相同的文字符号加不同的阿拉伯数字脚标对同电器中不同元件加以区别。

（3）电气控制电路图采用国家统一规定的电气图形符号。

（4）电气控制电路图只是说明电气原理的逻辑关系，而并没有表明各电气设备和元器件的实际位置及连接情况，因此，实际电气工程图还包括有安装图、接线图、布置图等用于指导施工、维修和管理中等。

二、线路安装工艺

线路安装工艺包括布局与安装工艺、走线工艺和检验工艺等。

（1）元器件的布局要求：各元器件安装应尽可能整齐有序，间距相对均匀，既美观又便于拆卸更换；在固定元器件时，用力要均匀，因各器件的底座为易损易碎材料，且牢固程度要适中。但需注意：断路器、熔断器的进线端应安装于控制板外侧，对熔断器遵循"低进高出"的原则，即下接线座接电源进线；各低压电器安装前要先检测，初步确定性能良好，方可安装，否则需更换。

（2）走线要求：布线顺序应满足先控制线路后主电路的原则；控制线路又一般以中心接触器为中心，采取由内至外、由低至高，以满足不妨碍后续布线为原则；布线通道应尽可能单层少，且导线单层平置、并行密排，紧贴安装板面；布线时应实现横平竖直，分布均匀、合理，在变换线路走向时应满足垂直转向；控制线路的导线应高低一致，但在器件的接线端处为满足走线合理时，引出线可水平架空跨越板面导线；布线时严禁损伤导线绝缘层和芯线。

（3）接线端要求：在每根导线两端剥去绝缘层后均需加套编码管。导线与接线端子或接线桩连接时，注意不得压绝缘皮，不得反圈和不得露芯过长；1个元器件接线端特别是瓦形接线桩不要压接超过2根的导线，而端子排一侧只允许压接1根单芯线或1股多芯线。另需注意的是连接导线中央不得有接头，必须为连接线。考虑到为防止瓦形接线桩压接线松脱，可将导线头加工成U形压接。若需压接2根导线，则均加工成U形，反向重叠压入瓦形垫圈下。

（4）导线颜色规定：保护接地（PE）采用黄绿双色；动力线路中的中线（N）和中间线（M）采用浅蓝色；交流或直流动力线路采用黑色；交流控制线路采用红色；直流控制线路采用蓝色；用做联锁控制的导线，若与外边控制线路连接，且当电源开关断开仍带电时采用橘黄色或黄色；与保护导线相接的线路采用白色。

三、三相异步电动机点动正转控制线路的设计与装接

三相异步电动机点动正转控制常用于吊车、机床立柱、栋梁的位置移位，刀架、刀具的调整等。所谓点动控制，就是按下按钮时电动机转动，松开按钮时，电动机就停止转动。如图6-14所示为三相异步电动机点动正转控制线路图，它是由按钮和交流接触器组成的最简单、最基本的控制电路，图中熔断器对电路起短路保护作用。

三相异步电动机点动正转控制电路的工作原理如下：

先闭合电源开关QS，启动时，按下按钮SB_1，交流接触器KM线圈得电，产生磁场吸引衔铁闭合，衔铁带动主触头闭合，电动机M通电运行；停止时，松开按钮SB_1，交流接触器KM线圈断电，衔铁在复位弹簧的作用下使主触头断开，电动机断电停转。最后不再使用时，要断开QS。一般叙述工作原理时，采用简单的文字和符号以及箭头（箭头方向表示信号传递的方向）来表达。描述如下：

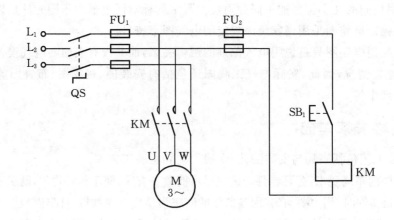

图 6-14 三相异步电动机点动正转控制线路图

$$闭合\ QS\begin{cases}启动:按下\ SB_1 \rightarrow KM\ 线圈得电 \rightarrow KM\ 主触头闭合 \rightarrow M\ 得电运转\\ 停止:松开\ SB_1 \rightarrow KM\ 线圈失电 \rightarrow KM\ 主触头断开(复位) \rightarrow M\ 失电停转\end{cases}$$

技能实训2 三相异步电动机点动正转控制线路的装接

1. 实训目的

(1)提高专业意识,培养良好的职业道德和职业习惯。

(2)掌握三相异步电动机点动正转控制线路的工作原理。

(3)掌握三相异步电动机点动正转控制线路的接线及接线工艺。

(4)掌握三相异步电动机点动正转控制线路的检查方法和通电运行过程。

(5)掌握常用电工仪表的使用方法。

2. 实训所需器材

验电笔、斜口钳、尖嘴钳、剥线钳、螺丝刀、电工刀、剪刀、兆欧表、钳形电流表、万用表、三相异步电动机、熔断器、低压断路器、交流接触器、按钮、端子排、导线、控制板等。

3. 实训内容与步骤

(1)实训电路。

三相异步电动机点动正转控制电路如图 6-14 所示。

(2)想一想。

试分析本实训控制电路是如何实现电动机的点动控制的?

(3)练一练。

①给主电路、控制电路编号。

②画元件布局图。

③画接线图。

(4)实训操作及要求。

①前期准备:按本次实训电路确定并配齐所需规格的器材,并按要求进行检验。注意选择

正确的启动按钮的颜色,交流接触器线圈工作电压与控制电压要相匹配。

②元件布置:在控制板上合理布置并安装控制元件,要求安装牢固并符合要求。

③线路敷设:确定连接负载的接线端子位置,并合理布置和敷设线路,敷设时注意选择导线的颜色及规格,并按先控制电路、后主电路顺序进行敷设。接触器的主触头、线圈要分清。

④设备连接:安装电动机及连接保护接地线;用电缆线将电动机与控制板连接,注意电动机的正确接法。

⑤质量检验:检查线路的正确性及安装质量。

⑥带电试车:经指导教师检查无安全隐患后接三相电源,并在老师的指导下通电试车。

⑦故障排查:若通电运行存在故障,须断电排查;需带电检查时,须指导教师在场。

4. 分析思考

(1)断开交流接触器的线圈后,将会怎样?

(2)总结装接线路的经验和技巧。

5. 评分

(1)操作是否符合规范(40%)。

(2)结果是否正确(30%)。

(3)分析是否正确(30%)。

任务三　三相异步电动机接触器自锁正转控制电路的设计与装接

一、三相异步电动机接触器自锁正转控制电路

前面介绍的三相异步电动机点动正转控制电路不便于电动机长时间动作,所以不能满足许多电动机需要连续工作的状况。电动机的连续运转控制也称为长动控制,是相对点动控制而言的,它是指在按下启动按钮启动电动机后,松开按钮,电动机仍然能够通电连续运转。实现长动控制的关键是在启动电路中增设了"自锁"环节。三相异步电动机接触器自锁正转控制电路如图 6-15 所示。

其工作原理如下:

$$闭合\ QS \begin{cases} 启动:按下\ SB_1 \to KM\ 线圈得电 \begin{cases} \to KM\ 主触头闭合 \to M\ 得电连续运转 \\ \to KM\ 常开辅助触头闭合(形成自锁) \end{cases} \\ 停止:按下\ SB_2 \to KM\ 线圈失电 \begin{cases} \to KM\ 主触头断开 \to M\ 失电停转 \\ \to KM\ 自锁触头复位 \end{cases} \end{cases}$$

这种依靠电器自身常开触头使其线圈保持通电的作用称为自锁,起自锁作用的触头称为自锁触头。在该线路中起自锁作用的是交流接触器常开辅助触头,因此被称为接触器自锁控制电路。

接触器自锁控制电路具有欠压和失压(或零压)保护作用。

当电源电压降到一定值时,接触器线圈电压也同样下降到此值,从而使接触器线圈产生的电磁吸力减少。当电磁吸力减少到小于反作用弹簧的拉力时,动铁芯被迫释放,触头动作,从而切断电动机电源,使电动机停转,从而达到欠压保护的目的。

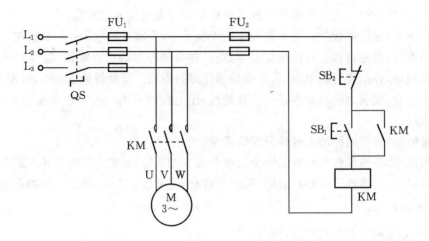

图 6-15　三相异步电动机接触器自锁正转控制电路图

当电动机在正常运转时,由于外界某种原因引起突然断电,电动机停转。当重新供电时,因接触器主触头和自锁触头已复位,使电路不通,因而电源恢复供电时,电动机就不会自行起动运转,从而保证了人身和设备的安全。

二、具有过载保护的三相异步电动机接触器自锁正转控制电路

在接触器自锁正转控制线路中,有短路保护、欠压保护、失压保护,但没有过载保护,因而如果电动机长期负载过大、起动频繁或缺相运行,就会引起电动机过载而烧毁。因此,对电动机还需采取过载保护措施。过载保护是指当电动机出现过载时,能自动切断电动机电源,从而使电动机停转的一种保护措施。在生产中最常用的一种过载保护是由热继电器来实现的。

具有过载保护的三相异步电动机接触器自锁正转控制电路如图 6-16 所示。其保护原理是:当电动机过载一定时间后,热继电器常闭触头动作断开,交流接触器线圈失电,主触头复位,切断电动机电源,使电动机停转。

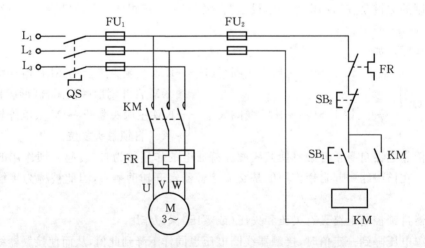

图 6-16　具有过载保护的接触器自锁正转控制电路图

技能实训 3　三相异步电动机接触器自锁正转控制线路的装接

1. 实训目的

(1)提高专业意识,培养良好的职业道德和职业习惯。

(2)掌握三相异步电动机接触器自锁正转控制线路的工作原理。

(3)掌握三相异步电动机接触器自锁正转控制线路的接线及接线工艺。

(4)掌握三相异步电动机接触器自锁正转控制线路的检查方法和通电运行过程。

(5)掌握常用电工仪表的使用方法。

2. 实训所需器材

验电笔、斜口钳、尖嘴钳、剥线钳、螺丝刀、电工刀、剪刀、兆欧表、钳形电流表、万用表、三相异步电动机、熔断器、低压断路器、交流接触器、热继电器、按钮、端子排、导线、控制板等。

3. 实训内容与步骤

(1)实训电路。

三相异步电动机接触器自锁正转控制电路如图 6－16 所示。

(2)想一想。

试分析本实训控制电路是如何实现电动机的长动控制的?

(3)练一练。

①给主电路、控制电路编号。

②画元件布局图。

③画接线图。

(4)实训操作及要求。

①前期准备:按本次实训电路确定并配齐所需规格的器材,并按要求进行检验。注意选择正确的启动按钮、停车按钮的颜色,交流接触器线圈工作电压与控制电压要相匹配。

②元件布置:在控制板上合理布置并安装控制元件,要求安装牢固并符合要求。

③线路敷设:确定连接负载的接线端子位置,并合理布置和敷设线路,敷设时注意选择导线的颜色及规格,并按先控制电路、后主电路顺序进行敷设。接触器的主触头、辅助常开触头、常闭触头、线圈要分清。

④设备连接:安装电动机及连接保护接地线;用电缆线将电动机与控制板连接,注意电动机的正确接法。

⑤质量检验:检查线路的正确性及安装质量。

⑥带电试车:经指导教师检查无安全隐患后接三相电源,并在老师的指导下通电试车。

⑦故障排查:若通电运行存在故障,须断电排查;需带电检查时,须指导教师在场。

4. 分析思考

(1)断开交流接触器的辅助常开触头后,将会怎样?

(2)试分析主电路的组成,并结合热继电器的发热元件与常闭触头的连接方式说明如何实施过载保护。

5. 评分

(1)操作是否符合规范(40%)。

(2)结果是否正确(30%)。

(3)分析是否正确(30%)。

任务四　三相异步电动机正反转控制线路的设计与装接

三相异步电动机正反转也称为可逆运行。实际生产中,相当多的机械在加工中需要向两个方向转动,如建筑工地上的卷扬机上下起吊重物时,电动行车前进与后退等。三相电动机的转向取决于三相电源的相序,当电动机输入电源的相序为 L_1—L_2—L_3,即为正相序时,电动机正转。若需反转仅需将其中任意两根相线换接一次即可,即可实现反相序。

想一想:分别写出几种不同正、反相序的排列。

一、接触器联锁的正反转控制线路

用两个接触器也能改变引入到电动机的相序,如图 6-17 所示。若正转接触器 KM_1 工作(主触头闭合)电动机就正转,反转接触器 KM_2 工作电动机就反转。问题是若两个接触器同时工作,则有两根电源线被主触点短接,所以对正反转控制电路的最基本的要求是两个接触器不能同时工作。因此就要对两个接触器进行联锁,就是当一个接触器工作时,要保证另一个接触器不工作,为此就要在正转接触器 KM_1 的线圈电路中串接一个反转接触器 KM_2 的常闭辅助触头,而在反转接触器 KM_2 的线圈电路中串接一个正转接触器 KM_1 的常闭辅助触头,其控制线路如图 6-17 所示。在同一时间内,两个接触器只允许一个通电工作的控制作用,称为"联锁"。利用接触器的触头实现联锁控制称电气联锁。

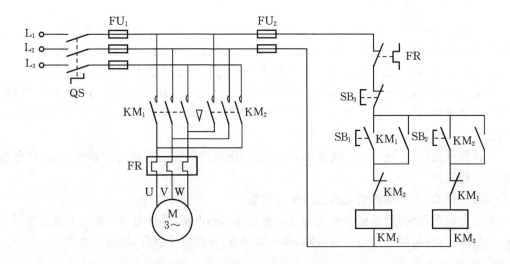

图 6-17　接触器联锁的正反转控制线路图

接触器联锁正反转控制的工作原理如下:

(1)正转控制:先合上电源开关 QS,按下正转启动按钮 SB_1,正转接触器 KM_1 线圈得电,则:

①KM₁辅助常开触头闭合,实现自锁。

②KM₁主触头闭合,电动机得电,正转。

③KM₁辅助常闭触头断开实现联锁(使反转接触器KM₂线圈回路处于开路状态)。

(2)反转控制:先按下停止按钮SB₃,使正转接触器KM₁线圈失电,主触头、辅助触头复位。然后再按下反转启动按钮SB₂,反转接触器KM₂线圈得电,则:

①KM₂辅助常开触头闭合,实现自锁。

②KM₂主触头闭合而改变引入到电动机的电源相序,电动机反转。

③KM₂辅助常闭触头断开实现联锁(使正转接触器KM₁线圈回路处于开路状态)。

接触器联锁的正反转控制电路的优点是可以避免由于误操作以及因接触器故障而引起电源短路的事故发生;缺点是换向时必须先按下停止按钮SB₃,再进行换向启动操作,不能直接过渡,操作不方便。

二、按钮联锁的正反转控制线路

按钮联锁的正反转控制线路如图6-18所示。图中两个复合按钮的常闭触头代替接触器联锁中的交流接触器辅助常闭触头,同样起到联锁作用。利用复合按钮的触头实现联锁控制称机械联锁。

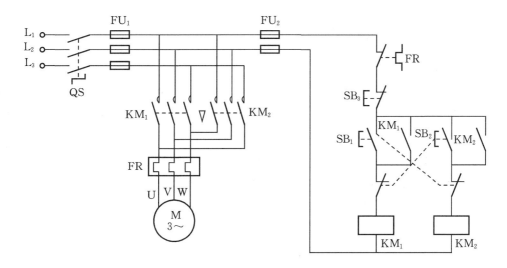

图6-18　按钮联锁的正反转控制线路图

按钮联锁的正反转控制线路的工作原理与接触器联锁的正反转控制线路的控制原理基本相同,但由于按钮联锁的正反转控制线路采用了复合按钮,在电动机正转过程中,欲反转时,按下反转按钮SB₂就可以先断开KM₁线圈,后接通KM₂线圈,达到使电动机反转的目的。同样,由反转运行转换为正转运行时,也只要直接按SB₁正转按钮即可。此线路的优点是操作方便,缺点是若主触头发生熔焊或被杂物卡住,操作另一接触器控制按钮时,会发生短路事故。由于此线路存在这一不安全隐患,在实际生产中,经常采用按钮、接触器双重联锁的正反转控制线路。

三、按钮、接触器双重联锁的正反转控制线路

按钮、接触器双重联锁的正反转控制线路如图6-19所示。该线路具有前述两种联锁线路的优点,操作方便,工作安全可靠。

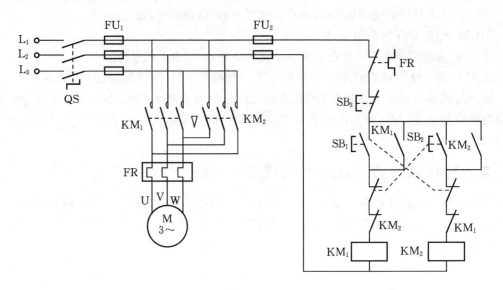

图6-19 按钮、接触器双重联锁的正反转控制线路图

其工作原理如下:

合上电源开关QS。正转时,按下正转按钮SB₁,正转接触器KM₁线圈得电,KM₁主触头闭合,电动机得电正转。与此同时,SB₁的常闭触头和KM₁的辅助常闭触头都断开,双双保证反转接触器KM₂线圈不能得电。反转时,直接按下反转按钮SB₂,其常闭触头先断开,使正转接触器KM₁线圈断电,KM₁的主触头、辅助触头复位,电动机停止正转。同时,SB₂常开触头闭合,使反转接触器KM₂线圈得电,KM₂主触头闭合,改变引入到电动机的电源相序,电动机反转;串接在正转接触器KM₁线路电路中的KM₂辅助常闭触头断开,起到联锁作用。

技能实训4 按钮、接触器双重联锁的正反转控制线路

1. 实训目的

(1)提高专业意识,培养良好的职业道德和职业习惯。

(2)掌握按钮、接触器双重联锁的正反转控制的工作原理。

(3)掌握按钮、接触器双重联锁的正反转控制的接线及接线工艺。

(4)掌握按钮、接触器双重联锁的正反转控制线路的检查方法和通电运行过程。

(5)掌握常用电工仪表的使用方法,能正确进行各种测量。

2. 实训所需器材

验电笔、斜口钳、尖嘴钳、剥线钳、螺丝刀、电工刀、剪刀、兆欧表、钳形电流表、万用表、三相异步电动机、熔断器、低压断路器、交流接触器、热继电器、按钮、端子排、导线、控制板等。

3. 实训内容与步骤

(1)实训电路。

三相异步电动机接触器自锁正转控制电路如图6-19所示。

(2)想一想。

试分析本实训控制电路是如何实现电动机的正反转控制的。

(3)练一练。

①给主电路、控制电路编号。

②画元件布局图。

③画接线图。

(4)实训操作及要求。

①前期准备：按本次实训电路确定并配齐所需规格的器材，并按要求进行检验。注意选择正确的启动按钮、停车按钮的颜色，交流接触器线圈工作电压与控制电压要相匹配。

②元件布置：在控制板上合理布置并安装控制元件，要求安装牢固并符合要求。

③线路敷设：确定连接负载的接线端子位置，并合理布置和敷设线路，敷设时注意选择导线的颜色及规格，并按先控制电路、后主电路顺序进行敷设。接触器的主触头、辅助常开触头、常闭触头、线圈要分清。

④设备连接：安装电动机及连接保护接地线；用电缆线将电动机与控制板连接，注意电动机的正确接法。

⑤质量检验：检查线路的正确性及安装质量。

⑥带电试车：经指导教师检查无安全隐患后接三相电源，并在老师的指导下通电试车。

⑦故障排查：若通电运行存在故障，须断电排查；需带电检查时，须指导教师在场。

4. 分析思考

若电动机启动后断开一相电，电动机能否继续运行？

5. 评分

(1)操作是否符合规范(40%)。

(2)结果是否正确(30%)。

(3)分析是否正确(30%)。

项目小结

(1)常用低压电器种类繁多，可分成如下三类。

①开关类：主要有开启式开关、封闭式开关、按钮开关等，其任务是接通或分断电路，发出命令。

②保护类：主要有熔断器、自动空气断路器、热继电器等，其任务是保证电气控制电路正常工作，防止事故的发生。

③控制类：主要有接触器、时间继电器等，其任务是按照开关和保护类电器发出的命令，控制电气设备正常工作。

(2)任何一个复杂的控制系统均是由一些基本的控制环节(电路)组成，再加上一些特殊要求的控制电路。在三相异步电动机基本控制电路中,介绍了点动、单向自锁运行控制,正、反转互锁控制及短路、过载、欠压保护等,这些都是构成异步电动机自动控制的最基本环节。

(3)三相异步电动机的继电器—接触器控制由主电路和控制电路两部分组成。阅读主电路图时要了解有几台电动机,各有什么特点,了解其启动方法,是否有正反转、调速、制动等,为阅读控制电路图提供依据。阅读控制电路图时,应从控制主电路的接触器线圈着手,由上而下地对每一个元器件进行跟踪分析。分析复杂控制电路时,应先分析各个基本环节,然后再找出它们之间的联锁关系,以掌握整个电路的控制原理。

思考与练习

6-1 简述电动机点动控制、接触器自锁正转控制和正反转控制线路的工作原理。

6-2 简述电气控制线路的装接原则和接线工艺。

6-3 试画出能在两处用按钮启动和停止电动机的控制电路。

6-4 试画出既能连续工作,又能点动工作的三相异步电动机的控制电路。

项目七　延时开关的制作与调试

任务一　动态电路的基本概念

如图7-1所示电路,合上开关S观察三个小灯泡的各自亮度会有怎样的变化? 为什么?

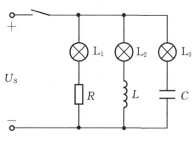

图7-1　演示电路

一、过渡过程的概念

电动机启动,其转速由零逐渐上升,最终达到额定转速;高铁的刹车过程为由高速到低速直至停止等。这就是说,它们的状态从一种状态过渡到另一种状态是不能瞬间完成的,需要有一个过程,即能量不同发生跃变。过渡过程就是从一种稳定状态转换到另一种新的稳定状态的中间过程。

如图7-1所示的电路中,三个并联支路分别为电阻、电感、电容与灯泡串联,S为电源开关。当闭合开关S时我们发现电阻支路的灯泡L_1立即发光,且亮度不再变化,说明这一支路没有经过过渡过程,立即进入了新的稳态;电感支路的灯泡L_2由暗渐渐变亮,最后达到稳定,说明电感支路经历了过渡过程;电容支路的灯泡L_3由亮变暗直到熄灭,说明电容支路也经历了过渡过程。当然,若开关S状态保持不变(断开或闭合),我们就观察不到这些现象。由此可知,产生过渡过程的外因是接通了开关,但接通了开关并非都会引起过渡过程,如电阻支路。产生过渡过程的两条支路都存在储能元件(电感或电容),这是产生过渡过程的内因。在电路理论中,通常把电路状态的改变(如通电、断电、短路、电信号突变、电路参数的变化等)统称为换路,并认为换路是立即完成的。

由以上内容可知,电路产生过渡过程的原因如下:

(1)内因——电路中必须含有储能元件(电感或电容)。

(2)外因——换路。

二、换路定律

1. 具有电容的电路

在电阻 R 和电容 C 相串联的电路与直流电源 U_S 接通前，电容上的电压 $u_C = 0$。当闭合开关后，若电源输出电流为有限值，电容两端电压不能跃变，必定从 0 逐渐增加到 U_S。为分析方便，我们约定换路时刻为计时起点，即 $t = 0$，并把换路前的最后时刻计为 $t = 0_-$，换路后的初始时刻计为 $t = 0_+$，则在换路后的一瞬间，电容上的电压应保持换路前一瞬间的原有值而不能跃变，即

$$u_C(0_+) = u_C(0_-) \tag{7.1}$$

这一规律称为电容电路的换路定律。

推理：对于一个原来未充电的电容，在换路的一瞬间，$u_C(0_+) = u_C(0_-) = 0$，电容相当于短路。

2. 具有电感的电路

在电阻 R 和电感 L 相串联的电路与直流电源 U_S 接通前，电路中的电流 $i = 0$。当闭合开关后，若 U_S 为有限值，则电感中电流不能跃变，必定从 0 逐渐增加到 U_S/R。则在换路后的一瞬间，电感上的电流应保持换路前一瞬间的原有值而不能跃变，即

$$i_L(0_+) = i_L(0_-) \tag{7.2}$$

这一规律称为电感电路的换路定律。

推理：对于一个原来没有电流流过的电感，在换路的一瞬间，$i_L(0_+) = i_L(0_-) = 0$，电感相当于开路。

三、初始值的计算

换路后的最初一瞬间（即 $t = 0_+$ 时刻）的电流、电压值统称为初始值，常用 $f(0_+)$ 表示。一般将初始值分成独立初始值和非独立初始值。独立初始值是指电容电压 $u_C(0_+)$ 和电感电流 $i_L(0_+)$，可根据换路定律，由它们在 $t = 0_-$ 时的值 $u_C(0_-)$ 和 $i_L(0_-)$ 直接确定，非独立初始值是指电容电流、电感电压、电阻的电压或电流等的初始值，它们不适用换路定律，需要根据独立初始值通过 $t = 0_+$ 等效电路来确定。求解 $f(0_+)$ 的步骤如下：

（1）根据换路前的电路（电容相当于开路，电感相当于短路）求出换路前瞬间，即 $t = 0_-$ 时的 $u_C(0_-)$ 和 $i_L(0_-)$ 值。

（2）根据换路定律求出换路后瞬间即 $t = 0_+$ 时 $u_C(0_+)$ 和 $i_L(0_+)$ 的值，$u_C(0_+) = u_C(0_-)$，$i_L(0_+) = i_L(0_-)$。

（3）作出原电路在 $t = 0_+$ 时刻的等效电路图。等效方法为：将电容元件代之以电压为 $u_C(0_+)$ 的电压源（若 $u_C(0_+) = 0$，则将电容短路）；将电感元件代之以电流为 $i_L(0_+)$ 的电流源（若 $i_L(0_+) = 0$，则将电感开路）。

（4）根据 $t = 0_+$ 时刻的等效电路求解各电压和电流初始值。

下面举例说明各初始值的确定过程。

【例 7-1】 如图 7-2(a)所示的电路中，已知 $U_S = 20\ \text{V}$，$R_1 = 4\ \text{k}\Omega$，$R_2 = 8\ \text{k}\Omega$，$C = 2\ \mu\text{F}$，开关 S 原来处于断开状态，电容上电压 $u_C(0_-) = 0$。求开关 S 闭合后 $t = 0_+$ 时各电流

及电容电压的数值。

【解】 选定有关参考方向如图 7-2(a)所示。

(1)由已知条件可知：$u_C(0_-) = 0$。

(2)由换路定律可知：$u_C(0_+) = u_C(0_-) = 0$。

(3)求其他各电流、电压的初始值。

画出 $t = 0_+$ 时刻的等效电路图，如图 7-2(b)所示。由于 $u_C(0_+) = 0$，因此在等效电路中电容相当于短路。故有

$$i_2(0_+) = \frac{u_C(0_+)}{R_2} = \frac{0}{R_2} = 0$$

$$i_1(0_+) = \frac{u_S}{R_1} = \frac{20}{4 \times 10^3} = 5 \text{ mA}$$

由 KCL 有

$$i_C(0_+) = i_1(0_+) - i_2(0_+) = 3 - 0 = 3 \text{ mA}$$

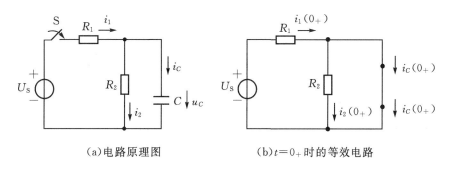

(a)电路原理图　　　　　　　(b)$t = 0_+$ 时的等效电路

图 7-2 例 7-1 电路图

【例 7-2】 如图 7-3(a)所示电路中，已知 $U_S = 10$ V，$R_1 = 6$ Ω，$R_2 = 4$ Ω，$L = 2$ mH，开关 S 原来处于断开状态。求开关 S 闭合后 $t = 0_+$ 时各电流及电感电压 u_L 的数值。

【解】 选定有关参考方向如图 7-3(a)所示。

(1)求 $t = 0_-$ 时的电感电流 $i_L(0_-)$。

由原电路已知条件得

$$i_L(0_-) = i_1(0_-) = i_2(0_-) = \frac{U_S}{R_1 + R_2} = \frac{10}{6+4} = 1 \text{ A}$$

$$i_3(0_-) = 0$$

(2)求 $t = 0_+$ 时 $i_L(0_+)$ 的值。

由换路定律知

$$i_L(0_+) = i_L(0_-) = 1 \text{ A}$$

(3)求其他各电压、电流的初始值。

画出 $t = 0_+$ 时的等效电路图，如图 7-3(b)所示。由于 S 闭合，R_2 被短路，则 R_2 两端电压为零，故 $i_2(0_+) = 0$。

由 KCL 有

$$i_3(0_+) = i_1(0_+) - i_2(0_+) = i_1(0_+) = 1 \text{ A}$$

由 KVL 有

$$U_S = i_1(0_+)R_1 + u_L(0_+)$$

故

$$u_L(0_+) = U_S - i_1(0_+)R_1 = 10 - 1 \times 6 = 4\ \mathrm{V}$$

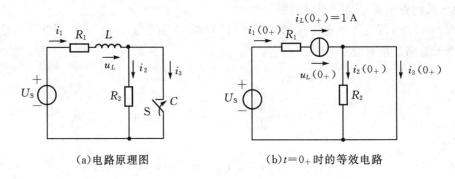

(a)电路原理图   (b)$t = 0_+$ 时的等效电路

图 7-3   例 7-2 电路图

任务二 RC 串联动态电路的分析

利用 Multisim 仿真软件仿真如图 7-4 所示的电路,改变开关 J_1 的位置,用示波器观察电容 C_1 两端电压的波形变化。

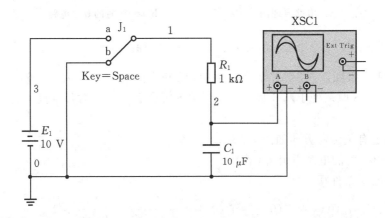

图 7-4 RC 串联电路

在如图 7-4 所示的电路中,当开关 J_1 由 b 调到 a 时,电源 E_1 通过电阻 R_1 对电容 C_1 进行充电,电容两端的电压由零逐渐上升到电源电压,保持电路状态不变,电容两端的电压就保持不变。当开关 J_1 由 a 调到 b 时,电容 C_1 与电阻 R_1 组成放电电路,电容两端的电压逐渐下降到零,同样保持电路状态不变,电容两端的电压就保持不变。电容的充电和放电过程都是瞬态过程,其波形如图 7-5 所示。

为了进一步说明电路的工作原理,按照如图 7-6 所示的电路图连接电路。用示波器同时观察电阻和电容两端电压的变化情况。我们可以得到如图 7-7 所示的波形图。

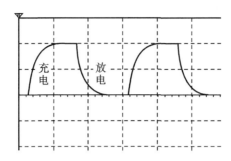

图 7 - 5　电容充电放电波形图

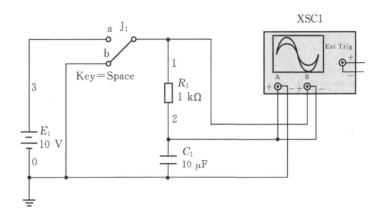

图 7 - 6　RC 串联仿真电路图

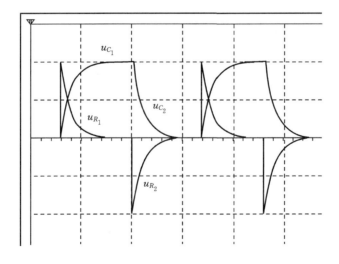

图 7 - 7　RC 动态波形图

一、RC 电路的充电

如图 7-6 所示，当开关 J_1 由 b 调到 a 瞬间，由于 $u_{C_1}(0_-) = 0$ V，所以 $u_{C_1}(0_+) = 0$ V，根据 KVL 可知 $u_{R_1}(0_+) = E_1$，该瞬间电路中的电流为

$$i(0_+) = \frac{E_1}{R_1}$$

换路后电容开始充电，u_{C_1} 逐渐上升，充电电流 i 逐渐减小，u_{R_1} 也逐渐减小，如图 7-7 中的 u_{C_1} 与 u_{r_1} 曲线所示。当 u_{C_1} 趋近于 E_1 时，充电电流 i 趋近于 0，充电过程基本结束。RC 电路的充电电流按指数规律变化。其数学表达式为

$$i = \frac{E_1}{R_1}e^{-\frac{t}{R_1C_1}}$$

则

$$u_{R_1} = iR_1 = E_1 e^{-\frac{t}{R_1C_1}}$$

$$u_{C_1} = E_1 - u_{R_1} = E_1(1 - e^{-\frac{t}{R_1C_1}}) = E_1(1 - e^{-\frac{t}{\tau}})$$

式中 $\tau = R_1C_1$ 称为时间常数，单位是秒(s)，它反映电容充电的快慢。τ 越大，充电过程越慢。一般 $t = (3-5)\tau$ 时，u_{C_1} 为 $(0.95-0.99)E_1$，认为充电过程结束。

【例 7-3】 如图 7-8 所示电路中，已知 $U_S = 220$ V，$R = 200$ Ω，$C = 1$ μF，电容事先未充电，在 $t = 0$ 时合上开关 S。

(1)求时间常数。

(2)求最大充电电流。

(3)求 u_C、u_R 和 i 的表达式。

(4)求开关合上后 1 ms 时的 u_C、u_R 和 i 的值。

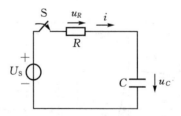

图 7-8　例 7-3 电路图

【解】 (1)时间常数为

$$\tau = RC = 200 \times 1 \times 10^{-6} = 2 \times 10^{-4} \text{s} = 200 \text{ } \mu\text{s}$$

(2)最大充电电流为

$$i_{max} = \frac{U_S}{R} = \frac{220}{200} = 1.1 \text{ A}$$

(3) u_C、u_R、i 的表达式为

$$u_C = U_S(1 - e^{-\frac{t}{\tau}}) = 220(1 - e^{-\frac{t}{2 \times 10^{-4}}}) = 220(1 - e^{-5 \times 10^3 t}) \text{ V}$$

$$u_R = U_S e^{-\frac{t}{\tau}} = 220 e^{-5 \times 10^3 t} \text{ V}$$

$$i = \frac{U_S}{R} e^{-\frac{t}{\tau}} = \frac{220}{200} e^{-\frac{t}{\tau}} = 1.1 e^{-5 \times 10^3 t} \text{ A}$$

(4)当 $t = 1 \text{ ms} = 10^{-3} \text{ s}$ 时,有

$$u_C = 220(1 - e^{-5 \times 10^3 \times 10^{-3}}) = 220(1 - e^{-5}) = 220(1 - 0.007) = 218.5 \text{ V}$$

$$u_R = 220 e^{-5 \times 10^3 \times 10^{-3}} = 220 \times 0.007 \approx 1.5 \text{ V}$$

$$i = 1.1 e^{-5 \times 10^3 \times 10^{-3}} = 1.1 \times 0.007 = 0.0077 \text{ A}$$

二、RC 电路的放电

如图 7-6 所示,电容充电至 $u_{C_1} = E_1$ 后,将开关 J_1 扳到 b,电容通过电阻 R_1 放电。此过程中由于 $u_{C_1}(0_-) = E_1$,所以 $u_{C_1}(0_+) = E_1$,根据 KVL 可知 $u_{R_1}(0_+) = -E_1$,该瞬间电路中的电流为

$$i(0_+) = -\frac{E_1}{R_1}$$

电路中的电容与电阻形成电路,电容放电,电阻吸收电容中储存的能量。放电过程电容和电阻两端电压的变化曲线如图 7-7 中的 u_{C_2} 与 u_{r_2} 曲线所示,电路中的电流及电压均按指数规律变化,其数学表达式为

$$i = -\frac{E_1}{R_1} e^{-\frac{t}{\tau}}$$

$$u_{R_1} = -E_1 e^{-\frac{t}{\tau}}$$

$$u_{C_1} = E_1 e^{-\frac{t}{\tau}}$$

【例 7-4】　供电局向某一企业供电电压为 10 kV,在切断电源瞬间,电网上遗留有电压值为 $10\sqrt{2}$ kV 的电压。已知送电线路长 $L = 30$ km,电网对地绝缘电阻为 500 MΩ,电网上分布的每千米电容为 $C_0 = 0.008$ μF/km,问:

(1)拉闸后 1 min,电网对地的残余电压为多少?

(2)拉闸后 10 min,电网对地的残余电压为多少?

【解】　电网拉闸后,储存在电网电容上的电能逐渐通过对地绝缘电阻放电。

由题意知,长 30 km 的电网总容量为

$$C = C_0 L = 0.008 \times 30 = 0.24 \text{ μF} = 2.4 \times 10^{-7} \text{ F}$$

放电电阻为

$$R = 500 \text{MΩ} = 5 \times 10^8 \text{ Ω}$$

时间常数为

$$\tau = RC = 5 \times 10^8 \times 2.4 \times 10^{-7} = 120 \text{ s}$$

电容上初始电压为

$$U_0 = 10\sqrt{2} \text{ kV}$$

在电容放电过程中,电容电压(即电网电压)的变化规律为

$$u_{C(t)} = U_0 e^{-\frac{t}{\tau}}$$

故

$$u_{C(60 \text{ s})} = 10\sqrt{2} \times 10^3 e^{-\frac{60}{120}} \approx 8576 \text{ V} \approx 8.6 \text{ kV}$$

$$u_{C(600\ s)} = 10\sqrt{2} \times 10^3\,\mathrm{e}^{-\frac{600}{120}} \approx 95.3\ \mathrm{V}$$

由此可见,电网断电,电压并不是立即消失,此电网断电经历 1 min,仍有 8.6 kV 的高压;在断电 10 min 时电网上仍有 95.3 V 的电压。

任务三 *RL* 串联动态电路的分析

利用 Multisim 仿真软件仿真如图 7-9(a)所示的电路,改变开关 J_1 的位置,用示波器观察电阻和电感两端电压的波形变化,并在图 7-9(b)中画出波形,与图 7-10 比较是否相同。

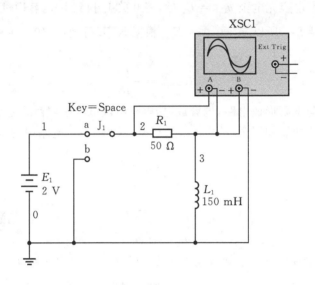

(a)RL 串联电路

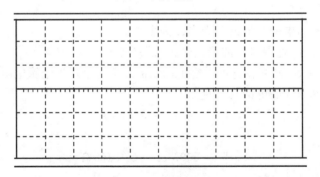

(b)波形绘制框

图 7-9 RL 串联仿真图

一、*RL* 电路接通电源

RL 串联电路与 *RC* 串联电路的过渡过程有相似之处,电路中的电压和电流也是按指数规律变化至稳态值的。电路达到稳态后,电感元件相当于短路。

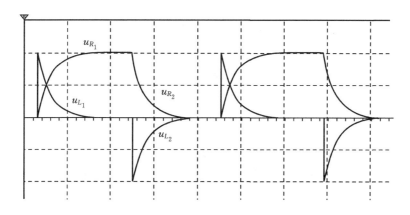

图 7-10　RL 串联电路波形

在如图 7-9(a)所示的 RL 串联电路中,将开关 J_1 由 b 调至 a 时,电阻 R_1、电感 L_1 与电源 E_1 串联,由于换路前电感元件中没有电流,即 $i_{L_1}(0_-) = 0$ A。根据换路定律,电感元件中的电流不能突变,在开关 J_1 闭合后的瞬间,电流的初始值为

$$i_{L_1}(0_+) = i_{L_1}(0_-) = 0 \text{ A}$$

根据 KVL 可得回路

$$u_{R_1} + u_{L_1} = E_1$$
$$u_{R_1} = iR_1$$
$$u_{L_1} = E_1 - u_{R_1}$$

因为 $i_{L_1}(0_+) = 0$ A,所以

$$u_R(0_+) = i(0_+)R = 0 \text{ V}$$
$$u_{L_1}(0_+) = E_1 - u_{R_1}(0_+) = E_1$$

电路接通后,由于电感元件的自感效应,电感两端感应出电动势,所以阻碍电感线圈中的电流变化。这样电路中的电流只能缓慢地增加,电阻两端电压也将缓慢地上升,而电感元件两端的电压会逐渐地降低,它们的表达式如下

$$i_L = \frac{E_1}{R_1}(1 - e^{-\frac{t}{\tau}})$$
$$u_{R_1} = E_1(1 - e^{-\frac{t}{\tau}})$$
$$u_{L_1} = E_1 e^{-\frac{t}{\tau}}$$

式中 $\tau = L/R$ 为电路的时间常数,它决定了电路中电压和电流变化的快慢程度。

【例 7-5】　如图 7-11 所示电路为一直流发电机的电路简图,已知励磁电阻 $R = 20 \text{ }\Omega$,励磁电感 $L = 20$ H,外加电压为 $U_s = 200$ V。

(1)试求当 S 闭合后,励磁电流的变化规律和达到稳态值所需的时间。

(2)如果将电源电压提高到 250 V,求励磁电流达到额定值的时间。

【解】　(1)由 RL 串联电路的分析可知

$$i_L = \frac{U_s}{R}(1 - e^{-\frac{t}{\tau}})$$

式中,$U_s = 200$ V,$R = 20 \text{ }\Omega$,$\tau = L/R = 20/20 = 1$ s,所以

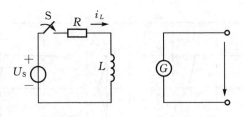

图 7-11 例 7-5 电路图

$$i_L = \frac{200}{20}(1 - e^{-\frac{t}{\tau}}) = 10(1 - e^{-t}) \text{ A}$$

一般认为当 $t = (3 \sim 5)\tau$ 时过渡过程基本结束，取 $t = 5\tau$，则合上开关 S 后，电流达到稳态所需的时间为 5 s。

（2）由上述计算可知，使励磁电流达到稳态需要 5 s。为缩短励磁时间常采用"强迫励磁法"，就是在励磁开始时提高电源电压，当电流达到额定值后，再将电压调回到额定值。这种强迫励磁所需的时间 t 计算如下

$$i(t) = \frac{250}{20}(1 - e^{-\frac{t}{\tau}}) = 12.5(1 - e^{-t})$$

即

$$10 = 12.5(1 - e^{-t})$$

解得 t=1.6 s。

由结果可知，电压为 250 V 时比电压为 200 V 时所需的时间短。

二、RL 电路切断电源

在如图 7-9(a)所示的 RL 串联电路中，将开关 J_1 由 a 调至 b 时，电阻 R_1 和电感 L_1 与电源 E_1 断开，开关 J_1 由 a 位置电路已处于稳态，电感元件 L_1 相当于短路，L_1 中流过的电流 $i_L(0_-) = I = \frac{E_1}{R_1}$。在 $t=0$ 时刻将开关 J_1 调至 b 时，与电源支路断开，电感 L_1 与电阻 R_1 组成回路，电感 L_1 通过电阻 R_1 释放存储的能量，电路进入过渡状态。

根据换路定律，电感元件中的电流不能突变，则开关调至 b 位置后的初始值为

$$i_{L_1}(0_+) = i_{L_1}(0_-) = I$$

根据 KVL 有

$$u_{L_1} = - u_{R_1}$$

$$u_{L_1}(0_+) = - u_{R_1}(0_+) = - IR_1$$

以上是电路的初始状态，之后电感元件开始放电，随着放电的进行，放电电流不断地减小，直到电感元件中的能量全部消耗完毕，电路过渡过程结束。

电路过渡过程中电阻两端电压和电感两端电压的变化曲线如图 7-10 中曲线 u_{R_2}、u_{L_2} 所示。可见 i_{L_1}、u_{R_1} 和 u_{L_1} 均按指数规律衰减到零，衰减的速度取决于电路的时间常数 τ。RL 串联电路放电过程中 i_{L_1}、u_{R_1} 和 u_{L_1} 表达式为

$$i_{L_1} = Ie^{-\frac{t}{\tau}}$$

$$u_{R_1} = IR_1 e^{-\frac{t}{\tau}}$$

$$u_{L_1} = - IR_1 e^{-\frac{t}{\tau}}$$

任务四 一阶电路的全响应

在前面的学习中本项目分别研究了一阶电路的零输入响应和零状态响应,电路要么只有外激励源的作用,要么只存在非零的初始状态,分析过程相对简单。本任务中我们将讨论既有非零初始状态,又有外激励源共同作用的一阶电路的响应,称为一阶电路的全响应。

一、RC 电路的全响应

RC 电路的全响应电路如图 7-12 所示,将开关 S 闭合前,电容器上已充有 U_0 的电压,即电容处于非零初始状态,$t=0$ 时将开关 S 闭合,直流电压源 U_S 作用于一阶 RC 电路。根据 KVL,此时电路方程可表示为

$$RC\frac{du_C}{dt} + u_C = U_S$$

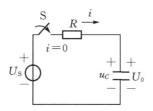

图 7-12 一阶 RC 电路的全响应

u_C 的稳态值 U_S 可看作 u_C 的特解,即 $u_C' = U_S$;u_C 的暂态分量即对应的齐次微分方程的通解为 $u_C'' = Ae^{-\frac{t}{\tau}}$。于是有

$$u_C = u_C' + u_C'' = U_S + Ae^{-\frac{t}{\tau}}$$

将初始条件 $u_C(0_+) = u_C(0_-) = U_0$ 代入上式有 $U_0 = U_S + A$,即 $A = U_0 - U_S$。所以,电容上电压的表达式为

$$u_C = U_S + (U_0 - U_S)e^{-\frac{t}{\tau}} \tag{7.3}$$

由式(7.3)可见,U_S 为电路的稳态分量,$(U_0 - U_S)e^{-\frac{t}{\tau}}$ 为电路的暂态分量,即

全响应 = 稳态分量 + 暂态分量

电路中的电流为

$$i = C\frac{du_C}{dt} = \frac{U_S - U_0}{R}e^{-\frac{t}{\tau}} \tag{7.4}$$

可见,电路中电流 i 只有暂态分量,而稳态分量为零。

我们也可以将式(7.3)改写为

$$u_C = U_S(1 - e^{-\frac{t}{\tau}}) + U_0 e^{-\frac{t}{\tau}} \tag{7.5}$$

式(7.5)中,$U_S(1 - e^{-\frac{t}{\tau}})$ 是电容初始值电压为零时的零状态响应,$U_0 e^{-\frac{t}{\tau}}$ 是电容初始值电压为 U_0 的零输入响应。故又有

全响应 = 零状态响应 + 零输入响应

同样,将电路中的电流 $i = C\dfrac{\mathrm{d}u_C}{\mathrm{d}t} = \dfrac{U_S - U_0}{R}\mathrm{e}^{-\frac{t}{\tau}}$ 改写为

$$i = \frac{U_S}{R}\mathrm{e}^{-\frac{t}{\tau}} + \frac{-U_0\mathrm{e}^{-\frac{t}{\tau}}}{R} \tag{7.6}$$

式(7.6)中,$\dfrac{U_S}{R}\mathrm{e}^{-\frac{t}{\tau}}$ 为电路电流的零状态响应,$\dfrac{-U_0\mathrm{e}^{-\frac{t}{\tau}}}{R}$ 为电路中电流的零输入响应,负号表示电流方向与图中参考方向相反。

【例 7 - 6】 如图 7 - 13 所示电路中,开关 S 断开前电路处于稳态。已知 $U_S = 20\text{ V}$,$R_1 = R_2 = 1\text{ k}\Omega$,$C = 1\text{ }\mu\text{F}$。求当开关打开后,$u_C$ 和 i_C 的解析式。

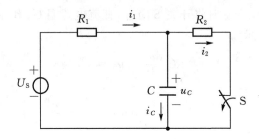

图 7 - 13 例 7 - 6 电路图

【解】 选定各电流电压的参考方向如图 7 - 13 所示。

因为换路前电容上电流 $i_C(0_-) = 0$,故有

$$i_1(0_-) = i_2(0_-) = \frac{U_S}{R_1 + R_2} = \frac{20}{10^3 + 10^3} = 10 \times 10^{-3}\text{A} = 10\text{ mA}$$

换路前电容上的电压为

$$u_C(0_-) = i_2(0_-)R_2 = 10 \times 10^{-3} \times 1 \times 10^3 = 10\text{ V}$$

即 $U_0 = 10\text{ V}$。

由于 $U_0 < U_S$,因此换路后电容将继续充电,其充电时间常数为

$$\tau = R_1 C = 1 \times 10^3 \times 1 \times 10^{-6} = 10^{-3}\text{ s} = 1\text{ ms}$$

将上述数据代入式(7.3)和式(7.4),得

$$u_C = U_S + (U_0 - U_S)\mathrm{e}^{-\frac{t}{\tau}} = 20 + (10 - 20)\mathrm{e}^{-\frac{t}{10^{-3}}} = 20 - 10\mathrm{e}^{-1000t}\text{ V}$$

$$i = \frac{U_S - U_0}{R}\mathrm{e}^{-\frac{t}{\tau}} = \frac{20 - 10}{1000}\mathrm{e}^{-\frac{t}{10^{-3}}} = 0.01\mathrm{e}^{-1000t}\text{A} = 10\mathrm{e}^{-1000t}\text{ mA}$$

【例 7 - 7】 如图 7 - 14 所示电路中,已知 $U_S = 100\text{ V}$,$R_0 = 150\text{ }\Omega$,$R = 50\text{ }\Omega$,$L = 2\text{ H}$,在开关 S 闭合前电路已处于稳态。$t = 0$ 时将开关 S 闭合,求开关闭合后电流 i 和电压 u_L 的变化规律。

【解】 解法 1 全响应＝稳态分量＋暂态分量

开关 S 闭合前电路已处于稳态,故有

$$i(0_-) = I_0 = \frac{U_S}{R_0 + R} = \frac{100}{150 + 150} = 0.5\text{ A}$$

$$u_L(0_-) = 0$$

当开关 S 闭合后,R_0 被短路,其时间常数为

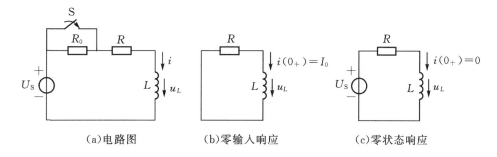

（a）电路图　　　　　（b）零输入响应　　　　　（c）零状态响应

图 7-14　例 7-7 电路图

$$\tau = L/R = 2/50 = 0.04 \text{ s}$$

电流的稳态分量为

$$i' = \frac{U_s}{R} = \frac{100}{50} = 2 \text{ A}$$

电流的暂态分量为

$$i'' = Ae^{-\frac{t}{\tau}} = Ae^{-25t}$$

全响应为

$$i(t) = i' + i'' = 2 + Ae^{-25t}$$

由初始条件和换路定律知

$$i(0_+) = i(0_-) = 0.5 \text{ A}$$

故

$$0.5 = 2 + Ae^{-25t}\big|_{t=0}$$

即

$$0.5 = 2 + A$$

解得

$$A = -1.5$$

所以

$$i(t) = 2 - 1.5e^{-25t}$$

$$u_L = L\frac{\mathrm{d}i}{\mathrm{d}t} = 2\frac{\mathrm{d}}{\mathrm{d}t}(2 - 1.5e^{-25t}) = 75e^{-25t} \text{ V}$$

解法 2　　　　　全响应＝零输入响应＋零状态响应

电流的零输入响应如图 7-14（b）所示，$i(0_+) = I_0 = 0.5 \text{ A}$。于是

$$i' = I_0 e^{-\frac{t}{\tau}} = 0.5e^{-25t} \text{ A}$$

电流的零状态响应如图 7-14（c）所示，$i(0_+) = 0$。所以

$$i'' = \frac{U_s}{R}(1 - e^{-\frac{t}{\tau}}) = 2 - 2e^{-25t} \text{ A}$$

全响应为

$$i = i' + i'' = 0.5e^{-25t} + 2 - 2e^{-25t} = 2 - 1.5e^{-25t} \text{ A}$$

$$u_L = L\frac{\mathrm{d}i}{\mathrm{d}t} = 2\frac{\mathrm{d}}{\mathrm{d}t}(2 - 1.5e^{-25t}) = 75e^{-25t} \text{ V}$$

此例说明两种解法的结果是完全相同的。

二、三要素法

从前面的分析可知,电路全响应可以看成由零输入响应和零状态响应,或者稳态分量和暂态分量两部分组成。

稳态分量是电路在换路后要达到新的稳态值,暂态分量的一般形式为 $Ae^{-\frac{t}{\tau}}$,常数 A 由电路的初始条件决定,时间常数 τ 由电路的结构和参数来计算。这样,决定一阶电路全响应表达式的量就只有三个,即稳态值、初始值和时间常数,我们称这三个量为一阶电路的三要素,由三要素可以直接写出一阶电路过渡过程的解,此方法叫三要素法。

设 $f(0_+)$ 表示电压或电流的初始值,$f(\infty)$ 表示电压或电流的新稳态值,τ 表示电路的时间常数,$f(t)$ 表示要求解的电压或电流。这样,电路的全响应表达式为:

$$f(t) = f(\infty) + [f(0_+) - f(\infty)] e^{-\frac{t}{\tau}} \tag{7.7}$$

三要素法解题的一般步骤如下:

(1)画出换路前($t = 0_-$)的等效电路,求出电容电压 $u_C(0_-)$ 或电感电流 $i_L(0_-)$。

(2)根据换路定律 $u_C(0_+) = u_C(0_-)$,$i_L(0_+) = i_L(0_-)$,画出换路瞬间($t = 0_+$)的等效电路,求出响应电流或电压的初始值 $i(0_+)$ 或 $u(0_+)$,即 $f(0_+)$。

(3)画出 $t = \infty$ 时的稳态等效电路(稳态时电容相当于开路,电感相当于短路),求出稳态下响应电流或电压的稳态值 $i(\infty)$ 或 $u(\infty)$,即 $f(\infty)$。

(4)求出电路的时间常数 τ。$\tau = RC$ 或 L/R,其中 R 值是换路后断开储能元件 C 或 L,由储能元件两端看进去,用戴维南等效电路求得的等效内阻。

(5)根据所求得的三要素,代入式(7.7)即可得响应电流或电压的动态过程表达式。

【例 7 - 8】 电路如图 7 - 15 所示,已知 $R_1 = 3\ \Omega$,$R_2 = 6\ \Omega$,$C = 0.01\ \text{F}$,$U_S = 6\ \text{V}$,在换路前电容上有电压 $u_C(0_-) = -3\ \text{V}$。求 S 闭合后电容电压和电流的变化规律。

【解】 用三要素法求解:

(1)画 $t = 0_-$ 时的等效电路,如图 7 - 15(b)所示。由题意已知 $u_C(0_-) = -3\ \text{V}$。

(2)画 $t = 0_+$ 时的等效电路,如图 7 - 15(c)所示。由换路定律可得 $u_C(0_+) = u_C(0_-) = -3\ \text{V}$。

(3)画 $t = \infty$ 时的等效电路,如图 7 - 15(d)所示。

$$u_C(\infty) = \frac{U_S}{R_1 + R_2}R_2 = \frac{6}{3 + 6} \times 6 = 4\ \text{V}$$

(4)求电路时间常数 τ。从图 7 - 15(d)电路可知,从电容两端看过去的等效电阻为

$$R_0 = \frac{R_1 R_2}{R_1 + R_2} = \frac{3 \times 6}{3 + 6} = 2\ \Omega$$

于是

$$\tau = R_0 C = 2 \times 0.01 = 0.02\ \text{s}$$

(5)由公式(7.7)得

$$u_C(t) = u_C(\infty) + [u_C(0_+) - u_C(\infty)]e^{-\frac{t}{\tau}} = 4 + (-3 - 4)e^{-\frac{t}{0.02}} = (4 - 7e^{-50t})\ \text{V}$$

$$i_C(t) = C\frac{du_C(t)}{dt} = 3.5e^{-50t}\ \text{A}$$

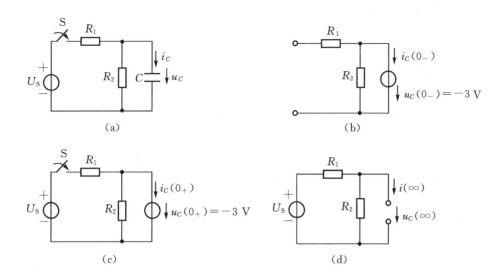

图 7-15 例 7-8 电路图

技能实训　延时开关的制作与调试

1. 实训目的

(1)提高专业意识,培养良好的职业道德和职业习惯。

(2)会按照电路原理图焊接实物电路。

(3)加深对电容的动态过程理解。

(4)思考哪些因素对延时时间的长短有影响。

2. 实训所需器材

实训仪器及元器件见表 7-1。

表 7-1　实训仪器及元器件

序号	名称	型号与规格	数量
1	继电器 K_1、K_2	工作电压 12 V	2
2	晶体管 V	9013	1
3	二极管	IN4007	1
4	LED		1
5	电位器 RP_1	5 kΩ	1
6	电位器 RP_2	1 MΩ	1
7	电阻器 R_1、R_3	470 Ω	2
8	电阻器 R_2	100 kΩ	1
9	电解电容器 C	220 μF	1
10	按钮	无自锁按钮	1
11	万能板		1

3. 延时开关电路工作原理

延时开关电路如图 7-16 所示。当按下 SB 按钮时，发光二极管延时一段时间后发光。当放开 SB 按钮时，发光二极管延时一段时间后熄灭。

按下 SB 按钮，继电器 K_1 线圈通电，K_1 的常开触头闭合，常闭触头打开，电源通过电位器 RP_1 向电容器 C 充电，电容器 C 两端电压逐渐升高，当电容器 C 两端电压升高到一定值时，三极管 V 导通，继电器 K_2 线圈通电，其常开触头闭合，发光二极管导通发光。断开 SB 按钮时，继电器 K_1 线圈断电，其触头复位（常开触头 K_1 打开，常闭触头 K_1 闭合），电容器 C 通过电阻 R_1 和 RP_2 放电，电容器 C 两端电压逐渐降低，当电容器 C 两端电压降低到一定值时，三极管 V 截止，继电器 K_2 线圈断电，其常开触头 K_2 复位，发光二极管截止并熄灭。

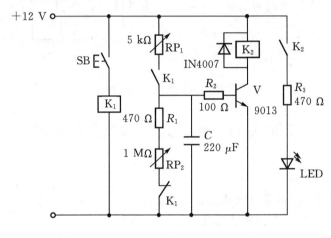

图 7-16　延时开关电路图

4. 实验内容与步骤

1）焊接电路

(1)清点元器件的数目。

(2)检测元器件的质量和参数。

(3)焊接元器件。

(4)焊接继电器。将继电器插入万能板上对应的小孔，将 5 个引脚焊好。注意焊接时间要尽量短，焊点应圆而小。

(5)焊接电源引线。

2）延时开关的调试

(1)检查电路板上各焊点的焊接情况，注意虚焊和假焊，邻近的焊点间应清理干净，防止焊点间短路。

(2)按下 SB 按钮时，发光二极管延时一段时间后发光；当放开 SB 按钮时，发光二极管延时一段时间后熄灭。说明延时开关正常工作。

①调整 RP_1 的阻值，可以观察到，随着 RP_1 阻值的增大或减小，发光二极管延时发光的时间也随着增大或减小。这是因为电容器 C 的充电电路是由电位器 RP_1 和电容器 C 串联组成的。RP_1 的阻值影响电容器 C 的充电速度，电位器 RP_1 的阻值大，电容器 C 的充电速度慢，电

阻 RP_1 的阻值小，电容器 C 的充电速度快。

　　②调整 RP_2 的阻值，可以观察到，随着 RP_2 阻值的增大或减小，发光二极管延时熄灭的时间也在增大或减小。这是因为电容器 C 的放电电路是由 R_1、电位器 RP_2 和电容器 C 串联组成的。RP_2 的阻值影响电容器 C 的放电速度，电位器 RP_2 的阻值大，电容器 C 的放电速度慢，电阻 RP_2 的阻值小，电容器 C 的放电速度快。

5．注意事项

（1）电路中有极性元器件安装时应注意引脚的识别。

（2）电路连接完毕应仔细检查电路后，再进行通电实验。

6．分析思考

如果增大电容器 C 的容值，那么发光二极管延时发光时间和延时熄灭时间会有怎样的变化呢？

7．评分

（1）操作是否符合规范（40%）。

（2）结果是否正确（30%）。

（3）分析是否正确（30%）。

项目小结

由于电路中存在有储能元件，当电路发生换路时会出现过渡过程。

1）换路定律

电路换路时，各储能元件的能量不能跃变。具体表现在电容元件的电压不能跃变，电感元件的电流不能跃变。换路定律的数学表达式为

$$u_C(0_+) = u_C(0_-)$$
$$i_L(0_+) = i_L(0_-)$$

应该注意，换路瞬间电容电流 i_C 和电感电压 u_L 是可以跃变的。

2）时间常数 τ

过渡过程理论上要经历无限长时间才结束。实际的过渡过程长短可根据电路的时间常数 τ 来估算，一般认为当 $t = (3 \sim 5)\tau$ 时，电路的过渡过程结束。一阶 RC 电路 $\tau = RC$；一阶 RL 电路 $\tau = L/R$，τ 的单位为 s。τ 的大小反映了电路参量由初始值变化到稳态值的 63.2% 所需的时间。

3）经典法

经典法是求解过渡过程的基本方法，它的一般步骤如下：

①根据换路后的电路列出电路的微分方程。

②求微分方程的特解和通解。

③根据电路的初始条件，求出积分常数，从而得到电路解。

4）一阶电路的全响应

全响应 ＝ 稳态分量 ＋ 暂态分量

或　　　　　　　　全响应 ＝ 零输入响应 ＋ 零状态响应

以上两个表达式反映了线性电路的叠加原理。

5)三要素法

三要素法是基于经典法的一种求解过渡过程的简便方法。对于直流电源激励的一阶电路,可用三要素法求解。三要素的一般公式可以表示为

$$f(t) = f(\infty) + [f(0_+) - f(\infty)]e^{-\frac{t}{\tau}}$$

式中 $f(\infty)$ 表示电压或电流的新稳态值,$f(0_+)$ 表示电压或电流的初始值,τ 表示电路的时间常数。

思考与练习

7-1 如图 T7-1 所示,已知 $R_1 = R_2 = 10\ \Omega$,$U_S = 2\ V$,当 $t = 0$ 时开关闭合,求 $i_1(0_+)$、$i_2(0_+)$、$i_L(0_+)$ 和 $u_L(0_+)$。

7-2 如图 T7-2 所示,已知 $U_S = 10\ V$,$R_1 = 10\ \Omega$,$R_2 = 5\ \Omega$,开关 S 闭合前电容电压为零,求开关闭合后的 $i_C(0_+)$。

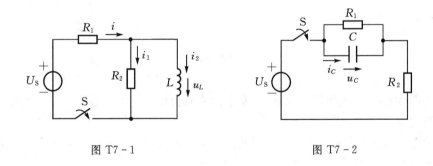

图 T7-1　　　　　　　　　图 T7-2

7-3 如图 T7-3 所示,已知 $U_S = 1\ V$,$R_1 = 4\ \Omega$,$R_2 = 6\ \Omega$,$L = 5\ mH$,求开关 S 打开后的 $i_L(0_+)$、$u_L(0_+)$ 和 $u_R(0_+)$。

7-4 如图 T7-4 所示,已知 $U_S = 10\ V$,$R_1 = 4\ \Omega$,$R_2 = 6\ \Omega$,$R_3 = 6\ \Omega$,开关 S 闭合前电容和电感都未储能,试求开关闭合后的 $i_1(0_+)$、$i_2(0_+)$、$i_3(0_+)$ 和 $u_R(0_+)$。

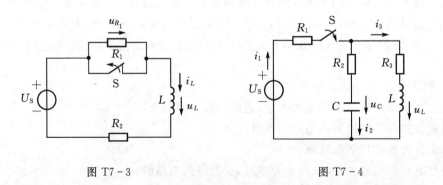

图 T7-3　　　　　　　　　图 T7-4

7-5 如图 T7-5 所示,开关未动作前电路已处于稳态,在 $t = 0$ 时,S 由 "1" 拨向 "2",电容 C 便向 R_2 放电,已知 $R_1 = 20\ \Omega$,$R_2 = 400\ \Omega$,$C = 0.1\ \mu F$,$U = 100\ V$。求:

(1)u_C和i_C的表达式；

(2)放电电流的最大值；

(3)放电过程中,电阻R_2吸收的能量。

7-6 如图 T7-6 所示,已知$C = 50\ \mu F$,电容充电后储存的能量为 5 J,当 S 闭合后放电电流的初始值$i(0_+) = 5\ A$,求$u_C(0_+)$、R 和时间常数τ。

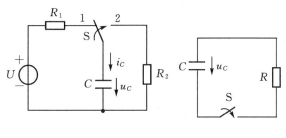

图 T7-5   图 T7-6

7-7 在 RC 串联电路中,$R = 1\ k\Omega$,$C = 10\ \mu F$,$u_C(0_-) = 0$,接在电压为 100 V 的直流电源上充电,试求充电 15 ms 时电容上的电压和电流。

7-8 如图 T7-7 所示,$U_S = 120\ V$,$R_1 = 3\ k\Omega$,$R_2 = 6\ k\Omega$,$R_3 = 3\ k\Omega$,$C = 10\ \mu F$,$u_C(0_-) = 0$,求 S 闭合后 u_C 和 i 的变化规律。

7-9 如图 T7-8 所示,在 $t = 0$ 时开关由"1"拨向"2",开关动作前电路已处于稳态。已知 $L = 3\ H$,$R_1 = R_3 = 1\ \Omega$,$R_2 = 2\ \Omega$,$E_1 = E_2 = 3\ V$,试用三要素法求 i 和 i_L 的表达式。

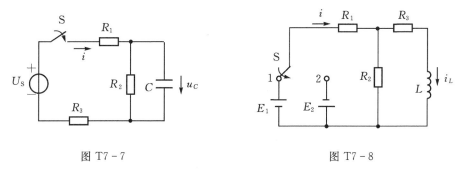

图 T7-7   图 T7-8

7-10 如图 T7-9 所示,已知 $I_S = 15\ mA$,$R_1 = 2\ k\Omega$,$R_2 = 1\ k\Omega$,$C = 3\ \mu F$,S 闭合前电路处于稳态,求 S 闭合后电阻 R_2 上电流的变化规律。

7-11 如图 T7-10 所示,$C = 200\ \mu F$,初始时 $q_0 = 500\ \mu C$,极性如图 T7-10 所示,已知 $R = 1\ k\Omega$,$U_S = 50\ V$,$t = 0$ 时开关闭合,求 $i(t)$。

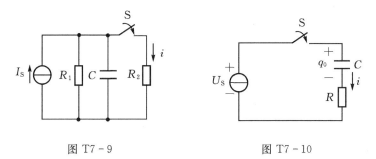

图 T7-9   图 T7-10

参考文献

[1] 侯大年.电工技术[M].北京:电子工业出版社,2002.

[2] 张明金.电工技术与实践[M].2版.北京:电子工业出版社,2013.

[3] 展同军、马永杰.电工基础(项目式)[M].北京:机械工业出版社,2012.

[4] 孔晓华.新编电工技术项目教程[M].北京:电子工业出版社,2007.

[5] 付植桐.电工技术实训教程[M].2版.北京:高等教育出版社,2009.

[6] 余春辉.电工技能训练与考核项目教程[M].北京:科学出版社,2009.

[7] 周庆红.电路与电工技能[M].北京:清华大学出版社、北京交通大学出版社,2012.

[8] 白乃平.电工基础(修订版)[M].西安:西安电子科技大学出版社,2005.